普通高等教育农业农村部“十三五”规划教材

计算机类与电子信息类“十三五”规划教材

C语言程序设计基础

石玉强　闫大顺　主　编

李　晟　符志强　邹　娟　杨　灵　刘　涛　副主编

中国农业大学出版社

·北京·

内容简介

本书采用案例的模式引出C语言所涉及的知识点，着重引导读者形成正确的逻辑思维与编程思路，突出培养读者分析问题、解决问题的能力，提高读者编程及上机操作能力，并使用通俗易懂的内容、规范化源程序，引导读者养成良好的编程风格与习惯。

本书共分12章，分别是程序设计基础知识、C语言概述、顺序结构程序设计、分支结构程序设计、循环结构程序设计、数组、函数、预处理命令、指针、结构体与共用体、位运算和文件。

本书思路清晰、重点突出、易学易用，既可作为应用型本科院校计算机相关专业C语言程序设计课程的教材，全国计算机等级考试的培训教材，也可作为从事软件开发的专业人员的参考书。

图书在版编目(CIP)数据

C语言程序设计基础 / 石玉强，闫大顺主编. —北京：中国农业大学出版社，2021. 7

ISBN 978-7-5655-2596-4

Ⅰ. ①C… Ⅱ. ①石…②闫… Ⅲ. ①C语言-程序设计 Ⅳ. ①TP312. 8

中国版本图书馆CIP数据核字(2021)第157960号

书　　名　C语言程序设计基础

作　　者　石玉强　闫大顺　主编

策划编辑　林江娇　司建新　　　**责任编辑**　司建新　吕建忠

封面设计　郑　川

出版发行　中国农业大学出版社

社　　址　北京市海淀区圆明园西路2号　　　**邮政编码**　100193

电　　话　发行部 010-62733489，1190　　　读者服务部 010-62732336

编辑部 010-62732617，2618　　　出　版　部 010-62733440

网　　址　http://www.caupress.cn　　　**E-mail** cbsszs@cau.edu.cn

经　　销　新华书店

印　　刷　涿州市星河印刷有限公司

版　　次　2021年8月第1版　　2021年8月第1次印刷

规　　格　787×1092　　16开本　　24.75印张　　615千字

定　　价　78.00元

编写人员

主　编　石玉强　闫大顺

副主编　李　晟　符志强　邹　娟　杨　灵　刘　涛

参　编　陈德祥　陈　勇　杜淑琴　何宇虹　黄洪波　黄应红
李应勇　连剑波　刘磊安　刘双印　刘　雍　王　冬
汪文彬　吴　蒋　杨现丽　尹　航　张世龙　郑建华

前　言

C语言是国内外广泛使用的计算机程序设计语言，是许多计算机专业人员和计算机爱好者学习程序设计的首选语言，是软件开发人员必须掌握的一种计算机语言。各类高等学校普遍开设了C语言程序设计课程，全国计算机等级考试二级和三级考试中包括了C语言程序设计的内容。

全书共分12章。第1章主要介绍程序与程序语言、算法和算法描述、结构化程序设计方法及程序调试方法；第2、3章介绍C语言的基本概念，包括C语言的发展、特点、程序的基本组成和结构，程序上机执行的过程，C语言基本数据类型、常量和变量、常用函数及运算符的使用、顺序结构程序设计；第4、5章分别介绍选择结构程序设计和循环结构程序设计；第6、7章分别介绍数组和函数的概念及使用方法；第8章介绍预处理命令；第9章介绍指针；第10章介绍结构体和共用体数据类型及使用方法；第11章介绍C语言的位运算；第12章介绍文件的概念及操作，并通过综合实例说明文件在编程中的应用。每章均配有习题，以加强读者对C语言程序设计知识和编程方法的理解和掌握。

C语言程序设计基础是计算机类专业学生进入大学的第一门程序设计类课程，课程的学习效果对后续的专业课，如数据结构与算法、面向对象程序设计、操作系统、嵌入式系统原理及应用、单片机原理及接口等专业课的学习有着举足轻重的作用。通过C语言程序设计基础课程的学习，不仅要让学生掌握程序设计语言的语法，熟悉一个集成开发环境的使用，更重要的是让学生掌握程序设计的基本方法与步骤，形成良好的编程风格。本教材具有以下几个特色：

1.采用案例、问题引入知识点

传统的教材一般是先讲知识点，然后通过例题加深学生对知识点的掌握。虽然中规中矩，但对于应用型本科院校学生来说，亦有它的缺点，即在讲授知识点多的内容时，学生注意力容易分散，讲授例题时，没有给学生充分的思考时间，从而对程序设计知识的掌握不够。在本教材中，通过精心设计的案例引入知识点，通过问题分析让学生思考如何合理运用知识点更好地解决问题，从而达到对整个知识点的理解和掌握，通过案例提高学生对C语言程序设计基础的学习兴趣。

2.突出实践能力培养

C语言程序设计基础是一门实践性很强的课程，要突出实践能力的培养，不仅要求学生掌握C语言程序设计的基础知识，更重要的是让学生学会思考，知其然更知其所以然。对于给定的问题，要让学生学会如何进行有效的算法描述，学会如何正确表示和存储数据，学会如何进行设计、编码、测试和调试程序。

许多大学生在编程时有一个不好的习惯：一看到程序设计题目，就想用什么样的语句、什么样的结构来实现,没有突出分析问题的过程,没有分析算法设计的过程。这样做的后果是写出来的程序容易出现错误,甚至漏洞百出。为了摆脱这种窘况,本教材对每一个案例的处理是先进行分析,然后进行算法思路的描述,之后进行代码设计,最后进行测试,通过精心选择的案例,让学生掌握这种模式,从案例中学会如何分析问题、解决问题,并且应用到实践中去,从而提高学生分析问题、解决问题的能力,提高学生的编程质量和实践能力。

3.采用规范化的编程风格

程序的可读性是衡量程序质量高低的一个重要标准。一个可读性很强的程序,其维护的过程将会变得容易;一个晦涩难懂的程序对于维护来说将是一场灾难。在软件产业化的今天,规范化的编程风格尤其显得重要。在本教材中,采用规范化的编程风格来进行编码,这既有利于学生的学习,更有利于学生养成一种良好的编程习惯。

本教材的主编、参编人员是多年从事C语言程序设计基础教学工作第一线的骨干教师,有着丰富的教学经验,深知学生在学习程序设计基础课程中遇到的重点、难点问题及处理方法,这些经验为编写一本适用于应用型本科教学的C语言程序设计基础教材奠定了良好的基础。

本书可作为应用型本科院校计算机相关专业C程序设计课程的教材,全国计算机等级考试的培训教材,同时也可作为从事应用软件开发的专业人员的参考书。

本书由石玉强、闫大顺任主编,负责全书内容的取材和组织,李晟、符志强、邹娟、杨灵和刘涛任副主编,石玉强编写第1、2章,闫大顺、邹娟编写第3章,符志强编写第4、5、6章,李晟编写第7、8、9章,闫大顺编写第10章,李晟、刘涛编写第11章,邹娟、杨灵编写第12章和附录。另外,参加本书编写工作的还有刘双印、刘磊安、郑建华、张世龙、黄洪波、陈勇、杜淑琴、杨现丽、连剑波、尹航、何宇虹、汪文彬、王冬、李应勇、黄应红、陈德祥、刘雍、吴蒋等。

由于时间仓促,书中难免存在错误和不足之处,欢迎广大读者和同行批评指正。作者联系方式:yuqiangshi@163.com。

编　者

2021年1月

目　录

第 1 章　程序设计基础知识 …… 1

1.1　程序与程序语言 …… 1

1.1.1　计算机组成 …… 1

1.1.2　程序 …… 2

1.1.3　计算机语言 …… 2

1.2　程序设计基础 …… 4

1.2.1　程序设计内涵 …… 4

1.2.2　算法基础 …… 5

1.2.3　算法的描述 …… 6

1.3　结构化程序设计方法 …… 13

1.3.1　结构化程序设计的产生和发展 …… 13

1.3.2　程序设计方法 …… 14

1.3.3　程序设计的基本过程 …… 14

1.3.4　结构化程序设计案例 …… 15

1.3.5　结构化程序设计的特点 …… 17

习题一 …… 17

第 2 章　C 语言概述 …… 19

2.1　简单 C 程序 …… 19

2.1.1　入门程序 …… 19

2.1.2　求圆面积的程序 …… 21

2.1.3　求某日为一年中第几天的程序 …… 23

2.1.4　统计字符串中不同字符的个数 …… 25

2.2　C 语言程序开发与环境 …… 26

2.2.1　C 语言程序的开发过程 …… 27

2.2.2　Microsoft Visual C++ 6.0 开发环境 …… 27

2.3　C 语言的基本组成 …… 33

2.3.1　C 语言字符集 …… 33

2.3.2　C 语言的词 …… 34

2.3.3　C 语言的语句 …… 36

2.3.4　C 程序的结构 …… 37

2.3.5　C 程序的书写风格 …… 39

2.4 C语言的特点 …… 41
2.5 学好C语言的关键 …… 43
2.6 C语言的发展史 …… 44
2.6.1 C语言的由来 …… 44
2.6.2 C语言的发展 …… 44
习题二 …… 45
第3章 顺序结构程序设计 …… 47
3.1 体重指数计算器 …… 47
3.2 常量与变量 …… 49
3.2.1 整型常量与整型变量 …… 50
3.2.2 实型常量与实型变量 …… 57
3.2.3 字符常量与字符变量 …… 59
3.3 运算符和表达式 …… 63
3.3.1 算术运算符 …… 64
3.3.2 赋值运算符和赋值表达式 …… 67
3.3.3 逗号运算符和逗号表达式 …… 69
3.3.4 数据类型转换 …… 70
3.4 基本数据输入输出 …… 73
3.4.1 字符数据的输入输出 …… 74
3.4.2 格式化输出函数 printf …… 76
3.4.3 格式化输入函数 scanf …… 81
3.5 顺序结构程序设计举例 …… 89
习题三 …… 90
第4章 分支结构程序设计 …… 93
4.1 智能体重指数计算器 …… 93
4.1.1 关系运算符和关系表达式 …… 95
4.1.2 逻辑运算符和逻辑表达式 …… 96
4.1.3 if 语句 …… 98
4.1.4 条件运算符和条件表达式 …… 104
4.2 成绩评定问题 …… 106
4.2.1 switch 语句 …… 107
4.2.2 break 语句 …… 109
4.3 分支结构程序举例 …… 110
习题四 …… 114
第5章 循环结构程序设计 …… 119
5.1 班级体重指数计算器 …… 119
5.1.1 while 循环 …… 121
5.1.2 do-while 循环 …… 124

5.1.3 for 循环 …… 126
5.1.4 循环的嵌套 …… 128
5.1.5 goto 语句和标号 …… 130
5.1.6 三种循环语句的比较 …… 130
5.2 break 和 continue 语句 …… 131
5.2.1 break 语句 …… 131
5.2.2 continue 语句 …… 136
5.3 程序举例 …… 137
习题五 …… 140
第 6 章　数组 …… 145
6.1 班级数学成绩排名 …… 145
6.1.1 一维数组的定义 …… 146
6.1.2 一维数组元素的引用 …… 148
6.1.3 一维数组的初始化 …… 149
6.1.4 一维数组程序举例 …… 151
6.2 班级总成绩排名 …… 153
6.2.1 二维数组的定义和引用 …… 155
6.2.2 二维数组的初始化 …… 156
6.2.3 二维数组程序举例 …… 158
6.3 搜索好友 …… 160
6.3.1 字符数组的定义和引用 …… 162
6.3.2 字符串和字符串结束标志 …… 164
6.3.3 字符数组的输入输出 …… 164
6.3.4 字符串处理函数 …… 166
6.4 程序举例 …… 169
6.5 旅客的航空逾重行李费用计算及查询 …… 173
习题六 …… 176
第 7 章　函数 …… 178
7.1 求素数 …… 178
7.1.1 函数定义 …… 181
7.1.2 函数的参数和函数的值 …… 183
7.1.3 函数声明与函数调用 …… 187
7.2 俄罗斯方块的随机显示 …… 190
7.2.1 局部变量和全局变量 …… 193
7.2.2 变量的存储类别 …… 197
7.3 汉诺塔 …… 200
7.4 明文与密文 …… 206
7.5 内部函数和外部函数 …… 211

习题七……214
第8章 预处理命令……216
8.1 宏……216
8.2 文件包含……220
8.3 条件编译……221
习题八……224
第9章 指针……225
9.1 动态数组……225
9.1.1 指针的概念……226
9.1.2 指针变量的定义……228
9.1.3 指针变量的赋值……229
9.1.4 指针变量的引用……232
9.1.5 指针变量作为函数参数……234
9.1.6 动态存储管理……238
9.2 查找单科成绩状元……241
9.2.1 数组指针……243
9.2.2 指针和地址运算……244
9.2.3 通过指针引用数组元素……245
9.2.4 数组指针作函数参数……248
9.3 查找班级总分第一名……252
9.3.1 多维数组的地址……254
9.3.2 指向多维数组的指针变量……257
9.4 演讲稿的保存……259
9.4.1 字符串指针……261
9.4.2 指针数组……263
9.4.3 main函数的参数……264
9.4.4 指向指针的指针……265
9.5 函数指针和指针函数……267
9.5.1 函数指针……267
9.5.2 指针函数……270
习题九……271
第10章 结构体与共用体……273
10.1 图书信息管理……273
10.2 结构体类型及其变量……275
10.2.1 结构体类型的定义……275
10.2.2 结构体变量的定义……277
10.2.3 结构体变量的初始化……279
10.2.4 结构体变量的引用……280

10.2.5　结构体指针变量 …… 283
10.3　用链表管理图书信息 …… 286
10.3.1　链表的概念 …… 286
10.3.2　基于线性链表的图书信息管理 …… 288
10.4　共用体类型 …… 292
10.4.1　共用体类型及共用体变量的定义 …… 292
10.4.2　学生与教师通用的表格管理 …… 296
10.5　枚举类型 …… 298
10.5.1　枚举类型和枚举变量的定义 …… 298
10.5.2　枚举类型变量的赋值和使用 …… 299
10.6　类型定义符 typedef …… 301
习题十 …… 302
第 11 章　位运算 …… 308
11.1　文件的权限管理 …… 308
11.2　位运算符 …… 310
11.3　位运算案例 …… 313
11.4　位段 …… 315
11.4.1　位段的定义和位段变量的说明 …… 316
11.4.2　位段的应用 …… 317
习题十一 …… 319
第 12 章　文件 …… 320
12.1　将字符串写入文件 …… 320
12.2　C 文件概述 …… 321
12.2.1　文件的分类 …… 322
12.2.2　文件的操作 …… 323
12.2.3　文件系统 …… 323
12.2.4　文件指针 …… 324
12.3　文件的打开与关闭 …… 324
12.3.1　文件打开函数 fopen …… 325
12.3.2　文件关闭函数 fclose …… 327
12.4　文件的读写 …… 327
12.4.1　字符读写函数 fgetc 和 fputc …… 327
12.4.2　字符串读函数 fgets 和写函数 fputs …… 330
12.4.3　数据块读函数 fread 和写函数 fwtrite …… 333
12.4.4　格式化读函数 fscanf 和写函数 fprintf …… 336
12.5　文件的随机读写 …… 338
12.5.1　函数 rewind …… 339
12.5.2　函数 fseek …… 341

12.5.3 函数 ftell …… 341
12.5.4 文件的随机读写示例 …… 342
12.6 文件检测 …… 344
12.6.1 文件结束检测函数 …… 344
12.6.2 读写文件出错检测函数 …… 344
12.6.3 文件出错标志和文件结束标志置 0 函数 …… 345
12.7 图书管理系统的设计 …… 345
12.7.1 需求分析 …… 345
12.7.2 系统设计 …… 345
12.7.3 系统实现 …… 350
习题十二 …… 359
附录Ⅰ ASCII 标准字符表 …… 362
附录Ⅱ C 语言中的关键字 …… 367
附录Ⅲ 运算符和结合性 …… 369
附录Ⅳ C 语言常用语法提要 …… 370
附录Ⅴ C99 标准提要 …… 375
附录Ⅵ C 库函数 …… 379
参考文献 …… 383

第 1 章　程序设计基础知识

本章学习目标

- 了解程序和计算机语言的基本概念
- 了解算法的概念及其特征
- 掌握常用的算法描述方法
- 掌握结构化程序设计方法
- 培养计算思维和分析实际问题的能力

计算机系统由硬件和软件组成，硬件是物质基础，软件是灵魂。在计算机系统中，软件由程序和文档组成。计算机都是由程序控制运行的。程序是由事先编写或生成的一条条计算机语句组成的。只有掌握了程序设计的基本原理、方法和技术，才能真正地深入了解计算机解决实际问题的真谛，才能编写出高质量的程序，才能使计算机变得更加强大。

1.1　程序与程序语言

1.1.1　计算机组成

计算机(Computer)实际上是指电子数字计算机(Digital Computer)，它是一种以电子元器件为基础的，不需人干预就能够对各种信息进行快速处理的工具。计算机是一个由硬件、软件组成的复杂的自动化设备。在进行计算之前，需要设计算法，将算法编制成程序，才能让计算机在程序的控制下快速、高效、自动地进行计算工作，程序以及相关文档才能构成计算机软件。

计算机系统的基本组成可以分为硬件和软件两部分，其功能是完成数据的输入、传送、存储、处理和输出。硬件是其物质基础，是软件的载体；软件则是计算机系统的灵魂。没有硬件，软件就不能运行；没有软件，硬件就发挥不了作用，从而失去存在的价值。因此二者紧密相关，缺一不可。

现在的计算机硬件大多是基于冯·诺依曼结构设计的，它们由运算器、控制器、存储器、输入设备及输出设备等 5 部分构成，如图 1-1 所示。人们通过输入设备把程序和数据存储到计算机内部存储器(即内存)。在程序控制器支持下，通过自动执行程序，控制器产生的一系列有序的控制信号，控制整个计算机硬件系统配合工作，按照程序设计路径，达到处理数据的目标，并把程序执行的结果输出。

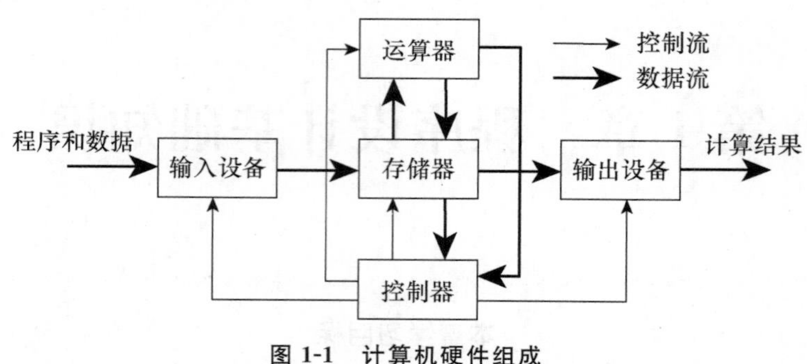

图 1-1 计算机硬件组成

1.1.2 程序

要使计算机能完成人们预定的工作,就必须把要完成工作的具体步骤编写成计算机能执行的一条条指令。计算机执行这些指令序列后,就能完成指定的功能,这样的指令序列就是程序。简单地说,程序是能完成一定功能的指令序列。要想学会编写程序,首先要学习能提供指令的程序设计语言,其次要学习更多和程序设计有关的知识和技巧。就好像认识许多字不一定能写出好文章一样,仅仅学习了程序设计语言还不能编写出好的程序。

程序的功能一般是指其处理数据的能力,所以一个程序包括以下两个方面的内容。

①对数据的描述:在程序中要指定处理数据的类型和组织形式,即数据结构(Data Structure)。

②对操作的描述:即操作步骤,也就是算法(Algorithm)。

数据是操作的对象,操作的目的是对数据进行加工处理,以得到期望的结果。

作为程序设计人员,必须认真考虑和设计数据结构与操作步骤(即算法)。因此,著名瑞士计算机科学家沃思(Niklaus Wirth)提出一个公式:

程序 = 数据结构 + 算法

当然,这些要素都离不开一个与计算机交互的平台——语言工具和环境。因此,可以这样表示程序:

程序 = 数据结构 + 算法 + 语言工具和环境

算法是程序的灵魂,是解决问题所需要采用的合适方法,决定程序“做什么”和“怎么做”;数据结构是加工对象的组织方式;程序设计语言是程序设计的工具和环境。

大家更熟悉的一个词可能是“软件”,软件是具有一定综合功能的程序、数据及相关文档的集合。只有打好程序设计的基本功,并掌握一定的软件开发技术后,才有可能去开发具有实用性的软件。

1.1.3 计算机语言

按照解决问题的需要,选择恰当的指令构成一组指令序列的过程就是编写程序。从语言的角度来看,这种告诉计算机如何输入数据,如何处理数据,如何输出,这种功能受限制的语言就称为计算机语言。人们把计算机语言按其与计算机硬件依赖的程度分为低级语言和高级语言。低级语言包括机器语言及汇编语言等，高级语言包括 C、C++、Java、C#、Python、Rust、JavaScript 和 R 等。

1.机器语言

机器语言(Machine Language)是指一台计算机硬件的全部指令集合及其语法规则集。指令是设计计算机控制器时确定的 1 和 0 的序列。不同的 1 和 0 的序列就构成了不同计算机的指令集。计算机只能识别和执行这些二进制指令，所以称这些指令为机器指令(Machine Instruction)。在计算机应用的早期，只能使用由 0 和 1 构成的指令来编写程序，例如，某种计算机的指令为 1011011000000000，它表示让计算机进行一次加法操作；而指令 1011010100000000 则表示进行一次减法操作。它们的前 8 位表示操作码，而后 8 位表示地址码。从上面两条指令可以看出，它们只是在操作码中从左边第 0 位算起的第 6 和第 7 位不同。这种机型可包含 256(2^8)个不同的指令。由于在一个任务中需要计算机执行的操作很多，所以要给出许多条由 0 和 1 位串组成的指令，计算机才能按照指令的要求执行各种操作。

机器语言编写的程序冗长、可读性差、容易出错、晦涩难懂、难检查、难修改，所以，机器语言是一般人所无法接受的语言，只有计算机专家才能用它编写程序。这大大限制了程序的开发和应用。

机器语言编写的程序可以直接操控硬件，执行效率高，节省内存，运行速度快，所以一般用于直接控制计算机的硬件。不同类型计算机系统的指令集往往不同，所以，在一台计算机上编写的机器语言程序要想在另一台不同类型的计算机上执行，必须修改机器语言编写的程序。即使在指令系统兼容的同一个系列计算机中，机器语言编写的程序也需要一定程度的修改，所以机器语言可移植性比较差。

2.汇编语言

为了克服机器语言的缺点，汇编语言(Assembler Language)应运而生。汇编语言是机器语言的一种变形，它是将机器指令“助记”成为可读易懂的符号，但仍只能完成机器层次的操作。汇编语言也称为符号语言(Symbolic Language)，它是用助记符来代替指令和地址，比如“ADD”代表加法、“JMP”代表跳转操作。相对于机器语言，汇编语言采用助记符比较容易记住指令，有利于编写程序和阅读程序，从而便于纠错及维护，提高编程的效率。

用汇编语言编写的程序要在计算机上执行，先要将汇编语言编写的源程序转换成机器语言程序，完成这个转换功能的程序称为“汇编程序”。

低级语言的缺点是指令功能简单，即使完成一个算术运算也需编写大段程序；编程人员需要对硬件比较熟悉；完成的程序不具有可移植性。低级语言的优点是执行速度快；可直接控制硬件。所以很多操作系统、驱动程序和一些适用于要求较高的自动控制系统都是用汇编语言开发的。人们把机器语言与汇编语言称为计算机低级语言(Low Level Language)。

3.高级语言

由于汇编语言依赖于硬件体系，且助记符量大难记，于是人们又发明了更加易用的高级语言。这种语言的语法和结构类似普通英文，语句表述形式符合人类自然语言表达的句式与习惯，而且该语言远离对硬件的直接操作，不依赖于具体机器。用它写出的程序具备可移植性，所以这类语言更方便用户的学习与使用。

高级语言与人的“距离”更近，而与具体机器“距离”较远，计算机不能直接识别由高级语言所编写的程序。程序运行之前要进行“翻译”。“翻译”目的是把机器不能识别的高级语言语句转换为计算机可以直接识别的二进制指令。具体过程就是用一种称为编译程序的软件把用高级语言编写的程序(称为源程序,Source Program)转换为机器指令程序(称为目标程序,Object Program),然后让计算机执行机器指令程序,最后得到结果。

随着计算机科学与技术的发展,世界上第一个真正的计算机高级语言 Fortran 在 1954 年问世。这种语言接近于数学语言和自然语言,程序中所用的语句和指令是用英文单词表示的,计算表达式的操作数及运算符和数学公式近似,非常容易理解。Fortran 可以很方便地控制数据的输入、处理和输出,其功能很强。随着 Fortran 的诞生,其他高级语言陆续出现,适应了不同的开发需求,呈现出百花齐放的局面。

高级语言的发展经历了从非结构化到结构化程序设计语言,从面向过程到面向对象程序设计语言的过程。程序或软件的开发也经历了由最初的充满设计技巧的个人设计到小团队设计,最后发展为全球化协同程序开发的开放式软件工业生产的过程。

1969 年,有人提出了结构化程序设计方法;1970 年,第一个结构化程序设计语言 Pascal 语言出现。这标志着结构化程序设计时期的开始。随后诞生的 C 语言也是结构化程序设计语言。Smalltalk 语言诞生于 1980 年,是第一个完全支持面向对象编程的语言。此时,面向对象的程序设计才真正进入大规模应用,常用的面向对象程序设计语言有 C++、Objective-C、C#、Java、Visual Basic 等。高级语言的下一个发展目标是面向应用,也就是说只需要告诉计算机你要干什么,计算机就能自动生成算法,自动进行处理,就是自动化程序设计语言。

C 语言自 20 世纪 70 年代诞生以来,经过几十年的发展,目前仍然是一种长盛不衰、深受人们喜爱的程序设计语言。C 语言系统规模短小精悍,既适合于编写应用程序,又能编写系统程序。C 语言具有丰富的数据类型和表达式,语法限制比较少,书写比较自由,编写出的程序效率比较高。在 C 语言的语法和基本结构的基础上诞生了现在主流的 Java、C++、Objective-C 及 C# 等语言,所以 C 语言可以称得上全球程序设计的公共语言。

1.2 程序设计基础

计算机科学的发展为科学计算、工程计算以及非数值的数据处理提供了高速和高精度的计算工具。但计算机在本质上只能机械地执行程序指令,它本身不会主动地进行思维,也不可能发挥任何创造性。因此,在用计算机解决问题时,首先需要程序员进行程序设计。

1.2.1 程序设计内涵

程序设计主要包括两个方面:一是行为特性的设计,二是结构特性的设计。行为特性的设计是指准确地定义解决问题过程中的每一个细节,并将全部的解题过程用某种方式完整地描述出来,这一过程称为算法的设计。结构特性的设计是指为解决问题确定合适的数据结构。数据结构与算法之间有着密切的关系,特别是对于数据处理问题,算法的效率通常与数据结构有着直接的关系。

(1)程序

程序是用程序设计语言对要完成的任务进行描述。一个程序一般包括两个方面的内容:

一是对数据的描述，在程序中要指定数据的类型和数据的组织形式，即数据结构；二是对操作步骤的描述，也就是算法。

(2)程序文件

程序必须以文件的方式存储在计算机中，存放程序源代码的文件称为程序文件。C 语言源代码程序文件约定的扩展名为 C。

(3)程序设计

程序设计是指把解题步骤用程序设计语言描述出来的工作过程。简单的程序设计一般包括以下几个部分：

① 确定数据结构：根据任务提出的要求、指定的输入数据和指定的输出结果，确定存放数据的数据结构。

② 确定算法：针对存放数据的数据结构来确定解决问题、完成任务的步骤。

③ 编写源代码程序：根据确定的数据结构和算法，使用选定的程序设计语言编写程序代码，简称编程。

④ 调试和测试程序：通过对程序的调试消除语法错误或逻辑错误；用各种可能的输入数据对程序进行测试，使之对各种合理的数据都能得到正确的结果，对不合理的数据能进行适当的处理。

1.2.2 算法基础

算法描述是程序设计的一个重要组成部分。对于一个需要解决的实际问题，首先选定合理的数据结构，然后设计解决问题的算法，才能够设计出计算机可以运行的程序。有了算法，才可以选用一种程序设计语言把算法转变为程序。

1. 算法的概念

算法(algorithm)是指解决问题的准确而完整的描述，是一系列解决问题的描述性指令。也可以说，算法是对问题求解过程的一种描述，是为解决一个或一类问题给出的一个确定的、有限长的操作序列。广义上讲，为解决一个问题而采取的方法和步骤，都称为算法。计算机算法是为了完成任务而规划的有限的计算机操作序列或计算步骤。

计算机算法分为数值算法和非数值算法两种。数值算法是对问题进行数值求解，这类算法已经研究得比较深入了，往往有比较成熟的算法可供直接使用。非数值算法包括非常广泛的领域，如信息检索、事务管理等等。该类算法的种类繁多，要求不一，往往没有现成的算法可用，需要按照用户的不同要求进行设计。

如果一个问题可以通过一个计算机程序，在有限的存储空间内运行有限长的时间而得到正确的结果，则称这个问题是算法可以解决的。但算法不等于程序，也不等于计算方法。当然，程序可以作为算法的一种描述，但因为在编写程序时要受到计算机系统运行环境的限制，程序通常还要考虑相关的细节问题。通常，程序的设计不可能优于算法的设计。

2. 算法的基本特征

一个计算机算法应当具有以下五个基本特征：

(1)有穷性(limitedness)

一个算法应包含有限的操作步骤而不能是无限的，同时一个算法应当在执行一定数量的步骤后或一定条件下结束或跳出，不能陷入死循环。事实上“有穷性”往往指“在合理范围之内”的有限步骤。一般情况下让计算机执行一个历时几年才结束的算法，尽管算法有穷，但超过了合理的限度，人们也不认为此算法是有用的。

(2)确定性(definiteness)

确定性是指算法中的每一个步骤应当是确定的，不能含糊、模棱两可，也就是说算法不能产生歧义。特别是当算法用自然语言描述时更应注意这点。例如：“将成绩优秀的同学名单打印输出”的描述就是有歧义的。因为“成绩优秀”要求不明确，究竟是要求“每门课程都在 90 分以上”，还是“平均成绩在 90 分以上”，或者是其他的什么条件，未作明确的说明。

(3)可行性(feasibleness)

算法中的所有操作都必须足够“基本”，都可以通过“基本”运算执行有限次来实现。

(4)输入(input)

所谓输入是指算法执行时从外界获取必要的信息。外界是相对算法本身的，输入可以是来自键盘或数据文件中的数据，也可以是程序其他部分传递给算法的数据。算法可以没有输入，也可以有输入。例如：计算出 5! 的算法可以不需要输入任何数据；但计算任意两个整数的最大公约数的算法，则通常需要输入两个整数。

(5)输出(output)

“输出”是一组与“输入”有确定关系的量值，是算法进行信息加工后得到的结果，这种确定关系即为算法的功能。算法必须得到结果，没有结果的算法没有意义。结果可以显示在屏幕上或在打印机上打印，也可以传递给数据文件或程序的其他部分。

3.算法设计的要求

一个算法的设计需要注意以下四个方面。

(1)正确性(correctness)

算法应该满足具体问题的需求，正确反映求解问题对输入、输出和加工处理等方面的需求。算法的正确性包含四个层次，即算法不含语法错误、算法对于合理的输入数据能够得出满足要求的结果、算法对于精心选择的典型及苛刻而带有刁难性的输入数据能够得出满足要求的结果、算法对于一切合法的输入数据都能产生满足要求的结果。

(2)可读性(readability)

算法除了用于编写程序在计算机上执行之外，另一个重要用处是阅读和交流。可读性好有助于人们对算法的理解，便于算法的交流与推广。

(3)健壮性(robustness)

当输入数据非法时，算法应该能够适当地做出反应或进行处理，输出表示错误性质的信息并终止执行。

(4)时间效率和存储占用量(time efficiency and storage possession)

一般来说，求解同一个问题若有多种算法，则执行时间短的算法效率高，占用内部存储空间(内存)少的算法较好。但是算法的时间开销和空间开销往往是相互制约的，对高时间效率和低存储占用的要求只能根据问题的性质折中处理。

1.2.3 算法的描述

在不同层次上讨论的算法有不同的描述方法，常用的有如下四种：

(1)自然语言描述法

使用中文、英文或其他语言,同时使用一些高级程序设计语言语句描述算法。其优点是简单、易懂,缺点是转换成可以上机调试的计算机程序比较困难。

(2)流程图描述法

这种描述方法在算法研究的早期曾流行过,其优点是直观、易懂,缺点是描述比较复杂的问题不方便,不够清晰简洁。

(3)计算机语言描述法

使用某种计算机语言描述算法,这种算法的描述可以在计算机上直接运行并获得结果,使给定问题能在有限时间内被求解。通常这种算法描述也称程序。

(4)伪代码描述法

采用介于自然语言和一种高级语言(如 C 语言)之间的一种类高级语言(包括高级语言的"顺序""选择""循环"3 种基本控制结构及自然语言,如类 C 语言)描述算法。这种算法不能直接在计算机上运行,但是经过简单转换即可运行,所以又称该方法为伪代码描述。其优点是易于书写、便于阅读和格式统一,使读者把注意力集中于算法的实质,而不是把精力花费在某种实际高级语言的许多具体约定之上。

一个算法还可以采用其他方式描述,对这些算法描述方法的唯一要求是必须准确地描述计算过程或步骤。好的描述方法使算法表达更加清晰和简洁。

1. 用自然语言描述算法

自然语言就是人们日常生活、工作中使用的语言,可以是汉语、英语或其他语言。

例 1-1　求斐波那契数列第 n 项。

斐波那契数列(Fibonacci Sequence),又称黄金分割数列。它由数学家莱昂纳多·斐波那契(Leonardoda Fibonacci)以兔子繁殖为例子而引入,故又称为"兔子数列",指的是这样一个数列:1,1,2,3,5,8,13,21,34……。在数学上,斐波那契数列定义为:$F(1)=1$,$F(2)=1$,$F(n)=F(n-1)+F(n-2)$($n\geqslant 3$,$n\in \mathrm{N}$)。在现代物理、准晶体结构及化学等领域,斐波那契数列都有直接的应用。

求斐波那契数列第 n 项,设前项变量 F1、后项变量 F2、项数计数器 i、临时量 F 等四个变量,以递推的方式求解 $F(n)$项值的算法如下:

S1:定义四个变量,并赋初始值,F1=1,F2=1,i=3,F=1;

S2:如果 n<3,转到 S5,否则执行 S3;

S3:如果 i>n,转到 S5,否则执行 S4;

S4:F=F1+F2,F1=F2,F2=F,i=i+1,转到 S3 执行;

S5:F 的值为第 n 项值,输出 F。

用自然语言描述算法容易理解,但自然语言描述风格自由,比较适合描述简单问题的求解算法。如果问题复杂,描述会比较繁杂、冗长,并且也很难清楚地表达复杂逻辑的算法,比如判断和循环,容易出现"歧义",往往需要根据上下文推断语句的含义。这样描述算法很难进行准确地设计、交流和使用。

2. 用计算机语言描述算法

计算机高级程序设计语言具有很强的描述能力,接近于自然语言和数学语言。但是用计算机语言描述的算法实际上就是对算法的实现,通过编译或解释后直接可以执行,是算法设计的终极目的。这违反了算法描述方法所需要的简单、直观、抽象级别高的要求,所以在算法设计过程中用计算机语言描述算法是不太合适的。

3.用流程图描述算法

在日常生活中,经常会看到流程图,并能按照流程图的要求非常容易去执行流程图中的各个步骤。例如,第一次去图书馆借书就要看图书馆制定的流程图,当初次使用车站自动售票机购票也要仔细看自动购票流程图。看流程图的目的就是让我们能够明确每一个步骤,而不会出现差错。

流程图是算法的图形化描述。俗话说一图胜千言。用流程图可以清晰地描述出算法的思路和过程。流程图是用一些几何图形、带方向的线条以及问题说明来描述算法操作步骤的方法。该方法形象、简明直观、易于理解、便于交流,是描述算法的主要方法之一。流程图分为传统流程图、结构化流程图和 N-S 流程图等多种。

(1)传统流程图

传统流程图又称程序框图,美国国家标准化协会 ANSI(American National Standards Institute)规定了流程图符号,这种符号目前已经被大多数国家接受和使用。传统流程图有 6 个常用的流程图符号,如图 1-2 所示。

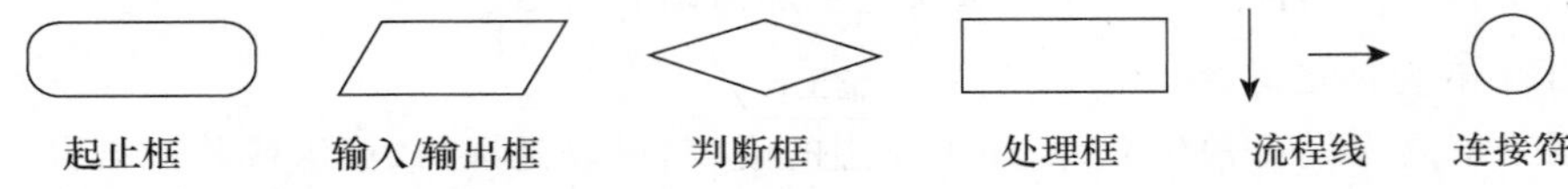

图 1-2 流程图常用符号

① 圆角矩形表示的“起止框”,用在流程图的开始和结束位置,标志算法的开始和结束;

② 平行四边形表示的“输入/输出框”,用于表示输入数据信息和输出算法的结果;

③ 菱形表示的“判断框”,用于表示对一个给定的条件进行判断,根据判断结果来决定如何执行其后的操作;它有一个入口,两个出口;

④ 矩形表示的“处理框”,表示算法中的各种具体操作;

⑤ 带方向的线表示的“流程线”,表示各个操作步骤的先后执行顺序;

⑥ 点表示的“连接符”,点可以是空心点或实心点。它用在当流程图较大,一页画不下时表示流向本流程图外某个地方的出口点,或从流程图外的某个地方进入的入口点。

图 1-3 为求斐波那契数列第 n 项的流程图,与自然语言描述方法比较,它的好处是更易懂,便于初学者掌握。传统流程图是历史最悠久使用最广泛的描述算法的工具。

例 1-2 判断某数 m(大于等于 3 的正整数)是否为素数的算法。

素数是一个自然数,它除了 1 和本身之外,不能被任何其他整数整除。判断 m 是否为素数的方法很简单,如果 m 不能被 2～m－1 的所有整数 i 整除则为素数,如果能被其中任何一个数整除则不是素数。判断 m 为素数的流程图如图 1-4 所示。

(2)结构化流程图

传统流程图用流程线指出各框操作的先后执行顺序。它对流程线没有严格的限制,如图 1-4 所示。如果问题复杂,流程随意转向,流程线可能会非常密集、交叉较多,从而使人们在

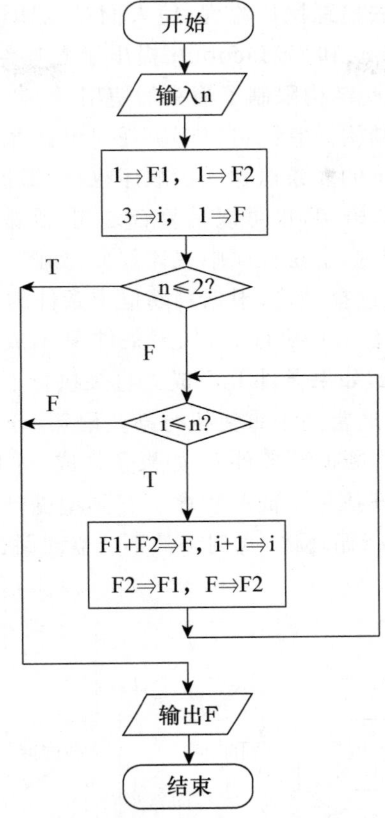

图 1-3　求斐波那契数列第 n 项的值的流程图

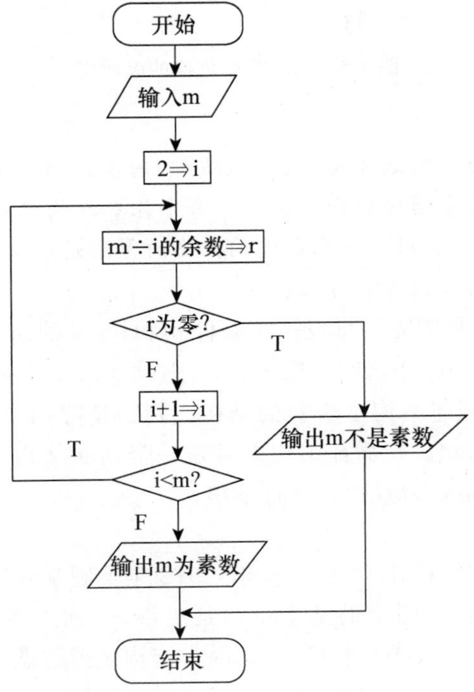

图 1-4　判断 m 是否为素数的流程图

阅读算法时需要花费许多精力去追踪操作流程，使人们难以阅读、修改，算法的可靠性和可维护性难以保证。1966年，C. Bohm和G. Jacopini提出了顺序结构、选择结构、循环结构这三种基本结构，如图1-5所示。这些结构限制了箭头的使用，解决了传统流程图的弊端。现在各种程序设计语言都支持这三种结构。它们可以解决任何可计算的复杂问题。

顺序结构严格按照从上而下的多条语句先后顺序执行，即执行完第一条A才能执行第二条B。这些语句可以是一条简单语句，也可以是复合语句、函数，甚至可以是程序模块。顺序结构是最简单、最基本的程序结构，也是程序中主体部分，如图1-5(a)所示。

分支结构也称为判断结构、选择结构，根据判断框中条件的真假值来决定执行的顺序。如果逻辑条件P成立（真，或用T表示），执行A；如果条件P不成立（假，或用F表示），执行B。也可以逻辑条件P成立，执行A，如果条件P不成立直接执行下一句，如图1-5(b)所示。

循环结构也称为重复结构，通常用来重复执行某些语句，分为当型循环结构和直到型循环结构两种。当型循环结构是先判断循环条件P，如果条件成立则执行循环体A，再返回P的判断；当条件P不成立时，跳出循环执行下面的程序。直到型循环结构是先执行循环体A，再判断条件P，如果条件成立继续执行循环体，直到条件不成立时跳出循环。

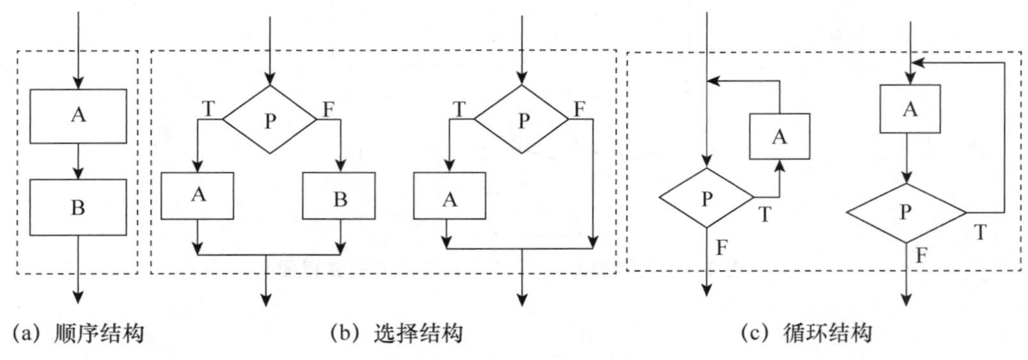

图1-5　三种控制结构的流程图

说明：

三种基本结构（即顺序结构、选择结构、循环结构）的共同特点是：只有一个入口和一个出口，限制了流程随意跳转，只能顺序地向下执行。每个基本结构中的每一部分都有机会被执行到，结构内部不存在死循环。使用三种基本结构描述的算法是结构化的算法，按照结构化算法编写出来的程序具有良好的可读性和可维护性。

修改图1-4为结构化流程图需要增设一个条件p(primed的简写)，初始时p设为0。如果在循环中m能够被代表2～m－1之间的数i整除，则设p为1，表示m不是素数，如图1-6所示。从图1-6中可以看出，程序结构是嵌套的结构。判断整除的余数是否为零的选择结构成为直到型循环结构的一个语句。在循环结构之后是一个判断结构，这个判断结构根据循环结构设置的条件p来判断m是否为素数并进行输出。

(3)N-S流程图

为了简化控制流、适应“结构化”算法的要求，1973年美国学者I. Nassi和B. Shneiderman提出了一种无流程线的流程图，图中的基本单元是矩形框，称为N-S图（又称为盒图）。它的三种基本结构如图1-7中的(a)、(b)、(c)所示。因为结构化流程图只有一个入口和一个出口，

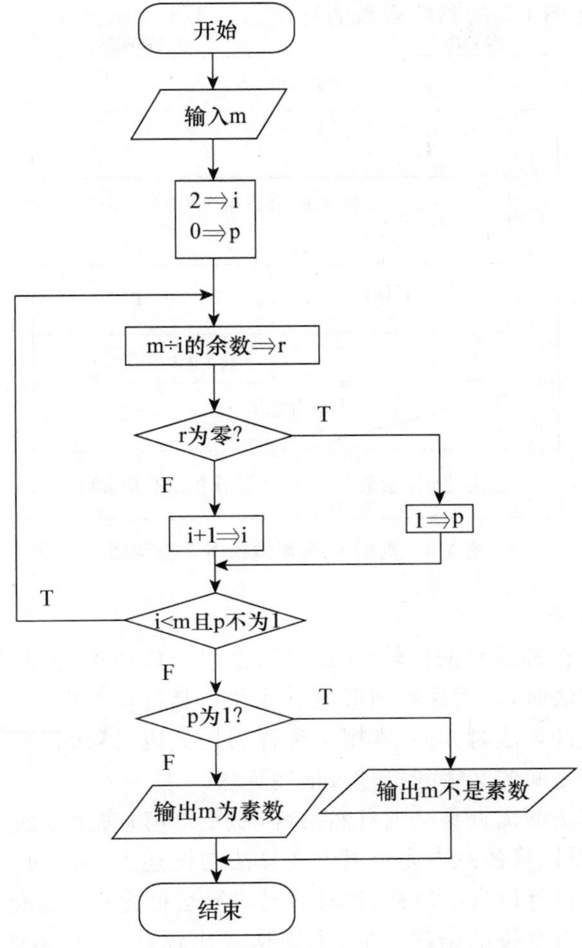

图 1-6　判断 m 是否为素数的结构化流程图

且执行顺序只能从上到下一个方向，所以，结构化流程图很容易转换为 N-S 图。

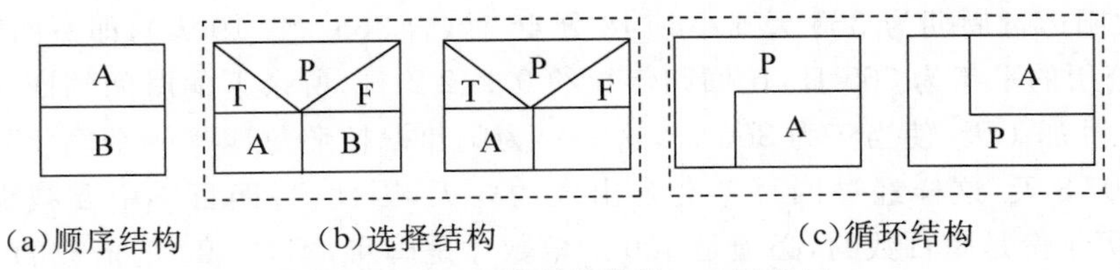

(a)顺序结构　(b)选择结构　(c)循环结构

图 1-7　三种控制结构的 N-S 图表示

N-S 流程图的每一种基本结构都是一个矩形框。整个算法可以像堆积木一样堆成。N-S 图只有一个入口和一个出口，也就是框的上边和下边。其最大特点是没有带箭头的流程线，并以基本结构作为流程图的基本符号，所以它描述的算法必定是结构化的。

用 N-S 图表示算法思路清晰、结构良好、容易设计、容易阅读，可以十分放心地进行结构化程序设计，可以有效地提高程序的质量和效率。N-S 图出现后，受到广泛欢迎并得到迅速推广。但是 N-S 图修改比较困难，通常只能重画，这是它的一大缺点。

用N-S流程图描述例1-2的判断素数的算法如图1-8所示。

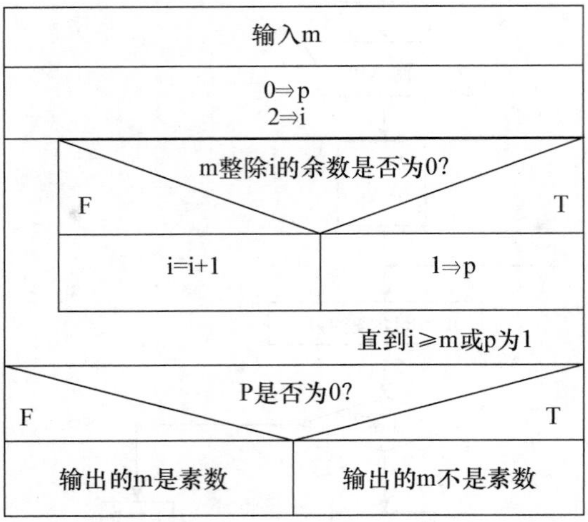

输入m

0⇒p
2⇒i

m整除i的余数是否为0?
F T
i=i+1 1⇒p
直到i≥m或p为1

P是否为0?
F T
输出的m是素数 输出的m不是素数

图1-8 判断m为素数的N-S流程图

4.用伪代码描述算法

传统流程图和N-S图描述算法比较直观易懂、逻辑结构清晰，但画起来比较费时，修改起来困难。在设计一个算法时，使用这些图形工具往往要经过反复修改。这是这些图形工具美中不足的地方。为了设计算法时方便，常用一种称为伪代码(Pseudo Code)的工具，它用介于自然语言与计算机语言之间的文字和符号来描述算法。

使用伪代码描述算法的优点是贴近自然语言，易于理解；表达方式简捷，贴近解决问题的数据处理过程；设计者可以将注意力完全集中在算法的阐述上，而不必去勾画任何图形；伪代码通常接近于某种程序设计语言的风格，比较容易将算法描述直接转化为程序。

伪代码描述算法没有严格的语法限制，书写格式比较自由，只要把意思表达清楚就可以了，更侧重于算法本身的描述。在伪代码中表示关键的语句一般是用英文，其他的语句可以用英文也可以用中文。

例1-3 给定一个四位数的年份，判断它是否是闰年。

地球绕太阳运行周期为365天5小时48分46秒(合365.242 19天)，即一回归年(Tropical Year)。公历的平年为365日，比回归年短约0.242 2日，所余下的时间约四年累计一天，故每四年在2月加1天，使当年为366日，这一年为闰年。按照每四年一个闰年计算，平均每年会多出0.007 8天，这样经过四百年会多出大约3天，因此，每四百年中要减少三个闰年。所以规定，公历年份是整百数的，必须是400的倍数才是闰年，不是400的倍数的，虽然是100的倍数，也是平年。这就是通常所说的：四年一闰，百年不闰，四百年再闰。例如，2000年是闰年，1900年则是平年。

用伪代码表示的其算法如下：

```
begin （算法开始）
  输入年份⇒y
  if  y能被4整除  then
    if  y不能被100整除  Then
```

```
        输出“是闰年”
      else
        if   y 能被 400 整除   Then
          输出“是闰年”
        else
          输出“不是闰年”
        end if
      end if
    else
      输出“不是闰年”
    end if
  end （算法结束）
```

由此可见，用伪代码描述的算法简洁、易懂，修改容易，并容易转化为程序语言代码。缺点是没有流程图直观，出现逻辑错误也不便于排查。

1.3　结构化程序设计方法

结构化程序设计是从结构上将软件系统划分为若干功能模块，然后把功能模块进一步细化，直到功能变得简单为止。低层的各模块按要求单独编程，各模块连接在一起组成大模块，大模块再连接直到组成一个最大模块为止，这个模块就是程序。该方法强调程序的结构性，容易做到易读易懂。该方法思路清晰，结构规范，深受设计者青睐。

1.3.1　结构化程序设计的产生和发展

早期的计算机存储器容量非常小。人们设计程序时，首先考虑的问题是编写尽量少的代码，尽量少使用内存（这种过度节省造成了千年虫事件）。当时的程序短小，逻辑简单，人们也无须考虑程序设计方法问题。与其说当时的程序设计是一项工作，倒不如说是一种技艺，人们按照各自的习惯和思路编写程序，没有统一的标准，致使程序可读性差、可维护性差。随着大容量存储器的出现及计算机技术的广泛应用，程序的大小以算术级数递增，而程序的逻辑控制难度则以几何级数递增。程序编写变得越来越困难，人们不得不考虑如何提高程序设计的效率。

1966 年，G. Jacopini 和 C. Bohm 提出了关于“程序结构”的理论，证明了“任何程序的逻辑结构都可以用顺序结构、选择结构和循环结构来表示”。在程序结构理论的基础上，1968 年 E. W. Dijskstra 在美国的 ACM 上发表了一篇《GOTO 语句有害的问题》的文章，首先提出了“结构化程序设计”的思想。之后，Wulf 主张“可以没有 GOTO 语句”。1975 年起，许多学者研究了“把非结构化程序转化为结构化程序的方法”“GOTO 结构的种类及其转化”“结构化与非结构化的概念”“流程图的分解理论”等问题。结构化程序设计逐步形成既有理论指导又有切实可行方法的一门独立学科。结构化程序设计方法逐渐成为计算机软件领域的重要方法，对计算机软件的发展具有重要的意义，也推动了 Pascal、C 以及 Ada 等结构化程序设计语言的发展。

20世纪70年代，程序设计方法主要采用流程图描述，结构化设计(Structure Programming，SP)思想日趋成熟，整个20世纪80年代结构化设计是主要的程序设计方法。然而，随着信息系统的加速发展，应用程序日趋复杂化和大型化。传统的软件开发技术难以满足发展的新要求。20世纪80年代后，面向对象的程序设计(Object-Oriented Programming，OOP)技术日趋成熟并逐渐被计算机界所理解和接受。面向对象的程序设计是目前软件研究和应用开发中最活跃的一个领域。

面向对象技术的局限性是它对软件职责的划分是“垂直”的。在一个标准的对象继承体系中，每一继承类主要是负责软件系统中一个特定部分的功能，对象的行为是在编译期间被决定的。面向对象技术的另一大问题是接口问题。在传统的面向对象环境下，对象开发者没有任何办法确保使用者按照自己的要求来使用接口。由于面向对象技术的这些不足，结构化程序设计现在仍然有很大应用空间，仍然是一种重要的程序设计方法。

总之，结构化程序设计思想确实使程序执行效率提高。程序的出错率和维护费用大大减少。结构化程序设计是一套进行程序设计的原则和方法，按照这种原则和方法可设计出结构清晰、容易理解、容易修改、容易验证的程序。结构化程序设计的目标在于使程序具有一个合理结构，以保证和验证程序的正确性，从而开发出正确、高效的程序。

1.3.2　程序设计方法

(1)自顶向下

程序设计时，应先考虑总体，后考虑细节；先考虑全局目标，后考虑局部目标。不要一开始就追求众多的细节，先从最上层总目标开始设计，逐步使问题具体化。

(2)逐步细化

对复杂问题，应设计一些子目标作为过渡，逐步细化。

(3)模块化

一个复杂问题肯定是由若干稍简单的问题构成的。模块化是把程序要解决的总目标分解为子目标，再进一步分解为具体的小目标，把每一个小目标称为一个模块。每个模块用算法描述如何实现其功能。

(4)结构化编码

所谓编码就是把已经设计好的算法用计算机语言表示，即根据已经细化的算法正确写出计算机程序。结构化的语言(如Pascal、C等)都有与三种基本结构对应的语句。

1.3.3　程序设计的基本过程

程序设计是一个创新的过程。设计一个程序，特别是一个软件系统，通常是一项非常复杂和困难的任务。程序设计的基本过程是从确定任务到得到结果、写出文档的全过程。

1.问题描述

程序设计的最终目的是利用计算机求解某一特定问题，因此程序设计的首要任务是明确问题的完整和确定的含义。如果不能确定程序的输出，最后就会对程序的结果产生怀疑；其次是确定程序的输入，而且要知道提供了特定的输入后，程序的输出是什么，以及输出的格式是什么。这些内容也是程序测试的基础。

2.算法设计

了解了问题的确定含义后，就要设计具体的解题思路。经过对实际问题进行分析，找出它内在的规律，建立数学模型，设计出准确的解题方法和具体过程，再描述解题的步骤（一般使用流程图）。

3.代码编制

问题定义和算法描述已经为程序设计规划好了蓝本，下一步就是如何用真正的计算机语言来表示。这就要求开发设计者具有一定的计算机语言功底。不同的语言有各自的特点，因此首先要针对问题选用合适的语言、开发设计环境和平台。尽管不同语言、不同的人写出的程序有时会有较大差别，但程序必须忠实于算法描述。因此，有人说代码编制的过程是算法到计算机语言程序的翻译过程。

程序设计时，人们将程序代码通过编辑器输入计算机内，利用编辑器可对输入的程序代码进行复制、删除、移动等编辑操作，然后以文件（源程序）形式保存。现在的程序设计语言一般都带有编辑器集成开发环境。用户可以方便地编辑程序，当然也可以用 Windows 环境下的记事本来编辑程序。源程序必须是纯文本文件，不能用带有格式的字处理软件（如 Microsoft Office Word 软件）建立。

4.调试运行

计算机是不能直接执行源程序（机器语言程序除外）的，因此，计算机语言必须配备相应语言的“编译程序”或“解释程序”。通过“编译程序”或“解释程序”使程序能够最终得到执行的工作方式，分别称为程序的编译方式和解释方式。

编译是指将使用高级语言编写的程序（又称源程序、源代码），经编译程序翻译，形成可由计算机执行的机器指令程序（称为目标程序）的过程。如果使用编译型语言，必须把程序编译成可执行代码。因此编制程序需要三步：写源程序、编译和运行。一旦发现程序有错，必须修改源程序后再重新编译，然后才能运行。幸运的是只要编译成功一次，其目标代码便可以反复运行，并且基本上不需要编译程序的支持就可以运行。

5.编写程序文档

对于较小的程序来说，有没有文档显得不重要，但对于一个需要多人合作，并且开发、维护时间较长的软件来说，文档至关重要。文档记录程序设计的算法、实现以及修改的过程，保证程序的可读性和可维护性。一个有 5 万行代码的程序，在没有文档的情况下，即使是编程者本人在 6 个月后也很难记清其中某些程序是完成什么功能的。

这些记录算法、实现以及修改的文档都是程序开发文档，另外一种文档是程序说明书。许多程序是提供给别人使用的，因此，程序开发者必须向用户提供一个说明书之类的用户文档，包括程序名称、程序功能、运行环境、程序的装入和启动、需要输入的数据以及使用注意事项，程序文档是软件的一个重要组成部分，软件是计算机程序和程序文档的总称。

1.3.4　结构化程序设计案例

结构化程序就是由顺序结构、分支结构和循环结构组成的程序。这种程序的结构清晰，便于编写、阅读、修改和维护。它减少了程序出错的机会，提高了程序的可靠性，保证了程序的质量。结构化程序设计是一种基于结构化程序设计方法的程序设计技术，它采用自顶向下逐步求精的设计方法和单入口单出口的控制结构。结构化程序设计方法是程序设计各个阶段所遵循的规范和原则。

在结构化程序设计中，一般采用自顶向下、逐步细化的分解原则。首先，将系统分解为若干子系统。然后，将子系统继续分解，直到每个子系统都足够简单，不需要再分为止。也可以将系统划分为若干模块，每个模块又划分为若干较小模块，每个较小模块继续分解直到问题变得足够简单为止。这样就可以将一个复杂的大系统划分为若干具有特定功能的子系统，从而使系统的复杂性下降，同时，又使待解决的问题具体化。“自顶向下、逐步细化”的程序设计方法使程序设计整个体系结构清晰、层次分明，与日常生活中常用的方法（如撰写论文）相似。

下面以高等院校图书管理系统为例，介绍结构化程序设计方法。图书管理系统有系统设置、图书管理、流通管理、读者管理以及系统查阅管理等，这是第二层。第二层的模块功能还是比较复杂，可以进一步细化。以流通管理模块为例，它又可以分为图书征订管理、图书借阅管理、图书归还管理、逾期清单管理、图书罚款管理等，这是第三层。如果第三层的功能还是比较复杂，还可以继续细化和分解，例如图书归还管理模块又可以继续划分为自助还书、到馆还书、预约还书、催还通知等，这是第四层。本系统中细化到的第四层已经是基本功能层了，如图 1-9 所示。

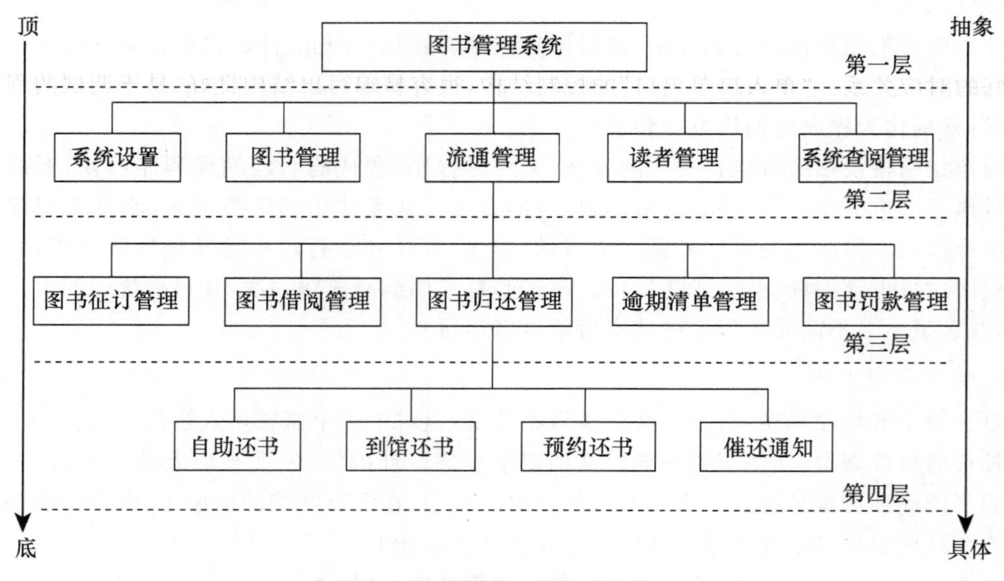

图 1-9　高等院校图书管理结构图

自顶向下、逐步细化的程序设计方法的过程是将问题求解由抽象逐步具体化的过程。在图 1-9 中，流通管理是比较笼统而抽象化的任务，可把它分为 5 个更具体一些的小模块；把其中的图书归还管理模块又进一步细化为 4 个更小的模块，直到不需要细化为止。模块划分时，要注意模块的独立性，即使用一个模块完成一项功能，模块之间的耦合性越少越好。模块化设计的思想实际上是一种“分而治之”的思想，把一个大任务分为若干子任务，每个子任务就相对简单。可以说，结构化程序设计方法解决了人脑思维能力的局限性和被处理问题的复杂性的矛盾。

1.3.5　结构化程序设计的特点

1. 结构化程序设计存在的问题

(1)软件的重用性差

重用性是指同一事物不经修改或稍加修改就可多次重复使用的性质。软件高重用性是软件工程追求的目标之一。如果软件的重用性较差那么软件的造价就相对高。

(2)软件的可维护性差

软件工程强调软件的可维护性,强调文档资料的重要性。规定最终的软件产品应该由完整、一致的配置成分组成。在软件开发过程中,软件的可读性、可修改性和可测试性是软件的重要的质量指标。实践证明,用结构化程序设计方法开发出来的软件,维护费用仍然很高。

(3)开发出的软件不能满足用户需要

结构化方法开发大型软件系统涉及各种不同领域的知识。在开发需求模糊或需求动态变化的系统时,所开发出的软件系统往往不能满足用户的需要。

2. 结构化程序设计优缺点

虽然结构化程序设计有一定的不足,但是结构化设计的"自顶向下,逐步求精"的程序设计方法和"单入口单出口"的控制结构,仍然有很多的优点。结构化程序中的任意基本结构都具有唯一入口和唯一出口,并且程序不会出现死循环。在程序的静态形式与动态执行流程之间有良好的对应关系。"单入口单出口"的控制结构,很容易编写出结构良好、易于调试的程序。

(1)结构化程序设计的优点

结构化程序设计中,模块相互独立,在设计其中一个模块时,不会受到其他模块的影响,因此可将原来较为复杂的问题化简为一系列简单模块的设计。模块的独立性还有利于扩充已有的系统,建立新系统。结构化程序设计优点:

① 整体思路清楚,目标明确;

② 设计工作中阶段性非常强,有利于系统开发的总体管理和控制;

③ 在系统分析时,可以诊断出原系统中存在的问题和结构上的缺陷。

(2)结构化程序设计的缺点

结构化程序设计有许多优点,但也存在一些缺点:

① 用户要求难以在系统分析阶段准确定义,致使系统在交付使用时产生许多问题;

② 用系统开发每个阶段的成果来进行控制,不能适应事物变化的要求;

③ 系统的开发周期长。

在程序设计过程中,充分发挥结构化设计的优点,避免不足,就可以设计出来结构良好,便于管理和维护的好软件。

习题一

1. 什么是程序？什么是程序设计？

2. 什么是计算机语言？高级语言的特点是什么？

3. 什么是算法？从日常生活中找出 2 个例子,描述它们的算法。

4.试述三种基本控制结构的特点。

5.用传统流程图表示求解下面问题的算法。

(1)依次将5个数输入,输出其中最大数。

(2)判断一个数 n 能否同时被3和5整除。

(3)求两个数 m 和 n 的最大公约数。

(4)有三个数 x, y, z,按从小到大顺序依次输出。

(5)求 $1+2+3+\cdots+10$。

(6)将100～200之间的所有素数输出。

6.用N-S图表示第5题中每小题的算法。

7.用伪代码表示第5题中每小题的算法。

8.什么叫结构化程序设计?它的主要内容是什么?

第 2 章　C 语言概述

本章学习目标

- 了解 C 语言的发展历史和主要特性
- 了解 C 语言的基本组成
- 掌握 C 程序的基本结构
- 掌握 C 程序开发的基本步骤和调试过程
- 培养简单 C 语言程序设计和开发能力

C 语言是最广泛流行的高级程序设计语言之一，它具有语言简洁，使用方便灵活，移植性好，能直接对系统硬件和外围接口进行控制等特点。C 语言由规定的基本字符集、标识符、关键字、表达式、语句和函数等组成。从组织结构上讲，C 程序是由函数组成的，函数由语句组成。一个完整的 C 程序至少要有一个函数——主函数 main，并且一个程序只能有一个主函数 main，其他函数为 C 语言提供的标准库函数或用户自定义的函数。

2.1　简单 C 程序

学习一门程序设计语言的唯一途径就是使用它编写程序。动手编写程序也是快速了解 C 语言编程的直接手段。一个 C 语言程序可以是非常简单的，也可以是特别复杂的，这取决于程序要实现的功能。本节列举几个简单 C 语言程序的例子，分析 C 语言程序的基本结构，可以使初学者迅速了解 C 语言程序是什么样子的，为初学者逐步学习 C 语言的词法、语法及编程打好基础。

2.1.1　入门程序

程序设计语言的初学者，可以编写一个简单的程序，来熟悉一下编程环境，快速掌握编程的初步知识。编写的第一个程序，通常是在计算机屏幕上显示一行字符串。

例 2-1　编写在屏幕上显示“Hello，world! I'm coming!”的程序。

这个程序功能很简单，初学者只要掌握几个步骤就很容易完成。首先编写 C 源程序代码，假设保存到 hello.c 源程序文件中，然后进行编译、调试、链接，生成可执行程序，最后运行这个程序即可输出字符串。源程序的 C 语言程序代码如下。

```
/* This is the first C program */          /* 第 1 行  注释 */
#include <stdio.h>                          /* 第 2 行  包含头文件 */
```

```
int main( )                                      /*第3行  main函数头*/
{                                                /*第4行  函数体的开始 */
    printf("Hello,world! I'm coming! \n");/*第5行  显示字符串到屏幕上的函数*/
    return 0;                                    /*第6行  返回值0*/
}                                                /*第7行  函数体的结束 */
```

如何运行这个程序取决于开发者使用的操作系统和开发环境。如果使 Windows 中的 Visual C++6.0 集成开发工具,经过编辑、编译、链接将产生一个可执行程序 hello.exe,执行 hello.exe 程序,会在显示器的屏幕上输出一行字符。

```
Hello,world! I'm coming!
```

说明:

本教材所有例子都是在 Windows 操作系统的 Visual C++ 6.0 集成开发环境中编辑、编译、链接、调试的。运行的结果也是在这个开发环境中输出的。不同的编译器稍微有些差别,请读者注意编译器的约束条件。

在其他操作系统中,C 源程序的编辑、编译、链接与运行等操作会有稍微不同。例如在操作系统 Linux 中,编辑源代码文件通常用 VI 工具,编译、链接常用 Gcc 工具,生成文件为 hello.obj。如果操作者具有执行权限,可以执行 hello.obj 文件显示字符串。

(1)任何一个 C 语言源程序文件,无论其长短,都是由函数组成的。函数由函数头和函数体组成。函数体中包含一些语句,用于完成指定的操作。本例中只有一个函数 main,它是一个特殊的函数,因为它是 C 程序执行的入口点(通常由操作系统调用该函数),即每个 C 程序都是从 main 函数开始执行的。因为程序的入口点只有一个,所以每个 C 语言源程序有且仅有一个 main 函数。main 函数通常会调用其他函数,协同完成某项工作。有些函数是用户自己编写的,有些来自 C 语言的函数库,有些来自第三方函数库。库函数的使用必须加上如 hello.c 源程序第 2 行所示的 include 预处理。

```
#include <stdio.h>
```

所有的编译预处理行都以#开头,后跟编译预处理命令,如 include、define、ifdef 等。本例的编译预处理命令 include 是一条文件包含命令。它是将其后尖括号内的头文件 stdio.h 包含到源程序中,主要目的是让 stdio.h 头文件中的 printf 函数原型包含到源程序中。文件包含是一个经常使用的编译预处理命令,本书后面几乎所有的程序都要使用它。

(2)源程序第 3~7 行是 main 的定义。main 是函数名,函数体是从"{"开始,到"}"结束,由 C 语言语句序列构成。本程序中 main 函数由一个 printf 函数语句和一个 return 语句构成。本程序中 main 函数返回值类型是 int,指明了 return 语句后面表达式的数据类型。函数名之后是用一对圆括号括起来的函数形式参数列表。本例没有参数,但是 main 后面"( )"不能省略。可以在"( )"之中添加一个 void,表示该函数没有参数。有的教材中 main 函数采用了 void 的返回值类型,或者没有返回值类型,来简化 main 函数。这对于初学者没有什么影响,但是对于标准的程序员,尽量使用 main 函数的 int 返回值类型。

(3)源程序第 5 行是 main 函数体中 printf 函数语句,它被 main 函数调用执行。调用函数是按照函数定义的形式参数要求，给出实际参数列表，并用一对圆括号括起来。在本例中，用双引号括起来的字符串就是 printf 函数的一个参数。执行 printf 函数就把其参数的字符串在屏幕上显示出来。在显示结果，没有"\n"这两个字符，这是因为在 C 语言中，字符串"\n"表示回车换行的意思。在显示过程中遇到它，则从下一行的最左端开始接着输出。该语句最后分号";"表示函数语句结束。C 语言规定语句必须以分号结束。必须注意的是 C 语言是区分大小写字母的。例如，printf 和 PRINTF 并不相同。

(4)程序的第 6 行是 return 语句，其作用是将函数 main 执行的结果值返回给调用 main 函数的上级程序或操作系统。在本例中，函数正常执行完毕，把表示正常的 0 返回。如果在 main 函数中存在一些异常，可以按照协商好的值表示这些异常，如 1 表示文件不存在，2 表示网络不通等。return 语句另外一个作用是结束函数的执行，即使后面还有语句也得结束，所以程序员要正确使用 return 语句，否则函数不能实现指定的目标。

(5)程序第 1 行是注释(Comments)信息。C 语言中，注释是为了增加程序的可读性，人为增加的文本信息，主要用来说明程序的功能、用途，符号的含义，程序的实现方法，编程的人与合作者，编程的时间与版本等。预编译处理会将所有的注释都用空格代替，所以注释的多少都无关紧要。但是注释是一个非常重要的机制，没有注释的程序就不能算是高质量的程序，一定要养成对程序加注释的习惯。在 C 语言程序中，注释以"/*"开始，以"*/"结束，中间可以放置多行注释的内容，也称为块注释。但注释不能嵌套，例如

```
/* This is the /* first */ C program */
```

是错误的。在 C99 标准中，还有一种使用"//"开始的单行注释，注释内容放到后面。本教材源代码使用了块注释，也使用了单行注释，请读者注意。

2.1.2　求圆面积的程序

一般程序要处理输入的数据，然后输出执行结果。

例 2-2　求圆的面积。

编写一个通用的求圆的面积程序，要求从键盘输入圆的半径 r 值，按照 πr^2 的公式求出面积，再显示面积值。

```
/* This is the second C program */    /* 第 1 行 */
#include 〈stdio.h〉                    /* 第 2 行 */
#define PI 3.1415926                   /* 第 3 行  宏定义 π 的值 */
int main( )                            /* 第 4 行 */
{                                      /* 第 5 行 */
    float  r,area;            /* 第 6 行  变量 r 代表半径,area 代表面积 */
    printf("请输入圆的半径：");        /* 第 7 行  在屏幕上显示提示信息 */
    scanf("%f", &r);                   /* 第 8 行  从键盘输入浮点数到 r */
    area = PI * r *r;          /* 第 9 行  按照圆的面积公式求解 area 的值 */
    printf("圆的面积：%f\n", area);  /* 第 10 行  显示面积 area 的值 */
    return 0;                          /* 第 11 行 */
}                                      /* 第 12 行 */
```

保存该C源程序在circlearea.c文件中。运行该程序时，将提示输入信息，光标闪烁等待用户输入半径值，如输入10.6，再按回车键，将求出圆面积为352.989 380，运行结果如下所示：

```
请输入圆的半径：10.6
圆的面积：352.989380
```

该程序可以反复运行，输入任何半径都可以立即求相应圆的面积，是一个简单通用的求圆面积程序，有中文提示信息，比较好用。circlearea.c和hello.c相比，只有第3、6、8、9、10语句是C程序新的知识。第7行是输出中文字符串。有的编辑器、编译器、运行环境不直接支持中文文本串显示，可以通过环境参数设置来实现。

(1)第3行宏定义了π的值，并用宏名PI来代表π。在绝大多数的程序设计语言中，π不属于语言的字符集，不能在程序中直接使用。宏定义中通常用全部大写的标识符作为宏名，代表宏的值。此程序用一个标识符代表一个常量，称为符号常量，即标识符形式的常量。符号常量通常用＃define宏定义。本例中PI代表了"3.1415926"这个文本串。在编译之前的预处理中，所有出现PI的地方都用"3.1415926"这个文本串来替换，编译时再作为浮点数常量来使用。当设定圆的面积精度不高时，可以在宏定义处，将"3.1415926"修改为"3.14"就可以修改整个源代码中所有的PI，这就是宏定义的优越之处。

(2)第6行是声明部分，定义r和area两个浮点数类型变量，准备用来存储用户从键盘输入半径值、按公式求解的面积值。r和area是变量的名称。float是C语言的关键字，表示其后的r和area两个变量是单精度浮点数类型。变量的声明仅仅是告诉编译器分配两个能够存储浮点数的存储空间，并通过变量名使用该存储空间，这样C语言就比汇编语言使用数据更加方便了，提高了可阅读性。

(3)第8行是scanf函数语句，用于输入r变量的值。scanf函数的参数分为两部分：一是双引号的内容，用于指定输入的数据按照什么格式输入，%f就是说明按照十进制浮点数形式输入数值；二是输入的数据存放的内存地址，即赋值给变量的地址。scanf需要知道变量在内存中的确切位置，为此引入取变量地址运算符&，&r的含义就是"变量r的地址"。执行scanf函数，从键盘读入浮点数，经过scanf函数转换为C语言中单精度浮点数的内存映射值，送到变量r，相当于从计算机外读入数据到计算机内部，赋值给变量r，便于后面数据的继续处理。

(4)第9行是求面积，并把PI、r、r三个数的乘积值赋值给变量area。在数学公式中"×"代表两个数相乘，在C语言中两个数相乘，运算符是＊。C语言的算术表达式与数学公式一脉相承，容易理解，形式上稍微有区别。操作数和运算符写成的式子，在C语言中称为表达式。表达式area＝PI＊r＊r表示了PI＊r的积再与r相乘，求解出圆的面积值，通过运算符"＝"赋值给变量area，即把结果值放到area变量所代表的内存中。C语言的赋值运算表示把右边的表达式计算的结果赋值给左边的变量。

(5)第10行printf函数是输出结果。printf函数的参数分为两部分：一是双引号的内容，用于指定输出提示信息的字符和输出的格式，其中%f是指定按照十进制浮点数输出；二是输出的变量序列。在执行printf函数时，双引号内的常规字符原样输出，变量序列中的值按照格式要求在相应的%开始的格式串位置按样式输出，本语句即用变量area的十进制串352.989370取代%f。

2.1.3　求某日为一年中第几天的程序

C 语言源程序是由若干函数组成的，例 2-1 和例 2-2 使用了 C 语言的库函数，现在要编写用户自己定义的函数。

例 2-3　输入某年某月某日，计算出该日为该年中的第几天？

设从键盘输入了 year 年 month 月 day 天。因为一年中 1 月、3 月、5 月、7 月、8 月、10 月及 12 月为 31 天，4 月、6 月、9 月及 11 月为 30 天，2 月最为特殊，闰年为 29 天，平年为 28 天。判断 year 闰年条件是 year 能被 400 整除或者 year 能被 4 整除但不能被 100 整除。自定义一个函数 monthdays(year，month)，根据参数计算出 year 年的 month 月之前的整月天数累加的值。再加上输入的 day 天数就是该年的第几天。

```
/* This is the third C program */                    /* 第 1 行 */
#include <stdio.h>                                     /* 第 2 行 */
int monthdays(int iyear, int imonth);                  /* 第 3 行，自定义函数声明 */
int main()                                             /* 第 4 行 */
{                                                      /* 第 5 行 */
    int year,month,day,days;                           /* 第 6 行，定义四个变量 */
    printf("请按照 yyyy-mm-dd 格式输入年月日:");       /* 第 7 行 */
    scanf("%d-%d-%d",&year,&month,&day);   /* 第 8 行，从键盘输入年月日到相
                                              应变量 */
    days = day + monthdays(year,month);    /* 第 9 行，调用函数计算 month 月
                                              之前天数，参加表达式计算 */
    printf("%d 月%d 日是%d 年的第%d 天\n",month, day, year, days);/* 第 10 行 */
    return 0;                                      /* 第 11 行 */
}                                                  /* 第 12 行 */
int monthdays(int iyear, int imonth)   /* 第 13 行，定义函数计算 imonth 月之前天数 */
{                        /* 第 14 行 */
    int days=0;          /* 第 15 行，定义累加器，并初始化为 0 */
    switch(imonth){      /* 第 16 行，多分支语句 switch，根据 imonth 值判断 */
        case 1: days=0; break;          /* 第 17 行，1 月之前天数为 0 天 */
        case 2: days=31; break;         /* 第 18 行，2 月之前天数为 31 天 */
        case 3: days=59; break;         /* 第 19 行，3 月之前天数暂定 31+28 天 */
        case 4: days=90; break;         /* 第 20 行 */
        case 5: days=120; break;        /* 第 21 行 */
        case 6: days=151; break;        /* 第 22 行 */
        case 7: days=181; break;        /* 第 23 行 */
        case 8: days=212; break;        /* 第 24 行 */
        case 9: days=243; break;        /* 第 25 行 */
        case 10: days=273; break;       /* 第 26 行 */
        case 11: days=304; break;       /* 第 27 行 */
```

```
        case 12: days=334; break;      /*第28行*/
        default: return(-1);/*第29行,若imonth值不是1～12,则返回-1表示出错*/
    }                                  /*第30行*/
    if ((imonth>2)&&(iyear%400 = =0 || (iyear%4 = =0 && iyear%100! =0)))
                                       /*第31行,闰年判断*/
        days = days +1;/*第32行,若imonth为3～12需要判断闰年,是再+1*/
    return days;                       /*第33行,返回imonth月之前天数*/
}                                      /*第34行*/
```

该C程序源代码保存在days.c文件中。在Windows操作系统中运行该程序编译生成的可执行程序days.exe时,首先显示"请按照yyyy-mm-dd格式输入年月日:"信息,光标闪烁等待用户输入,切记用中划线分隔开输入的三个数,如下所示输入2020-07-29,再输入回车键。程序将计算出7月29日是2020年的第221天,运行结果如下所示:

```
请按照yyyy-mm-dd格式输入年月日:2020-07-29
7月29日是2020年的第211天
```

days.c源代码由主函数main( )和自定义函数monthdays( )组成,在主函数中调用自定义函数。这样不仅使程序简洁,同时也使main函数的逻辑变得更加清晰,提高程序的可阅读性,使程序的正确性得到保证。函数具有封装性、可重用性,大大提高了C程序的开发效率。开发C语言程序,实际上就是编写若干自定义函数,实现系统设计的功能。

(1)第3行是自定义函数int monthdays(int iyear, int imonth)的函数原型,它是一个函数声明,以分号结束;其目的是告诉本语句以后的其他函数,monthdays( )的返回值数据类型和参数列表。其他函数根据需要可以多次调用该函数完成系统iyear年imonth月之前本年的天数。函数int monthdays(int iyear, int imonth)具体实现是在第13～34行。

(2)第8行是scanf输入函数,输入三个整数代表年、月、日,因为scanf的格式串中三个整数之间的分隔符为"-"中划线,所以年月日中间也要采用中划线的方式分割。因为scanf仅仅是输入三个整数,负数、第14月、第0天等不合规数据可能被输入,所以需要程序员编写其他代码段以确保用户输入的年月日符合日期含义要求。

(3)第9行是赋值语句,调用自定义函数monthdays(year, month),获得iyear年imonth月之前的天数,再加上输入的day日,就可以得到days,即year年month月day日在year年是第days天。通过第10行语句输出。

(4)第13～34行是自定义函数monthdays( )实现部分。在C语言中函数的定义分为函数头和函数体两个部分。第13行是int monthdays(int iyear,int imonth)函数头,给出了函数返回值和参数列表,注意该行结尾没有分号。第14行和第34行的两个花括号表示函数体的开始和结束。在monthdays( )函数定义中(源程序的第15行)定义了一个整型变量days,用于存储整数iyear年imonth月之前的天数。第16～30行是一个多分支switch语句,先按照平年计算imonth月之前天数days;如果输入的月份不是1～12,则直接return (-1),表示本函数执行错误或者本函数执行前提条件不满足。在第31行if语句是判断iyear是否为闰年,同时imonth为3～12。如果条件满足,在第32行实现days再加上一天,正常求解出iyear

年 month 月之前的天数。在第 33 行是函数的返回语句，把 days 的值返回给调用者。

2.1.4 统计字符串中不同字符的个数

在程序设计语言中字符串是非常重要的内容。在 C 语言中，字符串和字符数组是密切相关的，字符数组以'\0'结束的就变成了字符串。C 语言专门有一个头文件 strings.h，包含了很多关于字符串的库函数。

例 2-4　输入一字符串，统计其中的字母、空格、数字和其他字符的个数。

从键盘输入一个字符串先保存在字符数组中，依次从字符数组中取出一个字符，判断是字母(大小写都是字母)、空格、数字或者其他字符的类别，并在相应的计数器中增加 1，这样反复取字符进行分类判断，直到字符串结尾为止。

```
/* This is the fourth C program */          /* 第 1 行 */
#include "stdio.h"                          /* 第 2 行 */
#include "conio.h"                          /* 第 3 行，getch 函数原型所在头文件 */
int main( )                                 /* 第 4 行 */
{                                           /* 第 5 行 */
    char c;                                 /* 第 6 行，定义字符变量 c */
    int letters=0,space=0,digit=0,others=0; /* 第 7 行，定义四个累加器，并初始为 0 */
    int i=0;                                /* 第 8 行，指示分析字符串的当前位置 */
    char str[120];                          /* 第 9 行，定义一个长度为 120 的字符数组 */
    printf("Please input a English string:\n");        /* 第 10 行 */
    gets(str);                              /* 第 11 行，从键盘输入一个字符串保存到 str */
    while((c=str[i])!='\0')                 /* 第 12 行，从 str 的 i 位置取一个字符 */
    {                                       /* 第 13 行 */
        if((c>='a'&&c<='z')||(c>='A'&&c<='Z'))/* 第 14 行，判断 c 是否为字母 */
            letters++;                      /* 第 15 行 */
        else if(c==' ')                     /* 第 16 行，判断 c 是否为空格 */
            space++;                        /* 第 17 行 */
        else if(c>='0'&&c<='9')             /* 第 18 行，判断 c 是否为数字字符 */
            digit++;                        /* 第 19 行 */
        else                                /* 第 20 行，其他类别 */
            others++;                       /* 第 21 行 */
        i++;                                /* 第 22 行，向后移动一个位置，取下一字符 */
    }                                       /* 第 23 行 */
    printf("All in all:char=%d space=%d digit=%d others=%d\n",\
        letters,space,digit,others);/* 第 24、25 行是一个函数语句，显示统计结果 */
    printf("Press any key to exit.");       /* 第 26 行 */
    getch();                                /* 第 27 行，等待用户从键盘输入一个字符 */
    return 0;                               /* 第 28 行 */
}                                           /* 第 29 行 */
```

该 C 程序源代码保存在 strings.c 文件中。在 Windows 操作系统中运行该程序编译生成的可执行程序 strings.exe 时，首先显示提示信息，光标闪烁等待用户输入，用户输入一行字符串，再输入回车键，将统计出四类字符的个数。运行结果如下所示：

```
Please input a English string:
Mobile Phone Service Tel: 10086.
All in all:char = 21 space = 4 digit = 5 others = 2
Press any key to exit.
```

strings.c 源代码的核心是从键盘接收一行字符串，保存在字符数组 str 中，从头到尾扫描一遍字符串的每个字符，统计出各类字符的个数。

(1)第 3 行文件包含头文件"conio.h"，主要是给出第 27 行 getch( )函数的说明，该函数实现从键盘上获得一个字符。本例中使用该函数不是把获得的字符保存在字符变量里或者直接处理，而是仅仅利用该函数暂停程序等待用户输入。在第 26 行显示一行提示信息，程序执行暂停，让用户按任意键结束程序。

(2)第 6 行定义了一个字符变量 c，保存扫描过程中的当前字符。第 7 行定义了四类字符的累加器——字母累加器 letters、空格累加器 space、数字累加器 digit、其他字符累加器 others，并初始化为 0。第 8 行定义了一个整型变量 i，表示字符串当前的扫描位置，初始是从 0 的位置开始扫描。第 9 行定义了一个字符型数组 str，该数组的长度为 120。

(3)第 11 行执行 gets(str)函数，读取用户输入的字符串(以回车键结束)，把该字符串赋值给 str，并添加'\0'字符结束。gets( )函数原型在 stdio.h 中。

(4)第 12～23 行是 while 语句。第 12 行是 while 语句的控制条件，首先是把字符串的当前字符赋值给变量 c，再与'\0'字符比较。如果不等表示扫描没有结束，继续执行第 13～23 行的 while 语句体；如果 c 等于'\0'字符，表示扫描结束，直接执行第 24 行。while 语句的主体是判断当前字符是什么类别，然后让这个类别的累加器增加 1，最后执行第 22 行让 i 加 1，让程序在下一次循环时扫描 str 字符串下一个字符。

(5)第 14～21 行是多分支的 if 语句，判断 c 是否为小写字母'a'～'z'或大写字母'A'～'Z'，如果条件成立，则 c 为字母类别，执行第 15 行的字母累加器 letters 自增 1。如果不是字符，则执行第 16 行判断 c 是否为空格，如果条件成立，则 c 为空格，执行第 17 行的空格累加器 space 自增 1。如果不是字母也不是空格，则执行第 18 行判断 c 是否'0'～'9'的数字字符，如果条件成立，则 c 为数字，执行第 19 行的数字累加器 digit 自增 1。如果不是字母、空格、数字，则说明 c 是其他类型字符，执行第 21 行的累加器 others 自增 1。

(6)第 24～25 行是一个 printf 函数语句，因为太长分为两行来写的。第 24 行的后面要有'\'，表示续行符，即下一句也是同一行内容。该 printf 语句是打印出来字符串中的字母、空格、数字、其他字符的统计个数。

2.2 C 语言程序开发与环境

编写 C 程序仅仅是程序设计工作中的一个环节，C 语言程序需要经过编辑、编译、链接、执行的过程。如果出现词法、语法错误，需要在编译器的指导下修改。如果出现逻辑错误，则需要设计测试数据集，在调试工具的帮助下，修改错误。只有正确的源程序，才能生成正确的可执行程序，才能得到设计期待的运行结果。

2.2.1　C 语言程序的开发过程

用 C 语句编写的程序称为源程序，它是不能直接运行的。一般 C 程序开发要经历编辑、编译、链接和运行 4 个基本步骤。以 exam2_1.c 源程序为例，C 源程序转换成可执行程序的过程，如图 2-1 所示。其中实线表示在上一步骤完成后直接进行下一步骤；虚线表示将本步骤的结果存储在文件中，以后再继续操作。例如，在编辑好源程序后既可以直接编译，也可以存放在文件中下一次再编译。

1. 编辑

使用字处理软件或编辑工具将源程序以文本文件形式保存到磁盘，源程序文件名由用户自己选定，但必须满足所用的操作系统要求，且扩展名必须为“.c”，表示它是 C 源程序。良好的编辑环境，可以突出显示 C 语言的关键字、运算符等，自动提供源代码缩进格式。这样有利于提高源代码编写效率。有的编辑器还提供输入时热点提示和下拉框的选择，以及自动补齐功能。

2. 编译

编译的功能就是调用“编译程序”或“C 编译器”，将已编辑好的源程序翻译成二进制的目标代码。编译程序时，“编译程序”自动对源程序进行语法检查，当发现错误时，将显示错误的类型和所在的位置，以帮助用户修改源程序中的错误。如果源程序没有语法错误将产生一个与源程序同名，以“.obj”为扩展名的目标程序。

3. 链接

编译后产生的目标程序往往形成多个模块，还要和库函数进行链接才能运行，链接过程是使用系统提供的“链接程序”运行的。链接后，在 Windows 操作系统中产生以“.exe”为扩展名的可执行程序；在 Unix/Linux 操作系统中，通常生成一个“.out”类型的文件。“.exe”或“.out”表示是链接好的可执行程序。

4. 运行

可执行程序生成后，就可以在操作系统的支持下运行该程序。若执行结果达到预期的目的，则开发工作到此完成；否则，就要进一步检查修改源程序，重复上述步骤，直到取得最终的正确结果为止。与编译、链接不同的是，运行程序可以脱离语言处理环境。因为一个可执行程序的执行，与 C 语言本身已经没有关系，所以可执行程序可以在语言开发环境调试模式下运行，也可直接在操作系统下运行。

在不同版本的 C 语言编译系统中，上述步骤有些可分步处理，有些可集成处理，但逻辑结构上基本相同。本教材所有实例都采用了 Microsoft Visual C++6.0 集成开发环境，把 C 源程序的编辑、编译、链接、运行和调试等工作集成到一个平台上。Visual C++ 6.0 功能丰富，使用方便，直观易用，它良好的人机界面大大提高了开发程序效率。

2.2.2　Microsoft Visual C++6.0 开发环境

Microsoft Visual C++ 6.0（本书后面简称 Visual C++）是 Microsoft 公司出品的基于

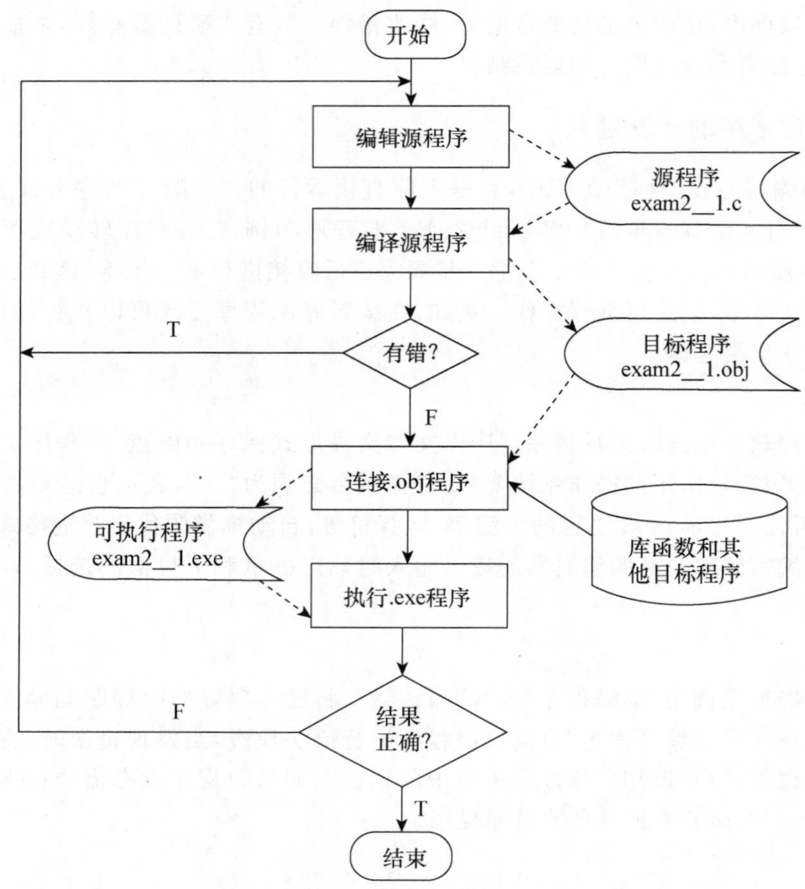

图 2-1　C 语言程序的开发过程

Windows 环境的 C/C++ 开发工具，它是 Microsoft Visual Studio 套装软件的一个组成部分，也有单独产品模式。

1. Visual C++ 6.0 安装与主窗口

从 Visual Studio 的光盘中运行 Visual C++ 安装程序(Setup. exe)，完成安装后，就可以从桌面上顺序选择“开始/程序/Microsoft Visual Studio/Microsoft Visual C++6.0”或双击桌面上的 Visual C++ 快捷图标来启动。启动后的 Visual C++ 主窗口如图 2-2 所示。

主窗体顶端自上而下分别为标题栏、菜单栏和工具栏。工具栏的下方有左、右两个窗口，左窗口为项目工作区窗口；右窗口为工作区窗口。源代码的输入与编辑工作就是在右侧窗口进行的。再下面为输出窗口。编译源程序时，错误信息便显示在该窗口中。当使用 debug 命令时，调试信息也显示在该窗口中。主窗体屏幕最下方是状态栏，显示当前操作或所选命令的提示信息。

菜单栏中包括文件(File)、编辑(Edit)、查看(View)、插入(Insert)、工程(Project)、组建(Build)、工具(Tools)、窗口(Window)和帮助(Help)9 个主菜单项。

为了用户操作方便，Visual C++ 集成环境提供了多种工具栏。在默认情况下，主窗口中只显示 Standard、WizardBar 和 Build MiniBar 3 个工具栏。其他工具栏可根据需要选择显

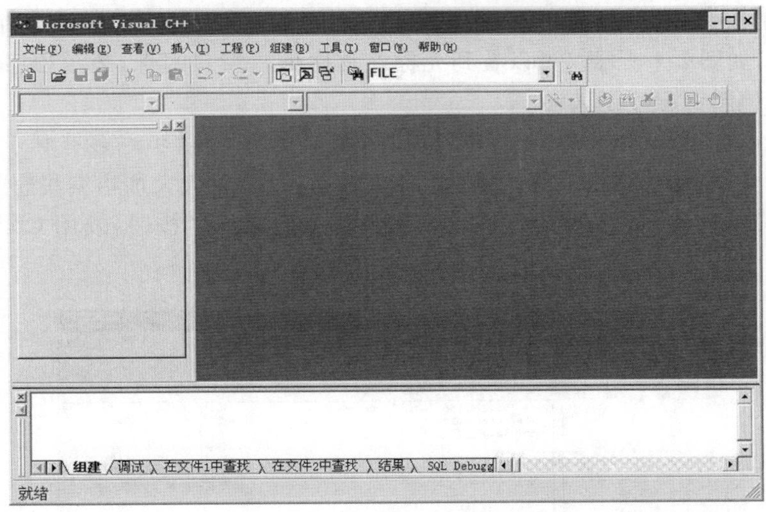

图 2-2　Visual C++主窗口

示。在主窗口工具栏位置单击鼠标右键,弹出工具栏快捷菜单,前面带"√"的选项即为当前在窗口中显示的工具栏。单击某一工具栏选项,若原来该选项前未加"√"标记则该工具栏将被显示;反之,则该工具栏被取消显示(隐藏)。将鼠标移至工具栏的任一按钮时,则会显示该按钮名及相应的快捷键。

2. 输入和编辑 C 源程序

在 Visual C++ 主窗口的主菜单中选择"文件/新建",屏幕上出现"新建"对话框,如图 2-3 所示。单击此对话框的"文件"选项卡,选择"C++ Source File"选项建立新的 C++ 源程序文件,然后在对话框右边的位置文本框中输入准备编辑的源程序文件的存储路径(如 D:\CODES),在对话框右侧的文件名文本框中输入准备编辑的 C 源程序文件名(如 hello.c)。后缀.c 表示建立的是 C 源程序,若不加后缀,则 Visual C++ 默认的文件后缀为.cpp,表示建立的是 C++ 源程序。

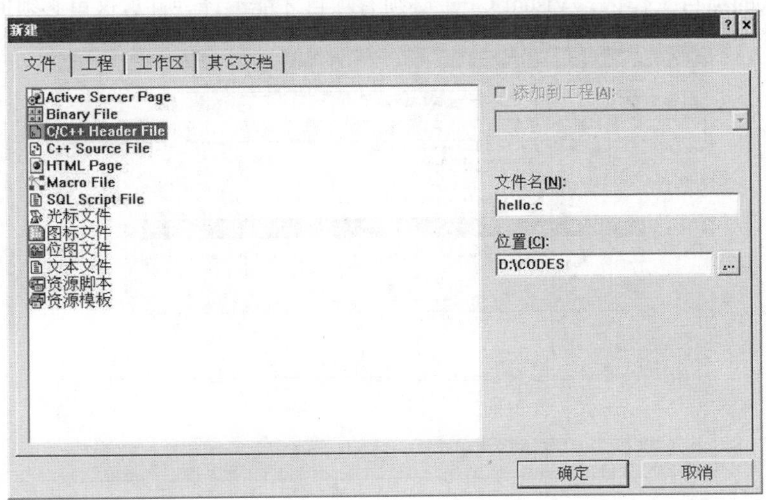

图 2-3　"新建"对话框

单击“确定”按钮，返回 Visual C++ 主窗口，此时窗口的标题栏中显示当前编辑的源程序文件名 hello.c，如图 2-4 所示。可以看到光标在程序编辑窗口闪烁，表示程序编辑窗口已激活，可以输入和编辑源程序了。

Visual C++ 比 Windows 的“记事本”编辑功能丰富，它提供了许多有利于编写代码的功能，如关键字加亮、自动调整格式等。鼠标和键盘配合使用，可大大加快编写速度。

程序输入完毕选择“文件/保存”，或单击工具栏上的“保存”按钮，或用 Ctrl + S 快捷键来保存文件。

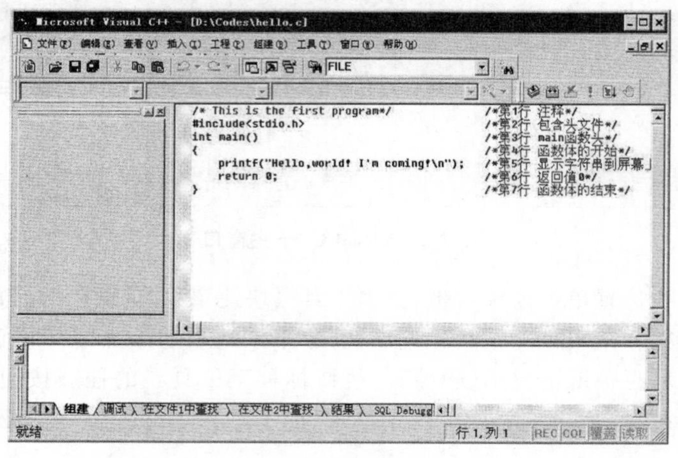

图 2-4 编辑窗口

退出 Visual C++ 环境后需要重新打开以前建立的文件 hello.c，则打开 Visual C++ 环境后通过“文件”菜单中的“打开…”菜单项打开“hello.c”。

3. 编译、链接和运行

程序编写完毕后，选择菜单“组建/编译”命令，或单击工具栏上的“编译”图标，也可以按 Ctrl + F7 键，启动编译。但在正式编译之前，Visual C++ 会先弹出如图 2-5 所示的对话框，询问是否建立一个默认的项目工作区。Visual C++ 必须有项目才能编译，所以，这里必须回答“是”。

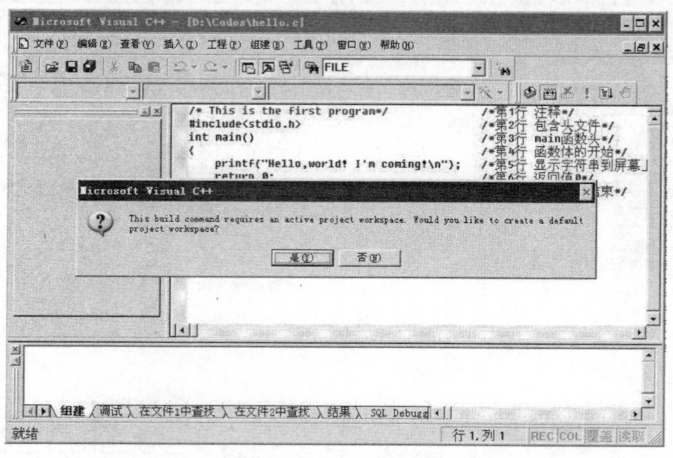

图 2-5 创建缺省工程项目

在进行编译时，编译系统检查源程序中的语法，并在主窗口下部的调试信息窗口输出编译的信息，如果有语法错误，就会指出错误的位置和性质，并统计错误 error(s) 和警告 warning(s)的个数，如图 2-6 所示。

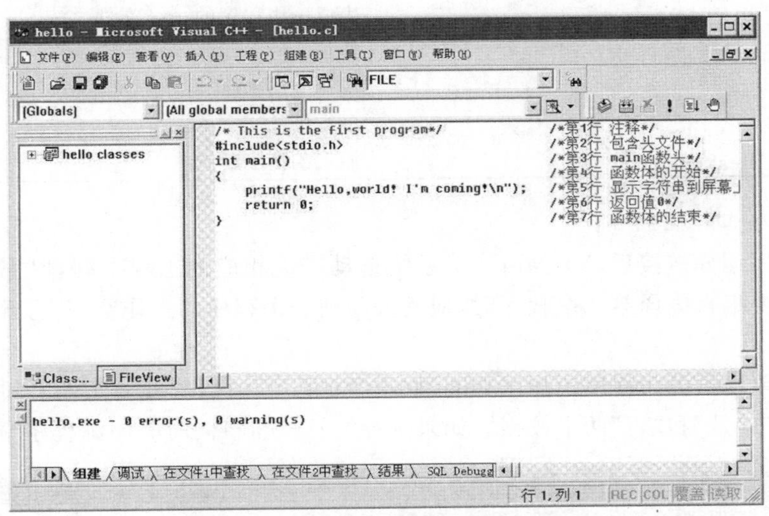

图 2-6　信息输出窗口

如果编译没有错误，在得到目标程序(如 hello.obj)后，就可以对程序链接了。单击 F7 键或工具栏图标 ，即可生成应用程序的.EXE 文件(如 hello.exe)。

以上介绍的是分别进行程序的编译与链接，实际应用中也可以直接按 F7 键一次完成编译与链接。

在生成可执行文件后(如 hello.exe)，就可以运行该程序了。选择菜单“组建/执行”，或单击工具栏上的执行图标 ，也可以使用 Ctrl + F5 快捷键，程序将在一个新的字符窗口中运行。程序运行完毕后，系统会自动加上一行提示信息“Press any key to continue”，如图 2-7 所示。按照提示按任意键即关闭字符界面返回 Visual C++ 开发环境。

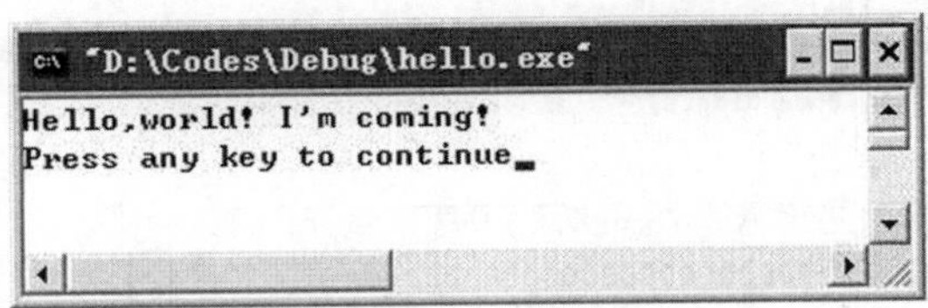

图 2-7　程序运行结果

图 2-8 是“编译链接”工具栏，它提供了常用的编译、链接以及运行操作命令。表 2-1 则是编译、链接以及运行命令的功能列表。

图 2-8　“编译链接”工具栏

表 2-1 编译链接工具栏按钮命令及功能描述

按钮命令	功能描述
Compile	编译 C 或 C++ 源代码文件
Build	生成应用程序的.exe 文件
Stop Build	停止编译和链接
Execute	执行应用程序
Go	单步执行
Insert/Remove Breakpoint	插入或消除断点

4.关闭程序工作空间

当一个程序编译链接后，Visual C++ 系统自动产生相应的工作空间，以完成程序的运行和调试。若需要编辑编译第二个程序时，通常关闭前一个程序的工作空间，打开第二个程序的工作空间。

“文件”菜单提供关闭程序工作区功能，如图 2-9 所示。执行“关闭工作空间”菜单功能，然后对话框中给出“是”和“否”两个按钮。如果选择“是”按钮将同时关闭源程序窗口。

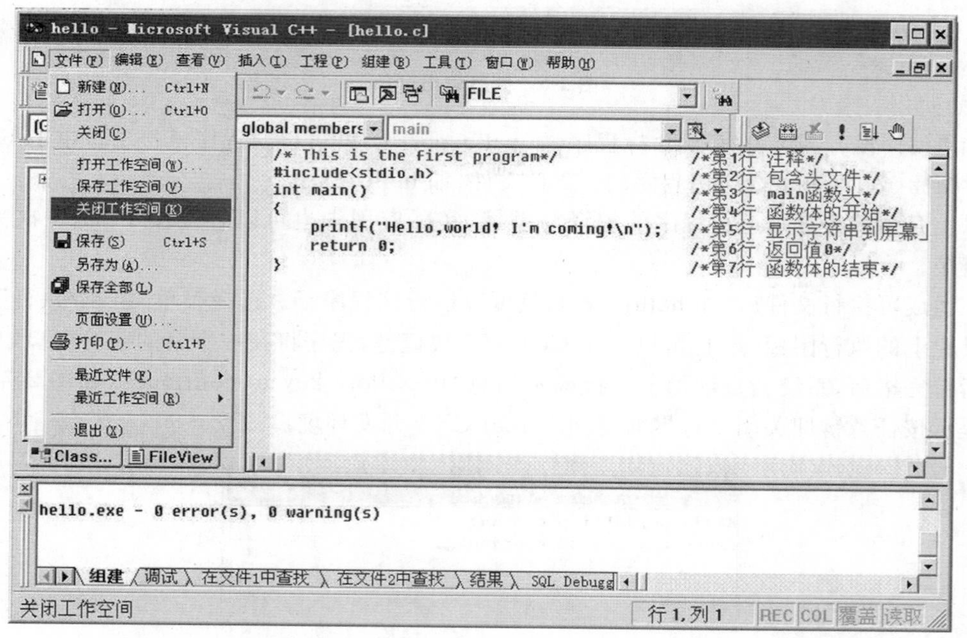

图 2-9 关闭程序工作空间

5.程序的调试

程序调试的任务是发现和改正程序中的错误，使程序能正常运行。编译系统能检查程序的语法错误。语法错误分为两类：一类是致命错误，以 error 表示，如果程序有这类错误，就通不过编译，无法形成目标程序；另一类是轻微错误，以 warning 表示，这类错误不影响生成目标程序和程序的执行，但可能影响运行的结果，因此也应当改正，如图 2-10 所示。要修改源程序，使编译后既无 error，也无 warning。

图 2-10 下方调试窗口中的编译信息指出源程序有 1 个 error 和 0 个 warning。用鼠标移

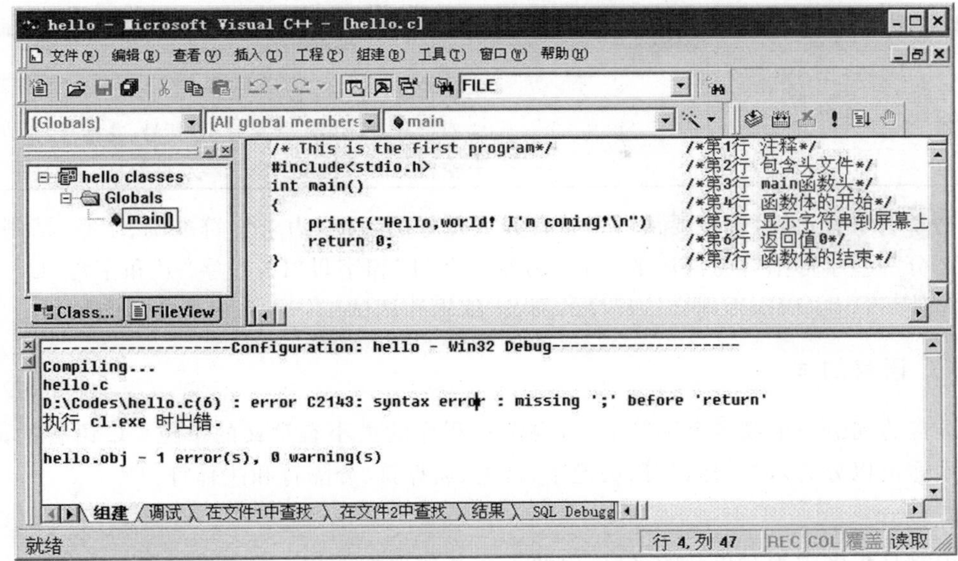

图 2-10　错误和警告信息

动调试窗口右侧的滚动条，可以看到程序出错的位置和性质。用鼠标双击调试信息窗口的报错行，则在程序窗口中出现一个粗箭头指向被报错的源程序行。根据出错内容提示信息(missing ';' before '}')，经检查程序，发现在程序第 5 行的末端漏写了分号。注意，在分析编译系统错误信息报告时，要检查出错点的上下行。当所有出错点均改正后，再进行编译调试，直至编译信息为“0 error(s)，0 warning(s)”表示编译成功。

2.3　C 语言的基本组成

任何程序设计语言如同自然语言一样，都有一套字符集、单词及一些特定符号的使用规定，语句、语法的使用规则。C 语言涉及的规定较多，其中主要包括基本字符集、标识符、关键字、语句和标准库函数等的使用规定。这些规定构成了 C 程序的最小的语法单位。

2.3.1　C 语言字符集

字符是组成语言的最基本的元素。使用某种计算机语言来编写程序，就必须使用符合该语言规定的、编译器能识别的字符。一个 C 源程序是 C 语言字符构成的一个序列。C 语言字符集有 94 个字符，其中有大写字母 26 个(A～Z)，小写字母 26 个(a～z)和数字 10 个(0～9)，另外还有其他字符 32 个。其他字符分为七大类，如表 2-2 所示。

表 2-2　C 语言的其他字符

字符种类	字符	含义
算术字符	+ - * /%	加、减、乘、除、取余
赋值字符	=	右边的值赋给左边的变量
关系字符	><	大于、小于
标点字符	.,:;?	点、逗号、冒号、分号、问号

续表

字符种类	字符	含义
位运算字符	&|! ~^	按位与、或、非、取反、异或
括号字符	" ' ( ) [ ] { }	双引号、单引号、圆括号、方括号、花括号
特殊字符	3个空白符 # \ _	空格与制表符及回车、#号、反斜杠、下划线

对初学者来说，书写程序要从一开始就养成良好的习惯，力求字符准确、工整、清晰，尤其要注意区分一些字形上容易混淆的字符，例如数字“1”和字母“l”，数字“0”和字母“O”。尽量避免同时使用这些字符，否则会给程序的阅读、编辑和调试工作带来不必要的麻烦。

2.3.2 C语言的词

C语言的词由一个或多个字符组成，构成C程序的最小有意义的单位。C语言的词按照词意和用途可以分为六类：标识符、关键字、常量、运算符、分隔符和注释符。

1.标识符

标识符是程序中为对象起的名字，以便于在其他地方使用。每种程序语言都规定了在程序中描述名字的规则。C语言规定，标识符由字母、数字或下划线“_”组成，第一个字符必须是字母或下划线。不同的编译系统规定标识符最大长度不同。Turbo C最多为32个字符；Visual C++最多为255个字符。

在C程序中，标识符用于给变量、常数、数组、函数、文件及数据类型等命名。为了提高可读性和构造的方便性，起名字要做到“见其名而知其意”，如定义判断素数的函数名为isPrime；定义年份的变量为year。在C语言编程中经常使用匈牙利命名法。关于匈牙利命名法，读者可以参考本教材后面内容或其他书籍。由于系统内部使用了一些以下划线开头的标识符，为防止冲突，建议用户尽量避免使用以下划线开头的标识符。

C语言规定标识符中同一个字母的大写与小写被看作是不同的字符。这样，a和A，AB和Ab，是不同的标识符。下面给出了经常出错的标识符以及一些合法标识符，以方便读者掌握。

① 合法的标识符

Sum　sum　SUM　i　x1　k　sumabc_9　count1　_z168

② 非法的标识符

4xy　　(以数字开头)　　x5+y6　　(出现非法字符+)

a#7　　(出现非法字符#)　　! sum_1　　(出现非法字符!)

@Mn7　　(以非法@号开头)　　max-b1　　(出现非法字符-)

$xz_1234　　(出现非法字符$)　　M.J.ttY　　(出现非法字符.)

说明：

在C语言中大写字母与小写字母含义是不同的(即C语言是对大小写敏感的)。如sum、Sum、SUM是三个不同的标识符。

2.关键字

C语言有一些有特定意义和用途的标识符，称这样的标识符为关键字或者保留字。C语言关键字不允许用户作为自定义的标识符使用。C89标准的基本保留字有32个，分为7类，如表 2-3 所示。

表 2-3　C 语言的关键字

描述类型定义	描述存储类型	描述数据类型	描述语句
typedef	auto	char	break
void	extern	double	continue
	static	float	switch
	register	int	case
		long	default
		short	if
		struct	else
		union	do
		unsigned	for
		const	while
		enum	goto
		signed	return
		volatile	sizeof

说明：

① 所有关键字的字母均采用小写。

② 关键字不能再作为用户的常量、变量、函数和类型等的名字。

3. 常量

常量是程序在运行过程中，其值始终保持不变的量。由它们的形式就可以判断其是什么类型。常量分为 5 类，第一类为整数常量，如 100、0xffab（十六进制）、074（八进制）；第二类为字符常量，如'A'；第三类为实数常量，如 12.4、1e－6 等；第四类为字符串常量，如"Hello"；第五类为＃define 宏定义，如＃define PI 3.14159。

4. 运算符

C 语言的特色之一是它具有丰富的运算符。C89 标准共有 43 个运算符，用来表示一些特定的数学或逻辑运算。C 语言中的运算符用于表述从何处取值，进行何种运算，结果具有何种类型，结果送往何处的统称。按照运算符需要参与运算的操作数的个数，可以分为一目运算符、二目运算符和三目运算符。C 语言中操作数通过运算符连接在一起就构成了 C 语言的表达式。表达式是 C 语言的唯一的词组。C 语言的表达式通常很复杂，不同类别的运算经常混合在一起。为了判断计算的优先次序，要对运算符划分优先级和结合性（同一个类别的运算符一起出现时的计算次序），表 2-4 是按照优先级从高到低排序的运算符列表。

表 2-4　C 语言的运算符

运算符类别	运算符	结合性
成员运算符	( ), [ ], －>, .	左结合
一目运算符	!, ～, ＋＋, －－, －, (数据类型), ＊, &, sizeof	右结合
乘除法运算符	＊, /, %	左结合
加减法运算符	＋, －	左结合

续表

<table>
<tr><th>运算符类别</th><th>运算符</th><th>结合性</th></tr>
<tr><td>移位运算符</td><td><<, >></td><td>左结合</td></tr>
<tr><td>关系运算符</td><td><, <=, >, >=</td><td>左结合</td></tr>
<tr><td>等于运算符</td><td>==, !=</td><td>左结合</td></tr>
<tr><td>位运算符</td><td>&, ^, |</td><td>左结合</td></tr>
<tr><td>逻辑类运算符</td><td>&&, ||</td><td>左结合</td></tr>
<tr><td>条件运算符</td><td>? :</td><td>右结合</td></tr>
<tr><td>赋值运算符</td><td>=, +=, -=, *=, /=, %=, <<=, >>=, &=, |=, ^=</td><td>=右结合,其他左结合</td></tr>
<tr><td>逗号运算符</td><td>,</td><td>左结合</td></tr>
</table>

5.分隔符

分隔符是起分隔作用的符号,用于把C语言的标示符、常量及变量等基本语法单位分隔开来,类似于自然语言中逗号和分号的作用。C语言的分隔符有7个,如表2-5所示。

表2-5　C语言分隔符

分隔符	含义
逗号	对象列表中对象的分隔,如int x,y; int main(int agrc, char ** args);
空格	用于单词之间的分隔,可以连续使用一个或多个
制表符	制表符Tab也是用于分隔单词,可以连续使用一个或多个
回车	C语言行结束字符,也可以分隔单词
分号	用于每个语句的结束符,以及在for语言中( )内的三个部分的分隔
冒号	用于定义语句标号
花括号	一对花括号是函数、复合语句的开始和结束的标识

说明:

空格、制表符、回车统称为C语言的空白符,用于分隔单词使用,使用一个或多个在词法含义上是相同的。

6.注释符

C语言的注释符有两类:一是块注释符,以"/*"开始,并以"*/"结束;二是以"//"开始的行注释符。在C程序编译时,注释内容用空格替代,其用途仅仅是为提高源程序的可读性。

2.3.3　C语言的语句

C语言所有语句都必须以分号";"结束,函数的最后一个语句也不例外。

C语言的单词是按照词法由基本字符组成,单词按照语法要求组合就可以构成语句。语句是组成程序的基本语法单位,表示一个完整的意思,告诉计算机完成某个动作,或改变对象的数据、或改变程序语句的顺序。C语句有机组合在一起就可以实现复杂计算处理功能。所谓C源程序就是由若干条C语句组成的。为了便于控制和处理,C语言提供了函数的模块划分,提供了复合语句,用一对花括号把一组语句当作一条语句处理,便于程序块处理和C语句的复合。C89标准的语句共有24个,分为执行语句和说明语句。C语言的执行语句如表2-6所示。C语言的说明语句就是数据类型说明语句,告诉计算机定义的变量,说明变量的数据类型、变量名称、变量的初始值和变量的生命周期(或者称为变量的使用范围),C 语言中共有 10 个类型说明语句,如表 2-7 所示。很多教材把说明语句称为声明部分,不称为语句,读者注意区分,以免产生混淆。

表 2-6　C 语言的执行语句

语句	格式
赋值语句	变量 = 表达式;
if 条件语句	if(表达式)语句 1[else 语句 2]
while 循环语句	while(表达式)语句
do 循环语句	do 语句 while(表达式)
for 循环语句	for(表达式 1; 表达式 2; 表达式 3)语句
switch 分支语句	switch(表达式){case 语句或 default 语句}
case 判断语句	case 常数表达式: 语句
default 缺省语句	default: 语句
break 中断语句	break;
continue 继续语句	continue;
return 返回语句	return;或者 return(表达式);
goto 转移语句	goto 标号;
函数调用语句	函数名(实参列表);
空语句	;

表 2-7　C 语言的说明语句

类型名称	关键字
整数类型	int
字符类型	char
单精度类型	float
双精度类型	double
枚举类型	enum
数组类型	数据类型 数组名[常量表达式]…
结构体类型	struct
共用体类型	union
文件类型	FILE
指针类型	*
空类型	void

2.3.4　C 程序的结构

C 程序通常由一个 main 函数和多个自定义函数组成。函数用于完成应用程序实际所需要做的功能。C 程序中经常使用 C 语言的库函数。使用库函数时,只需要调用函数即可。一个应用程序可以由一个或多个 C 源程序文件组成。

每个源文件可由一个或多个函数组成,一个 C 源程序大致包括:

① 预处理命令;

② 用户函数说明部分;

③ 全局变量定义;

④ 主函数;

⑤ 若干用户自己编写的函数;

⑥ 注释。

一个好的程序员总是在程序的顶部进行注释,以说明本程序的功能,编写程序的日期、时间、作者信息等,并且在程序中添加注释解释每一组语句的目的。

主函数或者其他自定义函数中,一般又包括局部变量定义语句、库函数调用、控制流语句、用户自定义函数调用等。

C语言的源代码可以由多个 *.c 和 *.h 文件组成,采用工程项目的方式实施管理。本教材的实例大多数程序都是一个C语言源文件。设C应用程序只有一个源文件,f1()～fn()代表用户定义函数,各个函数的定义是相互独立的,各函数定义的顺序无关紧要,则C语言程序的一般形式可以表达如下:

```
#include〈头文件〉
#define 宏定义
函数原型说明;
全局变量说明;
int main(函数参数列表)
{
    局部变量定义;
    程序段;
    return 0;
}
函数类型 f1(函数参数列表)
{
    声明部分;
    执行语句部分;
}
函数类型 f2(函数参数列表)
{
    声明部分;
    执行语句部分;
}
……
函数类型 fn(函数参数列表)
{
    声明部分;
    执行语句部分;
}
```

在 C 语言源程序中，虽然一行可以写多条语句，一条语句也可以分写在多行上，但是在有些情况，语句中的某些部分是不能随意断开的。例如，字符串不能断开，标识符不能断开，数据不能断开等。为了提高程序的可读性，最好一行只写一条语句。在编写程序时，用缩进对齐的写法来反映程序不同的结构层次，以增加程序的可读性。

2.3.5　C 程序的书写风格

程序设计是一门艺术，需要相应理论、技术、方法和工具的支持。程序设计风格是指程序员编写程序时所表现出来的特点、习惯性逻辑思路等。

良好的程序设计风格不仅有助于提高程序的可靠性、可理解性、可测试性、可维护性和可重用性，也能够促进技术的交流，改善软件的质量。所以培养良好的程序设计风格对于初学者来说非常重要。良好的程序设计风格包括以下几个方面：

1. 源程序文档化

编码的目的是产生程序，但是为了提高程序的可维护性，源程序需要实现文档化。源程序文档化包括选择标识符（变量和标号等）、安排注释以及标准的书写格式等。

（1）标识符的命名

标识符包括函数名、变量名、常量名及标号名等。这些名字应能反映它所代表的实际事物，应有一定的实际意义，使其能顾名思义。另外，在模块名、变量名、常量名、标号名及子程序名中使用下划线也是一种风格。使用这一风格的一种广为人知的命名规则就是匈牙利命名法。无论是否使用匈牙利命名法，重要的是程序的命名规则要保持一致——在整个程序中使用相同的命名规则。在一个小组环境中编程，小组成员应该制定一种命名规则，并自始至终使用这种规则。如果有人使用了别的命名规则，那么集成的程序读起来将很费劲。此外，还要与程序中用到的第三方库（如果有的话）所使用的风格保持一致。如果可能的话，应该尽量使用与第三方库相同的命名规则，这将提高程序的可读性和一致性。

说明：

匈牙利命名法是一种编程时的命名规范。基本原则是：变量名 = 属性 + 类型 + 对象描述，其中每一对象的名称都要求有明确含义，可以取对象名字全称或名字的一部分。例如，指针名称为 pointer，可以简写为 p，单精度实型名称为 float，可以简写为 f。当变量类型及变量名称分别为 float 和 max 时，变量 pfMax 就很好地表示了一个指向 float 型变量 max 的指针变量。匈牙利命名法便于记忆，而且变量名清晰易懂，增强了代码的可读性，也便于程序员之间进行代码的交流。

（2）程序注释

程序中的注释是程序设计者与程序阅读者之间通信的重要手段。注释能够帮助理解程序，并为后续测试维护提供明确的指导信息，因此，注释是十分重要的。大多数程序设计语言提供了使用自然语言来写注释的环境，为程序阅读带来很大的方便。注释分为功能性注释和序言性注释。

① 功能性注释

在源程序中，功能性注释用以描述其后的语句或程序段是要“做什么”，而不是解释下面“怎么做”。对于书写功能性注释，要注意以下几点：一是描述一段程序，而不是每一个语句；二是利用缩进和空行，使程序与注释容易区别；三是注释要准确无误。

② 序言性注释

序言性注释通常位于每个程序模块的开头部分，给出程序的整体说明，对于理解程序具有引导作用。有些软件开发部门对序言性注释做了明确而严格的规定，要求程序编制者逐项列出。有关内容包括：程序标题；有关该模块功能和目的的说明；主要算法；接口说明(如调用形式、参数描述、子程序等)；有关数据描述；模块位置(在哪一个源文件中，或隶属于哪一个软件包)；开发简历：模块设计者、复审者、复审日期等。

(3)视觉组织

采用分层缩进的锯齿状写法显示结构层次，这样可使程序的逻辑结构更加清晰，层次更加分明。

2.数据说明的方法

(1)数据说明的次序规范化

在编写程序时，要注意数据说明的风格。数据说明的次序如果规范，将有利于测试、排错和维护。说明的先后次序要固定，如按“常量说明、简单变量类型说明、数组说明、文件说明”顺序进行说明。

(2)说明语句有序化

在类型说明中可进一步要求按“整型量说明、实型量说明、字符量说明”的次序进行说明。当用一个语句说明多个变量名时，应当对这些变量按字母的顺序排列。

(3)使用注释来说明复杂数据结构

对于复杂数据结构应利用注释说明这个数据结构的特点，便于后面操作的实现。

3.语句的结构

源程序应该简单易懂，语句构造应该简单直接。应该注意以下方面：

① 在一行内只写一条语句；

② 除非对效率有特殊要求，程序编写要遵循清晰第一、效率第二的原则；

③ 避免使用临时变量而使程序可读性下降；

④ 避免不必要的goto语句；

⑤ 尽可能使用库函数；

⑥ 避免使用复杂的条件语句，尽量减少使用“否定”条件的条件语句；

⑦ 从数据出发去构造程序，数据结构的选择要有利于程序的简化；

⑧ 使模块功能尽可能单一化，并确保每一个模块的独立性。

4.输入/输出

输入/输出的方式和格式应当尽量避免因设计不当给用户带来的麻烦。无论是批处理的输入和输出方式，还是交互式的输入和输出方式，在设计和编程时都应该考虑如下原则：

①要检验输入数据的合理性，并检查输入项的各种重要组合的合理性；

②输入格式要简单；

③输入数据时，应允许使用自由格式；

④输入一批数据时，最好使用输入结束标志；

⑤在用交互输入方式进行输入时，要在屏幕上使用提示符明确提示输入要求；

⑥在数据输入过程中和输入结束时，应在屏幕给出状态信息。

关于程序设计风格问题，严格来说没有一个标准答案，随着编码经验的增加，会在不同的阶段有不同的认识。

2.4　C 语言的特点

C 语言从出现、发展，到标准的制定，经历了短短的几十年间发展，到目前仍然备受青睐。C 语言的特点和超越其他编程语言的优越性，无不展示着它生存的势态和强劲的生命力。C 语言功能强大、执行效率高、可移植性好等特点，使其成为备受欢迎的语言之一。

1. C 语言是一种结构化程序设计语言

结构化程序设计语言的出现和应用是软件开发史上的巨大进步，它比非结构化程序设计语言具有编程灵活、调试方便、便于分工合作、更利于开发较大的软件等优点。结构化又称为模块化，使用这种方法可将一个复杂问题分解为若干个简单问题，每个问题可由一个模块来实现，一个大问题由多个模块构成。C 语言适应于结构化编程方法。在 C 语言中，函数是构成结构化程序的最小模块。每个函数实现一个功能，函数之间有相对的独立性，多个函数共同实现一个大功能。C 语言程序就是由若干个函数组成，即由若干个模块构成。它们可放在一个源文件中，也可放在多个源文件中。

C 语言是结构化程序设计语言，它具备构成结构化程序设计的三种基本结构模式的语句。构成结构化程序设计的三个基本结构模式如下：

(1)顺序结构模式

顺序结构模式由若干条顺序执行的语句构成，是程序设计的最基本形式。C 语言具备构成顺序执行的若干语句。

(2)分支结构模式

分支结构模式用来处理分支选择问题。C 语言中提供了两种高效能的分支语句：条件语句和开关语句。使用它们可以实现多路分支操作。

(3)循环结构模式

循环结构模式用来实现重复执行某种功能。C 语言中提供了三种循环语句：while 循环语句、do-while 循环语句和 for 循环语句。使用它们可以实现各种循环结构模式，完成重复执行某种功能的要求。

但是，C 语言在突出灵活性特点的同时，在结构化方面存在一些不足。因此，有人认为 C 语言是一种不完全的结构化程序设计语言，其根据有如下两点：

① 完全结构化程序设计语言不允许使用无条件转向语句——goto，因为该语句会破坏结构化。但是，为使程序简练和灵活，C 语言还允许限制性地使用 goto 语句，通常要求将 goto 语句限制在一个函数体内使用。

② 完全结构化程序设计语言要求一个模块只有一个入口和一个出口，这样便于结构化管理。但是，C 语言为了方便灵活，允许在一个函数体内使用多个 return 返回语句，即允许有多个返回出口。

2. C 语言功能强大、适用范围广

C 语言具有各种各样的数据类型，包括整型、字符型、浮点型、数组类型、结构体类型及共用体类型等。为用户提供了自定义数据类型,C语言引入了指针概念,使程序操作方便,执行效率更高。

C语言包含很广泛的运算符,把括号、赋值及强制类型转换等都作为运算符处理,从而使C语言的运算类型极其丰富,表达式类型多样。灵活使用各种运算符可以实现在其他高级语言中难以实现的运算。C语言的计算功能和逻辑判断功能也比较强大,可以实现决策目标等。

C语言功能强大,不仅表现在它具有的高级语言功能,还表现在它具有的低级语言功能。C语言具有所有高级语言的功能,包含数值运算功能和非数值处理功能。C语言还具有低级语言(如汇编语言)中的某些功能。例如:二进制位运算、寄存器运算、地址运算功能和C语言源代码嵌入汇编语句等。从而使C语言可以非常方便实现对硬件的直接操作。由于C语言具备了这些功能,使得它的应用更加广泛。实际上,C语言不仅可以用来编写一些应用程序,还可以用来编写系统软件。目前 Windows 操作系统的管理模块很多是 C/C++ 实现的。

3.C语言可移植性好

C语言的编译系统较小,又具有一些预处理命令,很多功能都是采用库函数实现的,例如:键盘的数据输入、显示器的数据输出等等,从而为它的移植带来一些方便。C语言的可移植性很好,程序源代码稍微修改,就能适合于多种操作系统。现实中,除了能在 Windows 操作系统运行外,Linux 或者 Unix 操作系统上也能很好运行。C语言的这种较好的移植性,为开发跨操作系统的程序提供了有力的支持。

4.C语言生成代码质量高

C语言编写的源程序编译之后生成的目标代码质量高,程序执行效率高。一般仅仅比汇编语言生成的目标代码效率低10%~20%。

5.C语言规模小易掌握

C语言没有提供输入输出语句,也不提供直接的字符串、集合和列表等。这些功能都需要调用C语言的函数来完成。从而C语言的规模相对较小,可以用比较小的篇幅描述它。

6.C语言的不足

C语言具有灵活简练的特点,但在有些方面存在不足。了解C语言中的不足,对在编程中避免出错十分重要。

① 运算符多,难用难记。C语言共有43个运算符,又分为15个优先级和2种结合性。记住这些运算符的功能,搞清楚不同的优先级,对初学者有一定难度。但这些运算符是编程的基础,必须尽快掌握。另外,有些不同功能的运算符使用同一种运算符符号,还应分清它们的区别。例如:* 号作为单目运算符表示取地址内容的功能,作为双目运算符表示两个操作数相乘的功能。

② C语言中类型转换比较灵活,在许多情况下不做类型检查,对类型要求不够严格。因此,在C语言程序中,对类型处理要谨慎,尽量避免出现类型不一致的情况。

③ C语言中,给数组进行初始化是判界的,越界会发出编译错。但是,数组动态赋值是不判界的,这样会造成数据的混乱。编程时一定要注意避免数组的动态越界。

④ 为了优化等原因,C语言允许不同的编译系统对表达式中各个操作数和参数表中各个参数有不同的计算顺序。这对于一般表达式和参数表是没有什么影响的。但是,当表达式或参数表中出现了具有副作用的运算符时,不同计算顺序的编译系统将会造成二义性。编程时

应该避免类似问题。

总之,C语言的特点中有诱人的优点,也有语法限制不太严格,程序设计时自由度大及源程序书写格式自由等值得注意的不足。读者在使用C语言时应扬长避短。从学习角度比较,C语言较其他高级语言要难一些。但是掌握了C语言后,再学C++、Java及C#语言就比较容易了。所以对有志于从事计算机工作,尤其是从事计算机编程的人而言,C语言是必学的编程语言,而且应认真加以钻研。

2.5 学好C语言的关键

想要学好C语言,必须把握以下几点:

(1)多上机、多练习

"C语言"是一门实践性非常强的课程。学习C语言除了多看书外,还需要读者多上机、多练习。只有这样才能逐步熟练掌握C语言的开发工具,才能熟练调试C程序,遇到错误才可以有条理地分析和研究,才能很快地解决问题。

(2)熟练掌握二进制与十进制、十六进制、八进制之间的相互转换

在计算机内部,所有的数据都是以二进制形式存储的。为了用户习惯考虑,在显示时需要将二进制转换为十进制数;而在存储时,又需要将十进制数转换为二进制数。为了方便,常需要将二进制用十进制、十六进制及八进制表示。因此,在学习C语言时,需要我们熟练掌握二进制、十进制、十六进制及八进制之间的相互转换。

(3)理解字符与ASCII码之间的关系

通过键盘输入的数据是字符数据,而计算机是以二进制形式存储这些数据的。这需要将字符转换为对应的二进制形式并存储起来。美国国家标准协会ANSI专门制定了字符与ASCII之间的对应关系。字符与ASCII码之间的对应关系可参见附录Ⅰ。

(4)掌握运算符的结合性与优先级

C语言提供了43种运算符,每种运算符都有优先级与结合性。如果有多个运算符出现在同一个表达式中,需要选择优先级别高的运算符先进行计算。如果运算符相同,则需要根据运算符的结合性进行运算。

(5)掌握三种程序控制结构

C语言是一种结构化的程序设计语言,它具有三种控制结构:顺序结构、选择结构和循环结构。这三种程序控制结构是目前结构化程序设计语言都具备的。编写一个完整的C语言程序几乎都要使用这三种结构;使用这三种结构可以解决几乎所有问题。

(6)掌握一些常用的算法

在学习C语言的过程中,常常需要对一些数据进行排序或者查找给定的数据。这就是排序算法和查找算法。排序算法和查找算法是在程序设计过程中常用的算法。掌握一些常用的算法不仅便于解决编程中遇到的问题,也对今后学习数据结构和算法大有裨益。

(7)熟练使用指针

指针是C语言的一个重要标志,是C语言的灵魂。熟练使用指针可以使程序编写更加灵活,编写出来的程序运行效率更加高效。指针是一把双刃剑,使用得好,可以提高运行效率;使用得不当,则很容易造成难以意料的错误。因此,这就需要大家在学习的过程中,熟练掌握

指针。

(8)熟练掌握一个开发工具

“工欲善其事,必先利其器”。学好一门语言,需要读者至少熟练地掌握一个开发工具。上机练习,能更快知道程序是否正确。C语言的开发工具有许多,如:Visual C++ 6.0、Win-TC、LCC-Win32、开源工具Dev-C++和GCC++等。

(9)确立离散的思维方式,摒弃连续性思维方式

学习编程语言,一定要确立离散性的思维方式。这是判定是否真正掌握好编程语言的重要因素,学习C语言也是如此。刚开始学习C语言时,不少读者很难摆脱旧有的惯性思维方式的影响。在学习C语言时,不要考虑太多的数学证明、公式推导,在计算机内部,数据是以二进制形式存储,这就是一种离散的数据。在利用C语言处理类似连续性函数、积分等问题时,需要将这些问题离散化处理。在今后学习C语言的过程中,读者会深刻地体会到这一点。

2.6 C语言的发展史

2.6.1 C语言的由来

C语言是目前国际上广泛流行的计算机高级语言,适合作为系统描述语言,既可以用来编写系统软件,也可以用来编写应用软件,集汇编语言和高级语言的优点于一身。

C语言的原型是ALGOL 60语言。1963年,剑桥大学将ALGOL 60语言发展成为CPL(Combined Programming Language)语言。1967年,剑桥大学的Martin Richards对CPL语言进行了简化,于是产生了BCPL(Basic Combined Programming Language)语言。1970年,美国电话电报公司(AT&T)贝尔实验室的Ken Thompson对BCPL进行了修改,并为它起了一个有趣的名字“B语言”——意思是将BCPL语言中的精华提炼出来。并且他用B语言写了第一个UNIX操作系统。1972年,美国贝尔实验室的Dennis M. Ritchie在B语言的基础上设计出了一种新的语言,并用BCPL的第二个字母作为这种语言的名字,即C语言。

2.6.2 C语言的发展

高级语言往往是在人们的某种期盼之下出现的。C语言就是在人们期盼一种既有一般高级语言的特征,又有低级语言特点的语言的情况下应运而生的。因此,C语言具有高级语言和低级语言的双重特点。

Ken Thompson于1969年在小型计算机上开发UNIX系统,于1970年投入运行。1973年,即C语言刚刚诞生的第二年,美国贝尔实验室的Ken Thompson和Dennis M. Ritchie合作,使用C语言在一台DEC PDP-11计算机上,对UNIX操作系统进行了修改,增加了多道程序设计的功能,修改后的UNIX操作系统是第5版本。原来的UNIX操作系统是由汇编语言和B语言编写的,修改后的UNIX操作系统中90%以上是由C语言编写的。改写的UNIX操作系统在性能上有较大提高。从此,C语言与UNIX操作系统紧密地联系在一起。随着UNIX操作系统的发展和推广,C语言也得到了广泛的应用和发展。

1975年,UNIX操作系统的第6版本公布以后,C语言开始引起了人们的注意,C语言的优点也逐渐被人们所认识。1977年,出现了一种与具体机器无关的C语言编译文本,推动了

UNIX 操作系统在各类机器上的迅速实现。随着 UNIX 操作系统的广泛应用，C 语言也获得了迅速的推广，受到越来越多编程者的喜欢。为了使 UNIX 操作系统推广，1977 年 Dennis M. Ritchie 发表了不依赖于具体机器系统的 C 语言编译文本——《可移植的 C 语言编译程序》。1978 年以后，C 语言先后被移植到大、中、小和微型机上，很快便成为了世界上应用最广泛的计算机语言之一。

1978 年，UNIX 操作系统又推出了一个新版本——第 8 版本，该版本以 C 语言编译系统为基础。B. W. Kernighan 和 Dennis M. Ritchie 合作（被称为 K&R）编写了《The C Programming Language》（C 程序设计语言）一书，从此有了标准的 C 语言，该书为 C 语言的推广使用起到了积极作用。

随着微型计算机的日益普及，出现了许多 C 语言版本。由于没有统一的标准，使得这些 C 语言之间出现了一些不一致的地方。为了改变这种情况，美国国家标准化协会（ANSI）于 1983 年成立了专门定义 C 语言标准的委员会，花了 6 年时间使 C 语言迈向标准化。随着 C 语言被广泛关注与应用，ANSI C 标准于 1989 年被采用。该标准一般被称为 ANSI Standard C，成为现行的 C 语言标准，而且 ANSI C 成为最受欢迎的语言之一。1990 年，ANSI C 就被国际标准化组织 ISO 采纳。此时，C 语言在 ISO 中有了一个官方名称——ISO/IEC 9899：1990，俗称 C90 标准。1999 年推出了 C99 标准。2007 年，C 语言标准委员会又重新开始修订 C 语言，到了 2011 年正式发布了 ISO/IEC 9899：2011，简称为 C11 标准。C11 标准新引入的特征尽管没 C99 相对 C89 引入的那么多，但是这些新特征都十分有用，比如：字节对齐说明符、泛型机制（Generic Selection）、对多线程的支持、静态断言、原子操作以及对 Unicode 的支持。

1983 年，美国贝尔实验室推出了 C++ 语言。该语言在 C 语言基础上进行了改进和革新。C++ 对 C 语言基本上是兼容的，然而，C++ 语言是一种面向对象的程序设计语言。掌握了 C 语言，对今后学习 C++ 语言是很有帮助的。1998 年 C++ 标准得到 ISO 和 ANSI 批准，称为 C++ 98 标准。2003 年，ISO 和 ANSI 通过了 C++ 标准第二版，即 C++ 03 标准。后来，又通过了 C++ 11 标准、C++ 14 标准。C++ 17 标准及 C++ 20 标准等。

目前，计算机上使用的 C/C++ 语言编译系统或集成开发环境（IDE，Integrated Development Environment）有 GCC、Clang++、Apple Clang、Microsoft Visual Studio、Intel C++、EDG、Oracle C++、IBM XL C++、HP aCC、Digital Mars C++、Embarcadero C++、Cray、Portland Group (PGI)、Nvidia Cuda nvcc、Texas Instruments、Analog Devices、DEV C++、Code::Block 及 Borland C++ Builder 等。它们都兼容某标准 C/C++ 语言，相互之间略有差异。每一种编译系统又有着不同的版本，版本之间也有差异。版本越高的编译系统所提供的函数越多，编译能力越强，使用越方便，用户界面更友好。一句话，版本越高，功能越强。因为 Windows 操作系统市场占有率高，而且方便使用，一般实验室选择微软的 C/C++ 开发环境。由于 Microsoft Visual Studio 过于庞大，占用太多硬盘空间，运行速度较慢，本教程的程序调试仍然采用 Microsoft Visual C++ 6.0 这个小巧功能强大的集成开发环境。

习题二

1. C 语言的主要特点和用途是什么？它和其他高级语言有什么不同？

2.C语言以函数为程序的基本单位,这有什么好处?

3.C语言程序结构的特点是什么?它由哪些基本部分组成?

4.C语言标识符的作用是什么?命名规则是什么?与关键字有何区别?

5.指出下列符号中哪些是C语言标识符?哪些是关键字?哪些既不是标识符也不是关键字?

stru	au_to	_auto	sizeof	3id	file	m_i_n
-min	call..menu	hello	A BC	SIN90	n*m x.y	x1234
until	cos2x	1234	1234hello	s+3	s_3	

6. 什么是标准C和ANSI C?

7.为什么可以称C为“中级语言”?

第3章 顺序结构程序设计

本章学习目标

- 掌握基本数据类型常量与变量的使用方法
- 理解基本数据类型的数据在内存中的存放形式
- 掌握运算符的含义和表达式计算规则
- 理解基本运算符的优先级和结合性
- 了解基本数据类型数据的输入与输出
- 培养运用顺序结构设计程序的能力

顺序结构是程序设计的基本结构。顺序结构程序由多条语句组成，在执行过程中，严格按照从上到下的顺序执行；它可以用于通过输入设备（例如键盘）接收数据，把数据保存到计算机中并进行计算，通过输出设备（例如显示器）输出数据。本章还介绍了C语言的基本数据类型以及运算符和表达式。通过顺序结构程序案例，读者可以较为容易地掌握这些重要的C语言基础知识。

3.1 体重指数计算器

体重指数(Body Mass Index,BMI)是用人们的体重（单位千克）除以身高（单位米）的平方的值，即体重指数(BMI) = 体重/身高^2，它是世界卫生组织(World Health Organization, WHO)推荐的国际统一使用的体重分类标准，用于衡量人体胖瘦程度以及是否健康，如表3-1所示。表中还附有常用其他标准及其健康危害程度。

表 3-1 BMI 分类及相关标准

BMI 分类	WHO 标准	亚洲标准	中国参考标准	相关疾病发病的危险性
体重过低	＜18.5	＜18.5	＜18.5	低（但其他疾病危险性增加）
正常范围	18.5～24.9	18.5～22.9	18.5～23.9	平均水平
超重	≥25	≥23	≥24	增加
肥胖前期	25.0～29.9	23～24.9	24～27.9	增加
Ⅰ度肥胖	30.0～34.9	25～29.9	28～29.9	中度增加
Ⅱ度肥胖	35.0～39.9	30.0～39.9	30.0～39.9	严重增加
Ⅲ度肥胖	≥40.0	≥40.0	≥40.0	非常严重增加

例 3-1 设计体重指数计算器程序。

按照人们的使用习惯，从键盘依次输入以厘米为单位的身高、以千克为单位的体重，通过BMI公式计算出体重指数，并显示该值。这是一个简单的顺序结构程序。

```
#include <stdio.h>
int main()
{
    float hight, weight,bmi;/*声明身高 hight 和体重 weight 以及 bmi 三个变量*/
    printf("请输入您的身高(厘米):");            /*显示提示信息*/
    scanf("%f",&hight);                          /*输入身高*/
    printf("请输入您的体重(千克):");            /*显示提示信息*/
    scanf("%f",&weight);                         /*输入体重*/
    bmi= weight/(hight/100*hight/100);           /*利用公式计算出 bmi*/
    printf("您的体重指数是:%.2f \n", bmi);      /*输出 bmi 的值*/
    return 0;
}
```

运行结果如下：

```
请输入您的身高(厘米):182
请输入您的体重(千克):84
您的体重指数是:25.36
```

通过体重指数计算器非常容易求出某人的体重指数值。本案例中，某人身高为 182 厘米，体重为 84 千克，则体重指数是 25.36。通过表 3-1 可以知道：按照 WHO 标准，他处于肥胖的前期，体重增加了相关疾病的危险性，他应该锻炼身体减肥了。

上面的源程序共计 12 行，是一个非常简单的顺序结构程序。main 函数包含声明部分和执行部分。虽然声明部分也是由分号结束的，但它不是 C 语句，只有执行部分才是语句。语句用于向计算机系统发出操作指令，要求执行相应的操作。

在 C 程序中所有变量必须先声明后使用，声明通常放在函数起始处。声明用于说明变量的属性。体重指数计算器要输入的身高和体重通常是小数形式，所以定义为浮点数据类型。程序通过前两个 printf 函数语句显示提示信息，通过 scanf 函数语句获取从键盘输入的身高和体重，把值分别保存在 hight 和 weight 变量中，通过表达式语句计算出 bmi 的值，最后通过一个 printf 函数语句输出体重指数值。该程序语句是自上到下顺序执行的，所以称为顺序结构程序。顺序结构是程序设计的基础，只有掌握了顺序结构程序设计，才能编写出优秀的程序。

相比使用计算器和 Excel 程序来计算 BMI 值，本程序具有良好的交互界面。身高常用的单位是厘米，当程序运行时，直接输入身高的厘米数值即可。在公式中，除以 100 转化为米参与运算，不需要用户进行换算。开发优秀的程序更加方便人们的工作和生活，这就是程序设计的魅力所在。

3.2 常量与变量

C 语言中的数据使用分为两大类：常量和变量。常量就是在程序运行过程中不能改变的量，类同于数学中的常数。例 3-1 体重指数计算公式 bmi = weight/(hight/100 * hight/100)中的两个 100，就是两个常量。变量是在程序运行过程中可以改变的量。上面公式中的 height 和 weight 就是变量。在程序执行中，height 可以存放身高值；weight 可以存放体重值。这两个量在程序运行时是可以改变的，故称为变量。

C 语言在定义变量时，必须指定变量的数据类型，如在例 3-1 程序中声明的三个变量为浮点型。程序中的常量也有其数据类型，如 BMI 计算公式中的 100 是整型。数据类型按被说明数据的性质、表示形式、占居内存空间大小及构造特点分为多种类型。在 C 语言中，数据类型分为基本数据类型、构造数据类型、指针数据类型和空数据类型(无值类型)四大类，如图 3-1 所示。

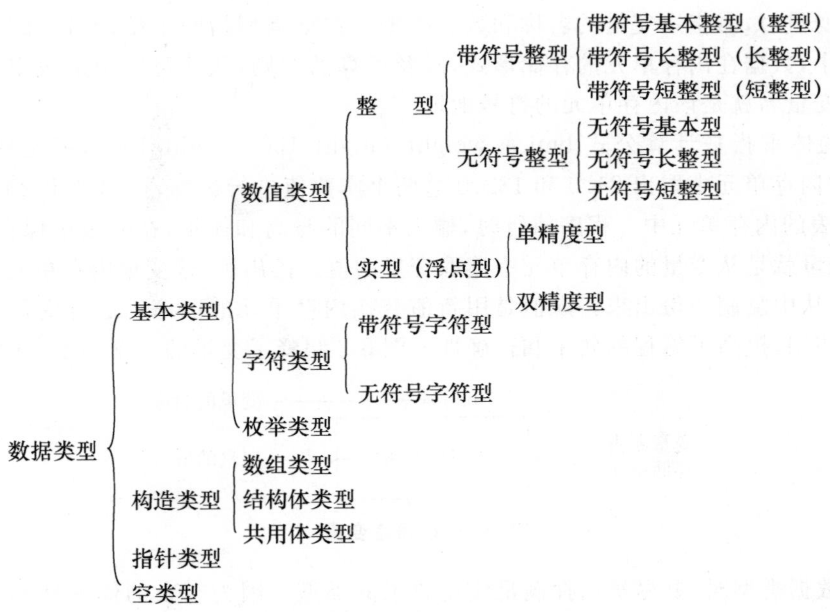

图 3-1　C 语言数据类型层次

(1)基本类型

基本数据类型最主要的特点是不可以再分解。也就是说，基本数据类型是自我说明的。

(2)构造类型

构造数据类型是根据已定义的一个或多个数据类型，用构造的方法来定义的。也就是说，一个构造类型的值可以分解成若干个“成员”或“元素”。每个“成员”都是一个基本数据类型或是一个构造类型。

(3)指针类型

指针是一种特殊的数据类型。其值用来表示某个存储单元的地址。

(4)空类型

在调用函数时,函数通常应向调用者返回一个函数值。这个返回的函数值是具有一定数据类型的,应在函数定义及函数声明中给予说明。但也有一类函数,调用后并不向调用者返回函数值。这种函数可以定义为"空类型"。其类型声明符为 void。

在 C 语言中,变量必须先声明,后使用。变量的声明就是变量的定义,其基本格式为:

数据类型 变量名 1[,变量名 2,……,变量名 n];

数据类型在最前面,后面为变量名称。一个声明可以同时定义多个同类型变量,[ ]表示可选项,多个变量名之间用逗号分隔开,最后以分号表示定义结束。变量名没有先后顺序。在编译时,按照编译器的规则,在一个连续存储内存空间,为这些变量分配存储单元,此时才有定义的先后顺序。

例 3-1 中的三个实数变量的定义为:

```
float hight, weight,bmi;
```

在定义变量时,需指定变量的名称和数据类型。数据类型指明了编译时分配给该变量的内存单元大小,数据在内存单元的存储形式,以及运算的规则,从而可以确定该变量的取值范围。实际上变量名就是该内存单元的符号地址。

例 3-1 的体重指数计算公式 bmi = weight/(hight/100 * hight/100),就是从 weight 和 hight 变量的内存单元中取出 84.0 和 182.0 这两个实数值进行运算,得出结果 25.36,然后存储到 bmi 代表的内存单元中。程序执行时,输入不同的身高和体重,在变量中保存不同的值。注意:引用变量就是从变量的内存单元中读取变量的值。读出后,该变量内存单元中的值保持不变,相当于从中复制一份出来。赋值是用新值替换内存单元的旧值。通过变量名的引用简化了变量的使用,提高了编程的效率和正确性。图 3-2 解释了变量的三个要素之间的关系。

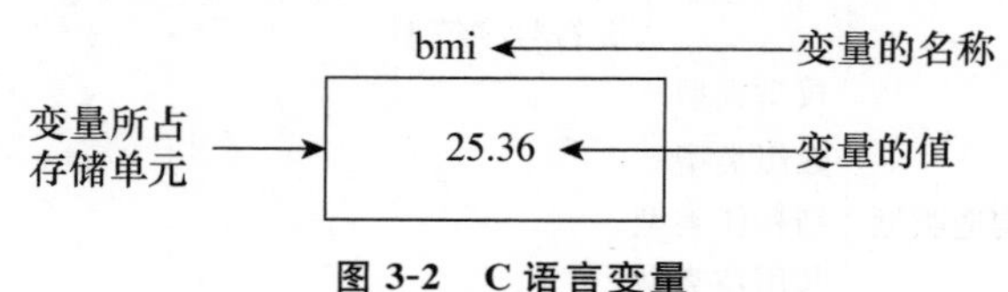

图 3-2 C 语言变量

在选择数据类型时,要尽量选择满足使用要求的类型。因为有人的体重是 62.8 千克,所以 BMI 计算公式中,height 和 weight 两个变量应该选择精度较高的浮点数类型,而不是选择整型。随着学习的深入,理解了不同的数据类型的内涵,就很容易根据用户实际需求选择变量的数据类型。

本节将讨论基本数据类型对应的一般常量、变量以及变量在内存中的表示形式和取值范围。

3.2.1 整型常量与整型变量

1.整型常量

在计算机中的数据都以二进制形式存储。在书写 C 源程序时,为了便于整型数据的表示和使用,整型常量有十进制、八进制和十六进制等三种表示形式。

(1)十进制数

由数字 0～9 组成的序列,数值之前可以加正号(+)或负号(-),正号常常缺省。

以下为合法的十进制整常数:

321,-68,127,+99 660

以下为不合法的十进制整常数:

074(不能有前导 0),26H(不能含有字母 H),11O(不能含有字符 O)

9 876 543 210 123 456 789(数值太大了,超出了整数的表达范围,即使能够赋值,也只能截取获得部分值)

(2)八进制数

由数字 0 开头(即以 0 作为八进制数的前缀),后跟数字 0～7。前缀 0 之前可以加正号(+)或负号(-),但八进制数通常是无符号数。

以下为合法的八进制数:

016(十进制为 14)、010101(十进制为 4 161)、-0256(十进制 -174)

0177777(十进制为 65 535)

以下为不合法的八进制数:

61(无前缀 0)、03E4(不能含有字母 E)、059(不能包含了非八进制数字 9)

(3)十六进制数

前缀为 0X 或 0x,后跟数字 0～9、字母 A～F 或 a～f。前缀 0X 或 0x 之前可以加正号(+)或负号(-),但十六进制数通常是无符号数。

以下为合法的十六进制整常数:

0Xbee(十进制为 3 054)、-0xFFF(十进制为 -4 095)、0xFF(十进制为 255)

以下为不合法的十六进制整常数:

E0F(无前缀 0X 或 0x)、78H(无前缀 0X 或 0x,且有非法字符 H)

2.整数在内存中存放形式

无论常量为十进制、八进制、或十六进制,在计算机系统中,有符号整数的数值在内存中都是以二进制补码形式存放的。在 Visual C++ 中,为整数分配两个字节(16 位)或者四个字节(32 位)的内存单元。

(1)正整数 168 的内存表示

如果分配两个字节,$(+168)_{\text{十进制}}=(\mathbf{0}000\ 0000\ 1010\ 1000)_{\text{二进制补码}}$。这 16 位中,最高位 0 是符号位(第 15 位),表示正数。其两个字节的补码表示如图 3-3 所示。

C 编译器是按照字节分配内存单元的,分配给一个数值的多个字节是连续的,且高字节在高地址位,低字节在低地址位,正整数 168 的内存映像如图 3-4 所示。

如果分配四个字节,$(+168)_{\text{十进制}}=(\mathbf{0}000\ 0000\ 0000\ 0000\ 0000\ 0000\ 1010\ 1000)_{\text{二进制补码}}$。这 32 位中,第 31 位 0 是符号位,表示正数。其四个字节的补码表示如图 3-5 所示。其四个字节的内存映像如图 3-6 所示。

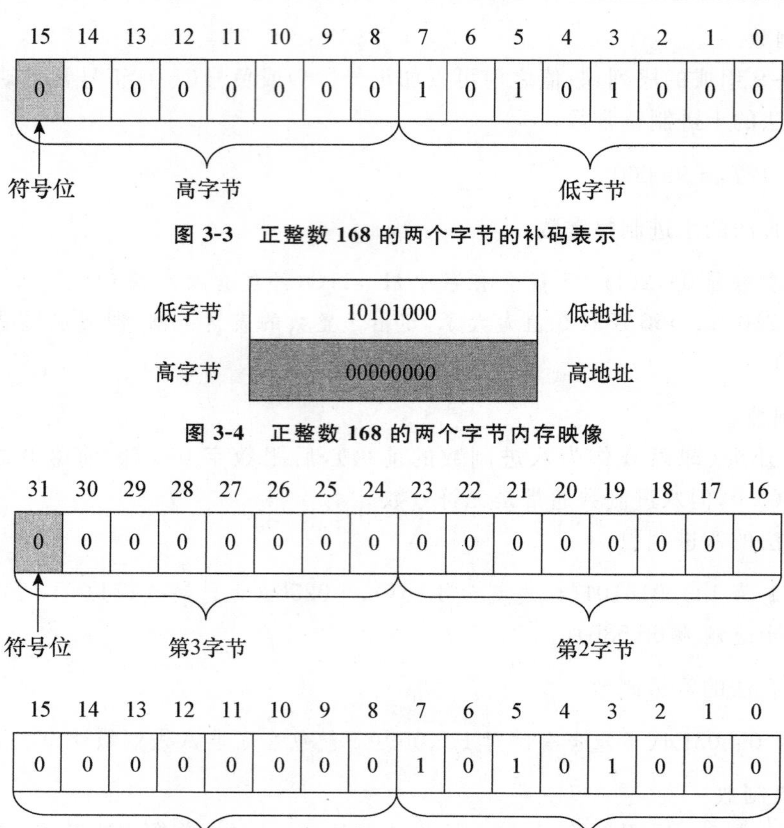

图 3-3 正整数 168 的两个字节的补码表示

图 3-4 正整数 168 的两个字节内存映像

图 3-5 正整数 168 的四个字节的补码表示

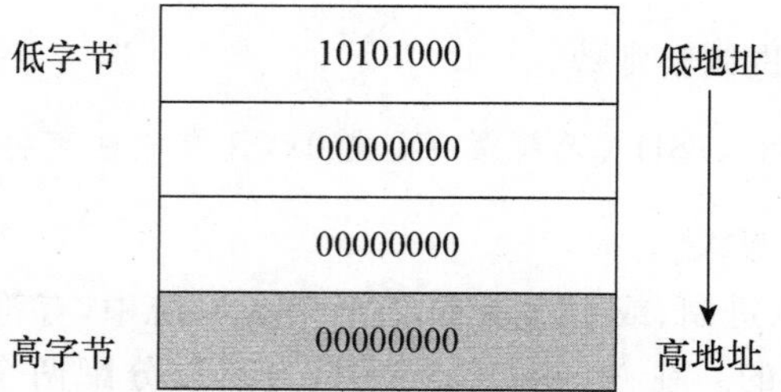

图 3-6 正整数 168 的 n 个字节内存映像

(2)负整数 168 的内存表示

如果分配两个字节，$(-168)_{十进制}=(\mathbf{1}111\ 1111\ 0101\ 1000)_{二进制补码}$。这 16 位二进制数中，最高位 1 是符号位(第 15 位)，表示负数。其两个字节的补码表示如图 3-7 所示，其两个字节的内存映像如图 3-8 所示。

如果分配四个字节，$(-168)_{十进制}=(\mathbf{1}111\ 1111\ 1111\ 1111\ 1111\ 1111\ 0101\ 1000)_{二进制补码}$。这 32 位二进制数中，第 31 位 1 是符号位，表示负数。其四个字节的内存映像如图 3-9 所示。

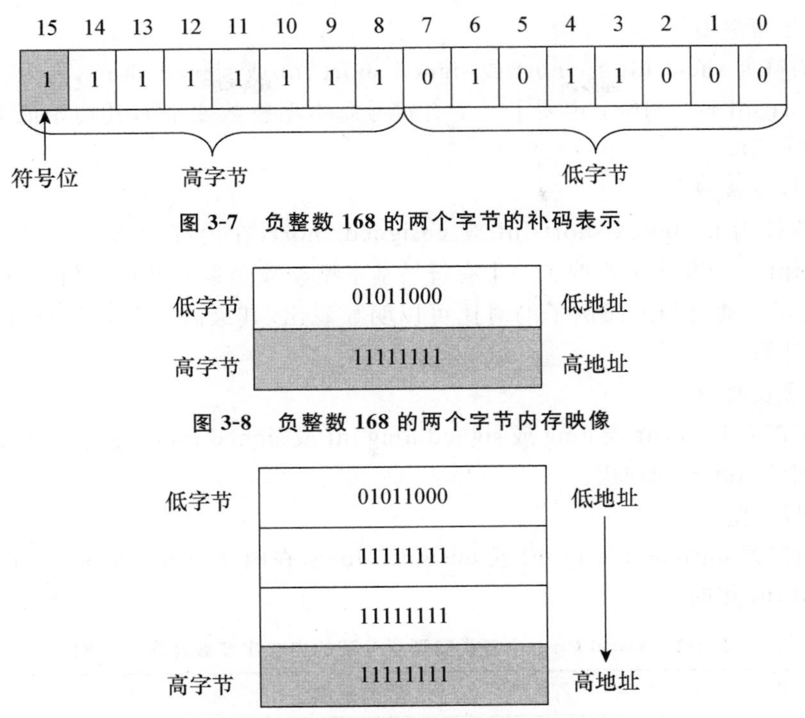

图 3-7　负整数 168 的两个字节的补码表示

图 3-8　负整数 168 的两个字节内存映像

图 3-9　负整数 168 的四个字节内存映像

3.整型变量的分类

计算机系统内存的数据都是采用二进制存储，如果是补码表示，16 位的二进制串(1111 1111 0101 1000)其十进制数为 - 168；如果没有符号位，其表示的十进制数为 65 368。所以在计算机系统中存储在内存中的整数的大小，不仅取决于所占内存大小，同时还取决于是否有符号位。

整型变量的基本类型符为 int。C 语言在整型变量定义时，允许在 int 前面增加两类修饰符：一类修饰符控制变量是否有符号，有符号用 signed，无符号用 unsigned。如果定义时没有该类控制符则缺省为有符号(signed)。只有说明无符号整数时，才用 unsigned 修饰；另一类修饰符控制变量分配的字节数，这类修饰符包括 short 和 long。在 C99 标准中还有 long long，但多数编译器不支持这个修饰符。本节主要是讲 short 和 long。从字面意思可知，short 比基本型 int 分配的字节数少；long 比基本型 int 分配的字节数多。在 C 语言中，整数变量分为 6 类。因为不同的编译器对基本整数类型分配的字节数不同，本书以 Visual C ++ 的编译器为例论述。

(1)有符号基本型

类型说明符为 int 或 signed int，在内存中占 4 个字节。例如：int i = - 168；声明了一个有符号基本型整数变量 i，其初始值为 - 168，内存映像如图 3-9 所示。

(2)无符号基本型

类型说明符为 unsigned int 或 unsigned，在内存中占 4 个字节。例如：unsigned j = 168；声明了一个无符号基本型整数变量 j，其初始值为 168，内存映像如图 3-6 所示。其最高位不再是符号位，而是数据位，参与数值计算，所以 unsigned int 型变量的值是非负值。

(3)有符号短整型

类型说明符为 short int 或 short 或 signed short int 或 signed short,在内存中占 2 个字节。例如:short int i = -168; 声明了一个有符号基本型整数变量 i,其初始值为 -168,内存映像如图 3-8 所示。

(4)无符号短整型

类型说明符为 unsigned short int 或 unsigned short,在内存中占 2 个字节。例如:unsigned short int i = 65368; 声明了一个有符号基本型整数变量 i,其初始值为 65 368,内存映像如图 3-8 所示。通过与上面例子的对比可以明显看出,其最高位不再是符号位,而是数据位,参与数值计算。

(5)有符号长整型

类型说明符为 long int 或 long 或 signed long int 或 signed long,在内存中占 4 个字节,在 Visual C++ 中与 int 相同使用。

(6)无符号长整型

类型说明符为 unsigned long int 或 unsigned long,在内存中占 4 个字节,在 Visual C++ 中与 unsigned int 相同。

表 3-2 Visual C++ 中各类整型所分配的内存字节数及表示范围

类型说明符	数的范围		字节数
int	-2 147 483 648～2 147 483 647	即 -2^{31}～$(2^{31}-1)$	4
unsigned int	0～4 294 967 295	即 0～$(2^{32}-1)$	4
short int	-32 768～32 767	即 -2^{15}～$(2^{15}-1)$	2
unsigned short int	0～65 535	即 0～$(2^{16}-1)$	2
long int	-2 147 483 648～2 147 483 647	即 -2^{31}～$(2^{31}-1)$	4
unsigned long	0～4 294 967 295	即 0～$(2^{32}-1)$	4

例 3-2 有符号和无符号整型变量的定义与使用。

```
#include <stdio.h>
int main()
{
    int i,j,m,n;
    unsigned u;
    i=255; j=-180; u=201;
    m=i+u; n=j+u;
    printf("i+u=%d, j+u=%d\n",m,n);
    return 0;
}
```

运行结果如下:

```
i+u=456, j+u=21
```

4.整型常量的分类

在 C 语言中,整型变量可分为六类。同样,整型常量也有不同类型,通过在整数常量后面添加两类后缀来区分：后缀为 U 或 u，表示为无符号整数；后缀为 L 或 l，表示为长整型。在 Visual C++ 中基本整型和长整型都为 32 位，但是在 Turbo C 2.0 中，其短整型为 16 位，基本型为 16 位，长整型为 32 位。所以在 Turbo C 2.0 中，给变量赋值或初始化时要注意做到类型匹配：

(1)一个整型常量，如果其值在 -32 768～+32 767 范围内，可认为它是 int 型。它可以赋值给 int 型和 long int 型变量。

(2)一个整型常量，如果其值超过了上述范围，而在 -2 147 483 648～2 147 483 647 范围内，则认为它是 long int 型。它可赋值给一个 long int 型变量，赋值给基本类型变量，则会出错。

在一个整型常量后面加一个字母 l 或 L，则认为是 long int 型常量，例如 123l、432L。长整型常量可以为十进制形式，也可以为八进制或十六进制形式，例如 012L（十进制为 10)、077L（十进制为 63)、0X15L（十进制为 21)、0XA5L（十进制为 165)。

整型常量的无符号数的后缀为 U 或 u。例如：358u、0x38Au、235Lu 均为无符号数，Visual C++ 6.0 环境中用无符号常数在给变量赋值时，要注意类型匹配：无符号整常量取值范围是 0～4 294 967 295，有符号变量的取值范围是 -2 147 483 648～2 147 483 647。如果把超过 2 147 483 647(0x7FFFFFFF)的正整数赋值给有符号变量，则会出错。

例 3-3　无符号数 4294967128u(十六进制为 0xFFFFFF58)赋值给整型变量并显示变量的值。

```
#include <stdio.h>
int main()
{
    int i = 4294967128u;
    unsigned int u = 4294967128u;
    printf("i = %d\n", i);                    /* 显示基本整型变量 i 的值 */
    printf("u = %u\n", u);                    /* 显示无符号整型变量 u 的值 */
    return 0;
}
```

运行结果如下：

```
i = -168
u = 4294967128
```

无符号数 4294967128u 超出了整型变量 i 的取值范围，使用 4 个字节的无符号数填充 4 个字节，形成图 3-9 所示的内存映像，再用补码解释，所以显示为 -168。一个正整数变为一个负整数，显然出错了。其赋值给无符号整型变量，则显示的内容为初始化的值。

前缀、后缀可同时使用以表示各种类型的数。如 0Xabc66Lu 表示十六进制无符号长整数$(abc66)_{16}$，其十进制数为 703 590。在程序中是根据前缀来区分各种进制数的。因此在书写常数时要注意其前缀的正确性。

当没有明确指定整型常数的类型时，编译时可根据常数的大小，由编译系统自行进行识别。不同的编译器处理是不同的。

5. 整型数据的溢出

在C语言中，指定了变量的类型，其取值范围也就确定了。例3-3显示了变量初始化时，如果常量超过了变量的取值范围就会出错。记住不同类型数据的取值范围，可以在编程时避免这种错误。在计算中，同样要注意变量的值要在其范围内，否则也会出现溢出的错误。

例3-4 两个整数之和。

```
#include <stdio.h>
int main()
{
    int a,b= 2147483536, c;
    a= 2147483592;
    c=a+b;
    printf("a=%d \n",a);
    printf("b=%d \n",b);
    printf("c=a+b=%d \n",c);
    return 0;
}
```

运行结果如下：

```
a=2147483592
b=2147483536
c=a+b= -168
```

虽然基本整型变量a和b的值都在表示范围内，但是其算术和的值为4 294 966 997，超出了基本整型变量c的表示范围，所以c值为错误的。这是上溢出，即超出了表示范围的上界限。如果变量a为－2 147 483 536，变量b为－2 147 483 592，其算术和的值为－4 294 966 997，也超出了基本整型变量的表示范围。这是下溢出。

例3-5 两个整型之积。

```
#include <stdio.h>
int main()
{
    int a, b, c;
    a=76800;
    b=94300;
    c=a*b;
    printf("a=%d\n",a);
    printf("b=%d\n",b);
    printf("c=a*b=%d \n",c);
    return 0;
```

```
}
```

运行结果如下：

```
a=76800
b=94300
c=a*b=-1347694592
```

虽然 a 和 b 的值是很小的正整数，但其二者乘积的结果是负值，显然这是错误的。这就说明乘法运算更容易溢出。为此，在进行整数加、减、乘、除运算时，一定要保证运算对象和运算结果都在取值范围内，这样才能保证程序正确执行。

3.2.2　实型常量与实型变量

1. 实型常量

实型也称浮点型，实型常量也称实数或者浮点数。在 C 语言编程中，实数采用十进制，它有小数和指数二种形式。

(1)小数形式

小数形式的实数由数码 0～9 和小数点组成，前面可以加正号(+)或负号(-)用来表示正实数或负实数。例如：0.0、25.0、-.789(小数点前可以为空，表示缺省 0)、0.13、5.0、300.(点后可以为空，缺省了 0，但它和整数 300 不同)、-267.830。这些都是合法的实数。需要注意的是，十进制小数形式的实数必须有小数点，小数点前后可以为空，但不能同时为空。

(2)指数形式

指数形式的实数由数码 0～9、小数点、阶码标志 e 或 E 组成，其一般形式为 a E n，a 是十进制的尾数，n 是十进制带符号整数的阶码，它的真值含义为 $a\times10^n$。这三部分都不能省略，字母 E(或 e)之前必须有数字，可以为带符号的整数或十进制小数形式的实数，且 E 后面的指数必须为整数。

以下为合法的指数形式的实数：

2.5E3 (2.5×10^3)、5.8E-4 (5.8×10^{-4})、8e2 (8.0×10^2)、-7.4E-3 (-7.4×10^{-3})

以下为不合法的指数形式的实数：

3.2E (E 之后无阶码)、E6 (E 之前无尾数)、4.3E2.5 (阶码不是整数)

2. 实数在内存的存放形式

在计算机中，实数是以 2 为底的指数形式存储，一般占 4、8 或 10 个字节的连续内存空间。该空间分成三个部分：最高位存放实数符号 S，接下来是尾数部分 M，最后为阶码部分 E，通过 $(-1)^S\times2^E\times M$ 公式可以计算出该实数的十进制值。C 语言没有规定尾数和阶码占多少位，由具体 C 编译器决定。因为尾数所占存储空间是有限的，对于一个十进制实数，只能存储有限的精确度，某些数位可能被舍去，所以一个实数不一定能用二进制数精确地表示。计算机中存储的实数，尾数部分占的位(bit)数越多，实数的有效数字越多、精度越高；阶码部分占的位数越多，则能表示的数值范围越大。

3.实型变量的分类

实型变量分为单精度(float)、双精度(double)和长双精度(long double)三类。

在 Visual C++ 中,单精度实型变量占4个字节(32位)内存空间,其数值范围为 $-3.4\times10^{-38}\sim3.4\times10^{38}$,提供6～7位有效数字;双精度实型变量占8个字节(64位)内存空间,其数值范围为 $-1.7\times10^{-308}\sim1.7\times10^{308}$,提供15～16位有效数字;长双精度实型变量也是占8个字节,与双精度实型变量相同。Code::Blocks 编译器中长双精度实型是占12个字节。在支持C99标准的编译器中,long double 长双精度实型变量占16个字节,其数值范围为 $-1.2\times10^{-4932}\sim1.2\times10^{4932}$,提供17～18位有效数字。要知道某个编译器对三类实型变量分配的内存字节、有效数字和数值范围,可以查询该编译器的使用手册。

实型常量后面可以跟后缀来表示不同类型的实数。如果后缀为F或f,则实数为单精度型常量,分配4个字节;如果后缀为L或l,指定常量为长双精度实型,分配的字节更多;如果实型没有后缀,则为双精度实型。

例如:

```
float f1 = 0.123456789F;      /* f1为单精度实型变量,0.123456789按照单精度实数处
                                 理 */
double f2 = 0.123456789;      /* f2为双精度实型变量,0.123456789按照双精度实数处
                                 理 */
long double f3 = 0.123456789L;    /* f3为长双精度实型变量,0.123456789按照长双
                                     精度实数处理 */
```

4.实型数据的有效位数

实型变量所占的内存空间是有限的,因此只能提供有限的有效数字。所以在C语言中,实数表示是一个近似值,即使在表示范围之内的实数也是近似值。

例3-6 实型变量的误差。

```
#include <stdio.h>
int main()
{
    float f, fb;
    f = 1.23456789e8f;
    fb = f + 22.5;
    printf("      f = %e\n",f);          /* 单精度变量只能提供7位有效数字 */
    printf("f + 22.5 = %e\n",fb);
    printf("      f = %f\n",f);
    printf("f + 22.5 = %f\n",fb);
    return 0;
}
```

运行结果如下所示:

```
        f=1.234568e+008
f+22.5=1.234568e+008
        f=123456792.000000
f+22.5=123456816.000000
```

在例 3-6 中，单精度实数常量 1.23456789e8，在单精度变量的表示范围之内。该实数常量赋值给单精度变量 f，转化为 4 个字节的单精度数内存映像。因为单精度变量只能提供少于 8 位的有效位，所以显示出来的值为 123 456 792.000 000，其第 8 位为四舍五入，第 9 位是无效位。f 加上了 22.5，在 f 精度之内的运算是正确的，如运行结果的第一行和第二行。在现实中 123 456 792.000 000 + 22.5 = 123 456 814.500 000，但显示的结果 123 456 816.000 000 是一个近似值。所以，C 语言程序设计的实数运算一定要把握一个观点"实数有效位，实数近似值"。

例 3-7　单精度和双精度变量的有效数位。

```
#include <stdio.h>
int main()
{
    float a;
    double b;
    a=55555.123456f;
    b=999999999.123456712;
    printf("%f\n%f\n",a,b);
    printf("%.9f\n%.9f\n",a,b);
    return 0;
}
```

运行结果如下：

```
55555.125000
999999999.123457
55555.125000000
999999999.123456720
```

在 Visual C++ 中运行本例。从运行结果来看，双精度实数 55 555.123 456，赋值给单精度浮点型变量 a，输出的整数已占五位，小数点二位后均为无效数字，输出的有效位数只有七位；对于双精度实数 999 999 999.12 3456 712，赋值给双精度浮点型变量 b，输出的整数已占九位，小数点七位后均为无效数字，输出的有效位数为十六位。Visual C++ 的"%f"格式输出小数点后最多保留六位，剩余部分四舍五入。"%.mf"格式输出小数点后保留 m 位，剩余部分四舍五入。

3.2.3　字符常量与字符变量

字符型数据就是用来表示字母、符号及文字等文本信息的数据。通常英文字符型数据是占1个字节(8位)的整数,计算机用这个整数保存字符所对应字符代码(常常为ASCII值)。虽然,字符用一个整数表达但它在使用上有自己的特点,因此,C语言把它作为一种基本类型。

1. 字符常量

(1)单引号括起来一个字符

如'a'、'b'、'@'、'='、'+'、'?'及'$'都是合法字符常量。

在C语言中,字符常量有以下特点:

① 字符常量只能用单引号括起来,不能用双引号或其他括号。

② 字符常量只能表示单个字符,不能表示多个字符。

③ 单个数字与单个数字字符是不同的,如'5'和5,'5'是字符常量,其值是0X35,5是有符号整型常量。

④ 单引号括起来的一个字符,常常为一个直接从键盘输入的字符,能够在屏幕上显示。

(2)转义字符

对于那些无法直接从键盘输入的字符或其他特殊字符,需要用单引号括起来的转义字符来表示。转义字符是一种特殊的字符常量。转义字符以反斜线开头,后跟一个或几个字符。转义字符具有特定的含义,不同于字符原有的意义,故称"转义"字符。如在前面各例题printf函数的格式串中用到的'\n'就是一个转义字符,其意义是"回车换行"。转义字符主要用来表示那些用一般字符不便于表示的控制代码。表3-3为常用的转义字符。

表3-3 常用的转义字符及其含义

转义字符	转义字符的意义	ASCII代码值
\a	鸣铃	7
\b	退格符,删除当前字符,光标向左移动一位	8
\t	制表符的横向制表,光标移动到下一制表位置	9
\n	回车换行符,光标移动到下一行的行首	10
\v	竖向跳格,纵向制表	11
\f	走纸换页	12
\r	回车符,光标移动到当前行的行首	13
\"	双引号符"	34
\'	单引号符'	39
\\	反斜线符\	92
\ddd	1~3位八进制数所代表的字符	0ddd
\xhh	1~2位十六进制数所代表的字符	0xhh

从表3-3最后两行可知,C语言字符集中的任何一个字符均可用转义字符来表示。如'\101'表示字母'A','\102'表示字母'B','\134'表示反斜线,'\x0A'表示换行符等。如果转义符的后面跟单个字符(除了0~7及特殊的控制符外,如a、b、t、x等),表示的就是反斜杠后面的字符,如'\H'就是'H',但一般不这样使用。

2. 字符变量

字符变量的类型说明符是char,占1个字节(8位),分为有符号字符变量和无符号字符变量。无符号字符变量的取值范围是0~255,有符号字符变量的取值范围是-128~127。如果字符变量或常量参与整数运算,直接使用其值运算。如果用其保存整数运算结果一定不能超出取值范围。

```
char c1 = 'A';
char c2 = 65;
char c3 = '\x41';
char c4 = '\101';
```

四个字符变量 c1、c2、c3、c4 初始化后的值都是$(0100\ 0001)_2$。

Visual C++ 的基本整型占用四个字节,字符占用单个字节,当整型值赋给字符型变量时,只取最低字节。

例 3-8 向字符变量赋以整数。

```
#include <stdio.h>
int main( )
{
    char a,b;
    int i;
    a = 'G';
    b = 0xFF000047;          /* 四个字节十六进制数 0xFF000047 的十进制值为
                                -16777145 */
    i = 0xFF000047;
    printf("%c,%c,%c\n",a,b,i);
    printf("%d,%d,%d\n",a,b,i);
    return 0;
}
```

运行结果如下:

```
G,G,G
71,71,-16777145
```

程序中定义 a,b 为字符型变量,i 为整型变量。在赋值语句中,用整型常量为 b 和 i 赋值。在字符变量 b 赋值 0xFF000047 时,系统直接用十六进制的最低字节 0x47 作为字符变量 b 的内存映像。在整型变量 i 赋值 0xFF000047 时,系统直接用十六进制的四个字节作为整型变量 i 的内存映像,其最高位是 1,其解析值为负数。从运行结果看,a,b 的输出形式取决于 printf 函数格式串中的格式符。当格式符为"%c"时,对应输出的变量值为字符;当格式符为"%d"时,对应输出的变量值为整数。如果格式符为"%c"对应的变量为多个字节,则取最低的一个字节,并显示 ASCII 值对应的字符。

例 3-9 小写字母与大写字母之间的相互转化。

```
#include <stdio.h>
int main()
{
```

```
    char a1 = 'G',a2, b1 = 'h',b2;
    a2 = a1 + 32;
    b2 = b1 - 32;
    printf("%c,%c  %d,%d\n",a1,a2, a1,a2);
    printf("%c,%c  %d,%d\n",b1,b2, b1,b2);
    return 0;
}
```

运行结果如下：

```
G,g  71,103
h,H  104,72
```

a1,a2,b1,b2 被说明为字符变量,a1 和 b1 赋予初始值分别为大写字母'G'和小写字母'h'。C 语言允许字符变量参与数值运算,即用字符的 ASCII 码参与运算。所有的大小写字母的 ASCII 码相差 32,大写字符值比小写字符值小 32。所以值为'G'的变量 a1 加上 32 赋值给 a2 就得到小写字母'g';值为'h'的变量 b1 减去 32 赋值给 b2 就得到大写字母'H'。因此,运算后实现了字母转换,然后分别以整型和字符型输出。

有符号字符变量可以作为 -128～127 范围内的整数运算,虽然例 3-8 和例 3-9 中定义的字符变量都是有符号正数,但案例中的变量仅仅使用了后 7 位,其值 0～127 范围内。

```
#include <stdio.h>
int main()
{
    char a = -98;
    unsigned char b = 255;
    printf("%d, %d\n", a,b);
    return 0;
}
```

运行结果如下：

```
-98, 255
```

3. 字符串常量

字符串常量是被一对双引号括起的字符序列。例如："Hello world","Computer","if"等都是合法的字符串常量。

字符串常量和字符常量不同,它们主要有以下区别：

① 字符常量由单引号括起来,字符串常量由双引号括起来。

② 字符常量只能是单个字符,字符串常量则可以含一个或多个字符。

③ 可以把一个字符常量赋给一个字符变量,但在 C 语言中没有相应的字符串变量,所以不能把一个字符串常量赋给一个字符变量。需要用字符数组来存放字符串常量。本书将在数组一章中介绍字符数组。

④ 字符常量占用一个字节的内存空间。字符串常量占用的内存字节数等于字符串中字符数加 1。增加的一个字节存放字符'\0'(ASCII 码为 0)。这是字符串结束标志。

例如,字符串"Computer"在内存中连续占 9 个字节,其内容为:

'C'	'o'	'm'	'p'	'u'	't'	'e'	'r'	'\0'

字符常量'H'和字符串常量"H"虽然都只有一个字符,但在内存中的存储情况是不同的。

'H'在内存中占一个字节,表示为:

'H'

"H"在内存中占二个字节,表示为:

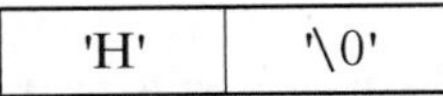

'H'	'\0'

3.3　运算符和表达式

C 语言具有丰富的运算符。用运算符将变量、常量或函数等操作数连接起来形成符合 C 语言语法规则的式子称为表达式。

在 C 语言中,除了控制语句外,几乎所有的操作都可以用表达式来处理。这也是 C 语言的主要特点之一。与算术四则运算规则(先乘除,后加减,有括号先算括号里面的)一样,C 语言表达式的运算也有先后顺序。运算的顺序不仅取决于运算符的优先级,同时还要接受运算符结合性的制约。运算符结合性确定是自左向右进行运算还是自右向左进行运算。

根据运算的类型不同,C 语言的运算符大致可分十类:

①算术运算符:用于各类数值运算。其中加(+)、减(-)、乘(*)、除(/)、求余(或称整数模运算,%)共七个需要两个操作数的运算符。还有求相反数(-)、自增(++)、自减(--)需要一个操作数。

②关系运算符:用于比较运算。包括大于(>)、小于(<)、等于(==)、大于等于(>=)、小于等于(<=)和不等于(!=)六个运算符。

③逻辑运算符:用于逻辑运算。包括与(&&)、或(||)、非(!)三个运算符。

④位运算符:用于位操作。包括位与(&)、位或(|)、位非(~)、位异或(^)、左移(<<)、右移(>>)六个运算符。

⑤赋值运算符:用于赋值运算,分为简单赋值(=)、复合算术赋值(+=,-=,*=,/=,%=)和复合位运算赋值(&=,|=,^=,>>=,<<=)三类共 11 个运算符。

⑥条件运算符:用于条件求值(?:)。

⑦逗号运算符:用于把若干表达式组合成一个表达式,各表达式之间用逗号隔开。

⑧指针运算符:用于取指针指向内存的内容值(*)和取变量的地址(&)二个运算符。

⑨求字节数运算符:用于计算变量或数据类型所占的字节数(sizeof)。

⑩强制类型转换运算符:用于把操作数的数据类型暂时强制类型转换后参与本次计算,其形式为(类型)操作数。

⑪分量运算符:用于结构体变量的成员的获取,包括(->)和(.)。

⑫下标运算符：用于获得数组的数据成员（[ ]）。

⑬特殊运算符：函数调用运算符（( )）。

根据运算符所带的操作数个数不同，C 语言的运算符有三类：

①单目运算符：只有一个操作数的运算符，比如求非运算符（!）；

②双目运算符：带有两个操作数的运算符，比如乘法运算符（*）；

③三目运算符：带有三个操作数的运算符，C 语言只有一个三目运算，即条件运算符。

3.3.1 算术运算符

1. 基本的算术运算符

算术运算符的操作数为整型数、实型数及字符型（视为整型）等。常用的基本算术运算符有 7 种：

①加法运算符（+）：为双目运算符，求两个操作数值的和，例如 12+7。

②减法运算符（-）：为双目运算符，求两个操作数值的差，例如 15-8。

③乘法运算符（*）：为双目运算符，求两个操作数的积，例如 12*249.8。C 语言乘法运算符不是 a×b；也不能像多项式中省略乘法运算符，例如 ab。在 C 语言中，ab 不是 a 和 b 的乘积，而是一个标识符。

④除法运算符（/）：为双目运算符，求两个操作数的商，例如 a/b。C 语言除法运算符不是 ÷，而是一个正斜线。两个整型参与的除法结果为整型，结果值为商的值舍去小数部分，也称为整除运算。例如 12/5 值为整数 2；实数参与的除法，结果值为实数，例如 12.0/5 值为实数 2.4。

在 C 语言的加、减、乘、除四种运算中，如果操作数均为整型，结果也为整型；如果操作数中有一个是实型，则结果为实型。

例 3-10 一个简单的乘除法运算。

```
#include <stdio.h>
int main()
{
    int a=12, b=5;
    printf("%d, %f\n", a*b, 1.0*a*b);
    printf("%d, %d\n", a/b, -a/b);
    printf("%f, %f\n", 1.0*a/b, -1.0*a/b);
    printf("%f, %f\n", a/b*1.0, a/b*-1.0);
    return 0;
}
```

运行结果如下：

```
60, 60.000000
2, -2
2.400000, -2.400000
2.000000, -2.000000
```

本程序中，整型变量 a 和 b 的初始值分别为 12 和 5。a/b 和 - a/b 的结果为整型，舍去小数部分后值分别为 2 和 - 2。1.0 * a/b 和 - 1.0 * a/b 有实数 1.0 参与运算，结果为实型，值为 2.4 和 - 2.4。如果把实数 1.0 和 - 1.0 放到 a/b 之后，则先求 a/b 的值 2，再用 2 与实数 1.0 与 - 1.0 相乘，结果就变成 2.0 和 - 2.0。所以编程时一定要注意操作数的类型和结果的类型，否则达不到编程的目标。

⑤求余运算符%：为双目运算符，求两个整型操作数相除的余数，例如 12%5 的值为 2。要求参与运算的量必须是整型，结果也是整型。

例 3-11　求余数。

```
#include <stdio.h>
int main()
{
    printf("%d\n",39%7);
    printf("%d\n",-39%7);
    return 0;
}
```

运行结果如下：

```
4
-4
```

两个整数整除，如果有一个整数为负数，结果为负数。两个整数求余，如果有一个整数为负数，余数不一定为负数、不同的编译器处理方法不同。在 Visual C++ 中，39%7 值为 4，- 39%7 值 - 4，39% - 7 值为 4，- 39% - 7 值为 - 4。我们要按照编译器的使用手册的规定来理解运算的含义，确保结果正确。

⑥正号运算符（+）：为单目运算符，即操作数求正的值，运算结果仍然为操作数本身，例如 + 12、+ (- 12)，运算结果 12、- 12。本操作符为了强调正数，很少使用。

⑦负号运算符（-）：为单目运算符，求操作数的算术相反数，例如 - 12 与 - (- 12)的运算结果为 - 12 和 12。

2. 自增、自减运算符

①自增运算符（+ +）：为单目运算符，使变量的值自增 1，例如 + + i 或 i + + 的运算结果为变量 i 的值自增 1。但（+ + i）或（i + +）表达式的值不同，（+ + i）表达式使 i 的值自增 1，表达式的值为 i 自增 1 后的值；（i + +）表达式先引用 i 的值，再使 i 的值自增 1。

②自减运算符（- -）：为单目运算符，使变量的值自减 1，例如 - - j 或 j - - 的运算结果为变量 j 的值自减 1。（- - j）或（j - -）表达式的值不同，（- - j）表达式先使 j 的值自减 1，表达式的值与 j 相同；（j - -）是先引用 j 的值作为表达式的值，再使 j 的值自减 1。

③自增运算符（+ +）和自减运算符（- -）只能用于变量，不能用于常量或表达式，对于特殊的函数调用可以使用。

例 3-12　+ + 和 - - 的使用。

```
#include <stdio.h>
int main()
```

```
{
    int i=5;
    printf("%d,",++i);                  /*显示++i表达式的值*/
    printf("%d\n",i);                   /*显示i当前值*/
    printf("%d,",--i);                  /*显示--i表达式的值*/
    printf("%d\n",i);                   /*显示i当前值*/
    printf("%d,",i++);                  /*显示i++表达式的值*/
    printf("%d\n",i);                   /*显示i当前值*/
    printf("%d,",i--);                  /*显示i--表达式的值*/
    printf("%d\n",i);                   /*显示i当前值*/
    return 0;
}
```

运行结果如下：

```
6,6
5,5
5,6
6,5
```

i 的初值为 5，第 1 个输出语句先给 i(值为 5)自加 1，然后再输出表达式 ++i 值 6；第 2 个输出语句输出当前 i 的值 6；第 3 个输出语句先给 i(值为 6)自减 1 再输出表达式 --i 值 5；第 4 个输出当前 i 的值为 5；第 5 个输出语句先输出 i(值为 5)的(i++)值 5，然后再给 i 自增 1；第 6 个输出当前 i 的值为 6；第 7 个输出语句先输出 i(值为 6)的(i--)值 6，然后再给 i 自减 1；第 8 个输出语句输出 i 的值 5。

例 3-13 多个 ++ 的运算。

```
#include <stdio.h>
int main()
{
    int i=6,j=6,p,q;
    p=(i++)+(i++);
    q=(++j)+(++j);
    printf("%d,%d,%d,%d\n",p,q,i,j);
    return 0;
}
```

运行结果如下：

```
12, 16, 8, 8
```

在 Visual C++ 环境下的 C 程序将 p=(i++)+(i++) 理解为 2 个 i 相加，故 p 值为 12；然后，i 再自增 1 两次，相当于加 2，故 i 的最后值为 8。而 q 的值则不然，q=(++j)+(++j)

为 j 先自增 1 两次，再参与运算，两个 8 相加的和为 16。需要注意的是，本程序在不同的编译器下运行的结果有可能不同，因为不同编译器对两个连续相同 i++ 或 ++j 处理不同。在程序设计时，很少这样使用 ++ 和 -- 运算符。

说明：++ 和 -- 运算符只能用于变量，不能用于常量或表达式，两个 ++ 和两个 -- 之间不能有空格。在使用含有 ++ 或 -- 运算符的表达式求值的同时，其作为操作数变量的值也发生了改变，这是自增运算符或自减运算符的副作用。掌握其含义后在编程用到 ++ 或 -- 操作符时要加以注意。为了提高 C 语言源程序的可读性，要尽量少用含有 ++ 或 -- 运算符的表达式。

3. 算术表达式和运算符的优先级和结合性

由算术运算符和圆括号将操作数（也称运算对象）连接起来的、符合 C 语言语法规则的式子称为算术表达式。例如(i+j)/8-(a-12+3)*4。C 语言规定了运算符的优先级，确保运算执行的顺序是唯一的，保证计算的正确性。C 语言中，运算符的运算优先级有 15 级。1 级最高，15 级最低。在表达式中，优先级较高的先进行运算。算术运算符和圆括号的优先级可以查阅附录Ⅲ。圆括号为 1 级，自增、自减和负号这三个单目运算符为 2 级，乘法、除法、求余运算符为 3 级，加法和减法运算符为 4 级。

不同级别的运算符按优先级高低确定运算的顺序。对于相同级别的运算符如何规定运算的顺序同样重要，例如表达式 a-12+3，是先计算 a-12，还是先计算 12+3，其结果值是不同的。为了解决此问题，C 语言规定了运算符的结合性（即运算符的结合方向）。一个运算对象两侧的运算符优先级相同时，则按运算符的结合性所规定的结合方向处理。

C 语言中，运算符的结合性分为两种，即左结合性（自左至右）和右结合性（自右至左）。例如算术二目运算符的结合性都是自左至右，即先左后右。如表达式 a-12+3，12 应先与减法运算符结合，即先执行 a-12 运算，其结果值再执行加上 3 的运算。这种自左至右的结合方向就称为“左结合性”。而自右至左的结合方向称为“右结合性”。最典型的右结合性运算符是后面要讲的赋值运算符=，如表达式 j=i=19，应先执行 i =19 再执行 j=(i=19)运算。

为了编写正确的程序，一定要掌握 C 语言运算符的优先级和结合性，应注意区别，右结合性的运算符与普通的数学运算符的不同，以避免理解错误。

3.3.2　赋值运算符和赋值表达式

1. 赋值运算符

赋值运算符“=”为双目运算符，其作用是将赋值运算符“=”右边的表达式的值赋给“=”左边的变量，其一般形式为：

变量=表达式

赋值运算符的左边必须是变量。系统先计算出右边表达式的值，再赋给变量。此处的等号左边的变量不是取出变量的值，而是把表达式值写入其内存，让变量拥有一个新的值。

例如：

```
int a=4, b=20, x=8;
x=a+b;
```

对于 x = a + b 表达式，先引用变量 a 和变量 b，取出整数 4 和 20 进行加法运算，结果值为 24，赋值运算就是把 24 写入分配给 x 变量的内存中。执行完赋值运算，x 拥有一个新的值 24。

2. 赋值表达式

由赋值运算符（或复合赋值运算符）将一个变量和表达式连接起来，称为赋值表达式。在 C 语言中，任何表达式都有一个值。赋值表达式的值就是赋值符号右边表达式的值，也是左边变量的值。与 + + 或 - - 运算符相比，赋值运算符也有副作用——让左边变量拥有了新值，但是这种副作用正是赋值运算所期待的。

学习了赋值表达式，就更加容易理解赋值运算符的右结合性。例如 a = b = c = 8 可理解为 a = (b = (c = 8))，即 c = 8 作为表达式参与了 b 的赋值运算，由于 c = 8 的值是 8，所以 b 被赋值为 8；b = c = 8 作为表达式参与了 a 的赋值运算，由于 b = c = 8 的值为 8，所以 a 被赋值为 8；最后 a = b = c = 8 表达式的值也是 8。

在 C 语言中，凡是表达式可以出现的地方均可出现赋值表达式。例如一个表达式：

x = (a = 4) + (b = 8)

该表达式的含义是把 4 赋给 a，8 赋给 b，再把两个表达式的值 4 和 8 相加，二者和的值 12 赋给 x。在程序设计中，很少使用赋值表达式再次参与运算，虽然这使得表达式变得精炼，提高了执行效率，但是会降低源代码的可读性，增加了编程出错的可能性。编写表达式时，编程初学者一定要以源代码的可读性为目标，提高编程质量。

3. 赋值语句

在 C 语言中，任何表达式在其末尾加上分号就构成 C 语句，其含义为求解表达式的值。在 C 程序中，除了分支和循环控制语句，其他的都是表达式语句。对于赋值表达式来说，在其后面加上分号就构成了赋值语句。赋值语句是 C 语言中重要的语句。

4. 复合赋值运算符

赋值表达式中，除了单个赋值运算符 = 之外，还有各种复合赋值运算符。将算术运算符、位运算符与赋值运算符组合在一起，构成复合赋值运算符。它包含了算术运算或位运算，又包含了赋值运算，体现了 C 语言的简洁、高效的特点。复合赋值运算符有 + =，- =，* =，/ =，% =，<< =，>> =，&= ，^= ，| = 等十个。

构成复合赋值表达式的一般形式为：

变量　双目运算符 = 表达式

它等效于

变量 = 变量 运算符 (表达式)

例如：

a + = 5　　　等价于 a = a+5
x * = y+7　　等价于 x = x*(y+7)，注意 y+7 是一个整体
r % = p　　　等价于 r = r%p

初学者可能不习惯复合赋值运算符这种写法，但它有利于编译处理，能提高编译效率并产生质量较高的目标代码。

5. 变量初始化

在定义变量的同时，给变量赋以初值，就是变量的初始化。这样可以使程序简练，如：

```
int i = 36, j = 169, k = 12;
double f = 1.68, f1 = 1.0;
char a, b = 'H', c;
```

变量的初始化是在执行程序时赋以初值，相当于执行一个赋值语句。例如：

```
char a, b = 'H', c;
```

等价于先定义变量，再进行赋值：

```
char a, b, c;
b = 'H';
```

3.3.3 逗号运算符和逗号表达式

在 C 语言中，逗号也是一种运算符，称为逗号运算符。逗号运算符是二目运算符，其功能是把两个表达式连接起来组成一个新表达式，该表达式称为逗号表达式。逗号表达式的值是最后一个逗号后面的表达式的值。

逗号表达式一般形式为：

表达式 1，表达式 2[，表达式 3，…，表达式 n]

在 C 语言中逗号运算符优先级最低，为第 15 级，比赋值运算符的第 14 级还要低一级。同时逗号运算符具有左结合性。如果逗号表达式中每个表达式都是赋值表达式，则从左向右的顺序进行赋值，所以逗号运算符也经常称为顺序求值运算符。

例 3-14 逗号表达式的值。

```
#include <stdio.h>
int main()
{
    int a, b, c, x, y;
    a = 2,b = 4,c = 6;
    y = (x = a + b, b + c);
    printf("x = %d,y = %d\n",x,y);
    x = a + b;
    y = b + c;
    printf("x = %d,y = %d\n",x,y);
    return 0;
}
```

运行结果如下：

```
x = 6, y = 10
x = 6, y = 10
```

程序中,逗号表达式 a = 2,b = 4,c = 6 的目的是给 a,b,c 三个变量赋初值,以便参与后面的运算,因此没有保存整个逗号表达式的值。在表达式 y = (x = a + b, b + c)中,y 存储了赋值运算符右边整个逗号表达式的值,即最后一个表达式的值 b + c。

对于逗号表达式需要说明三点:

(1)程序中使用逗号表达式,通常是分别顺序求逗号表达式内各表达式的值,并不一定保存整个逗号表达式的值。

(2)并不是所有出现逗号的地方都组成逗号表达式,如在变量说明中,函数参数表中的逗号只是各变量之间的分隔符。

(3)在 C 语言中,逗号表达式很少使用,在 for 循环语句中使用比较多。

3.3.4 数据类型转换

C 语言的数据类型是可以相互转换的,转换的方法有自动转换和强制类型转换两种。

1. 自动转换

在 C 语言中,整型、实型或字符型数据可以混合运算。进行混合运算时,不同类型的数据要转换成同一类型才可以运算。如果一个运算符两侧的操作数的数据类型不同,则 C 语言编译器自动按“先转换后运算”的原则,首先将数据转换为同一类型,然后对相同类型的数据进行运算。转换的规则如图 3-10 所示。

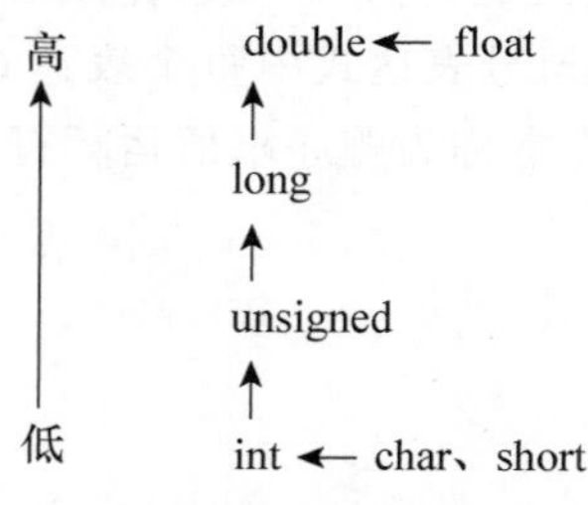

图 3-10 数据类型转换规则

图 3-10 中横向向左的箭头表示必须转换,例如 char 或 short int 数据必先转成 int 型,float 数据先转成 double 型等。纵向箭头表示不同类型的转换方向,例如 int 型与 double 型数据进行混合运算,先将 int 数据转换成 double 数据,然后在两个同类型数据(double)进行运算,结果为 double 型。注意箭头方向只表示数据类型级别的高低,由低向高转换。不要理解为 int 先转成 unsigned int 型,再转成 long int 型,再转成 double 型。如果一个 int 数据与一个 double 型数据运算,是直接将 int 型转成 double 型。同理,一个 int 型数据与一个 long int 数据运算,先将 int 型转成 long int 整型。

例 3-15 混合运算的求值。

```
#include <stdio.h>
int main()
```

```
{
    short int i = 32;
    int n = 10;
    char a = 'A';
    float f = 3.14f;
    double d = 1.68E3;
    unsigned int e = 2048;
    printf("f = %f\n",(i + a) * 10 + n * f - d/e);
    return 0;
}
```

运行结果如下：

```
f = 1000.579689
```

对表达式(i + a) * 10 + n * f - d/e,在运算时按照运算先后次序进行类型转换：

① 计算(i + a)时,先将短整型变量 i 和字符变量 a 转换成整型数 32、65,运算结果为 97。因此,(i + a) * 10 计算后结果为 970 整型；

② 计算 n * f 时,先将 n 和 f 都转换成为双精度型结果约为 31.400 001；

③ 前面两个计算结果再进行加运算,值为双精度型,约为 1 001.400 001；

④ 将 e 转换成双精度型,d/e 结果为双精度型,值为 0.820 313；

⑤ 1 001.400 001 双精度实数减去 d/e 为整个表达式的最后结果,值为 1 000.579 689,结果为双精度实型数。

在赋值运算中,赋值符两边量的数据类型不同时,赋值符右边表达式的数据类型将转换为左边变量的类型。虽然赋值过程的类型转换也是自动转换,但是有所不同：

(1)实型数据赋给整型变量时,仅取实数的整数部分赋值给整型变量。例如整型变量 i,执行“i = 2.718282”表达式后,i 的值是 2,直接舍去了小数部分,不是采用四舍五入的方式。

例 3-16　赋值运算中数据类型的转换。

```
#include <stdio.h>
int main()
{
    float e = 2.718282;
    int s,r;
    s = e;
    r = e * e;
    printf("s = %d\n",s);
    printf("r = %d\n",r);
    return 0;
}
```

运行结果如下：

```
s=2
r=7
```

以上程序中e为float型;s,r为int型。执行s=e赋值语句时,s取float类型的整数部分2。执行r=e*e赋值语句时,s取e*e单精度浮点数乘法值的整数部分7。两次赋值都是直接舍去了小数部分。

(2)整型数据赋给实型变量时,直接把整数值转换为实数形式存放。

(3)双精度实型常量赋给单精度实型变量时,有效数据位会变少。Visual C++中,双精度实数的8个字节的值将存放到单精度实数的4个字节中。如果双精度实型的值没有超过单精度实型的取值范围,仅仅损失精度;如果超过了取值范围,赋值会出现逻辑错误(语法上没有错误)。单精度实型数据赋给双精度实型变量时,其数值不变。

(4)字符型数据赋给整型变量,将字符ASCII码值赋给变量,值保持不变。

(5)占字节多的整型数据赋给占字节少的整型或字符型变量,直接从多字节数据中低位地址开始,截取相应的字节数(即采用"截断"操作)。

例 3-17 整型赋值给短整型变量的类型转换。

```
#include <stdio.h>
int main()
{
    int i=0xFF167B42;
    short s;
    char a;
    s = i, a = i;
    printf("i=%d, i=0x%X\n",i,i);        /*显示基本整型变量值的十进制和十六
                                            进制形式*/
    printf("s=%d, s=0x%X\n",s,s);        /*显示短整型变量值的十进制和十六进
                                            制形式*/
    printf("a=%d,a=0x%X, a=%c\n",a,a,a);  /*显示字符型变量值的十进制、
                                              十六进制和字符形式*/
    return 0;
}
```

运行结果如下:

```
i=-15303870, i=0xFF167B42
s=31554, s=0x7B42
a=66, a=0x42, a=B
```

在Visual C++中,基本整型变量i占四个字节,0xFF167B42是一个负值,它的低位两个字节是$(7B42)_{16}$,最低一个字节是$(42)_{16}$。从程序执行结果来看,占两个字节的短整型变量s,直接截取低位两个字节,按照补码显示为31 554;占1个字节的字符变量a,直接截取最低位1个字节,按照补码显示为66,字符形式为B。从例3-17可知,应避免把占多字节的整数数据向占字节少的整型变量赋值,因为赋值后的数据常常会失真。

2. 强制类型转换

强制类型转换是通过强制类型转换运算来实现的。其一般形式为：

（类型说明符）（表达式）

强制类型转换的功能是把表达式的运算结果值强制转换成类型说明符所表示的类型。其中,“(类型说明符)”是强制类型转换运算符。它是一目运算符,且具有右结合性,优先级别为2 级,比算术运算符和赋值运算符的优先级都高。

例如：

```
int a=16;
float x=3.14, y=2.68;
(float)a;                    /*把表达式 a 转换为单精度类型,值变成 16.0*/
(int)(x+y);                  /*把 x+y 的结果单精度类型转换为整型,值为 5*/
```

在使用强制类型转换时应注意以下问题：

(1)类型说明符和表达式都必须加括号(单个变量可以不加括号),如把(int)(x+y)写成(int)x+y,则仅仅把 x 转换成 int 型之后再与单精度浮点数 y 相加。

(2)无论是强制转换还是自动转换,它们都只是为了本次运算的需要而对变量的值进行的临时性转换,而不改变变量声明时对该变量定义的类型。

例 3-18　数据类型的强制转换。

```
#include <stdio.h>
int main()
{
    double e=2.718282;
    int i;
    i=(int)e;
    printf("(int)e=%d, e=%f\n",i,e);
    return 0;
}
```

运行结果如下：

```
(int)e =2, e=2.718282
```

程序中单精度实型变量 e 虽强制转换为 int 型,但只在运算中起临时作用,而 e 本身的类型并不改变。因此,(int)e 的值为 2(取整数部分,删去了小数)而 e 的值仍为 2.718 282。

3.4　基本数据输入输出

程序的核心功能是处理数据,通常其源数据需要用户通过外部设备输入到计算机。计算的结果也需要通过外部设备输出,反馈给用户。为此数据的输入输出也是程序的基本功能。C 语言没有提供专门的输入输出语句,而是通过标准库函数来完成数据的输入输出,从而使得

C 语言的编译器可移植性增强，编译器的尺寸也比较小。C 语言中，标准输入设备是键盘，标准输出设备为显示器，通常称为屏幕。在 C 语言中，常用到从键盘输入一个字符的 getchar 函数，格式化输入数据的 scanf 函数，把一个字符输出到显示器的 putchar 函数，把数据格式化显示到屏幕的 printf 函数。它们的函数原型都在头文件 stdio. h 中。stdio 是 standard input & outupt 的缩写，即标准输入输出。要使用这些函数，就需要在源程序中包含头文件 stdio. h，即：

```
#include<stdio.h>
```

3.4.1 字符数据的输入输出

1. 字符输出函数 putchar

函数 putchar 的功能是向显示器上输出单个字符，其一般形式为：

```
putchar(char c)
```

函数的参数为要输出的 ASCII 字符，可以为字符常量、字符变量或者转义符等。函数能够把可显示的字符显示到计算机屏幕上；使用控制字符完成控制功能，但不显示任何内容。

例如：

```
putchar('H');        (输出大写字母 H)
putchar(x);          (输出字符变量 x 值对应的字符)
putchar('\110');     (输出八进制数 101 在 ASCII 表中对应的字符，仍然输出 H)
putchar('\t');       (输出一个制表符，光标显示在下一个制表符位置)
```

例 3-19 输出单个字符。

```
#include<stdio.h>
int main()
{
    char c1 = 'H',c2 = 'e',c3 = 'l', c4 = 'o';
    int a = 67;
    putchar(c1); putchar(c2); putchar(c3); putchar(c3); putchar(c4); putchar('\n');
    putchar(a); putchar('\110'); putchar('\\E'); putchar('\x4E'); putchar('\n');
    return 0;
}
```

运行结果如下：

```
Hello
CHEN
```

参数 a 为整型，进行数据类型转换，仅仅取最低一个字节数据，把其值 67 作为 ASCII 值输出，显示字母'C'。'\110'是字符'H'的八进制编码，'\\E'使用了两个转义符变为本身'E'，'\x4E'是字母'N'的十六进制编码。

2. 字符输入函数 getchar

getchar 函数的功能是从键盘缓冲区输入一个字符。函数的返回值为输入的字符的 ASCII 码值。该函数可以作为一个简单表达式参与字符类型数据的运算。getchar 函数没有参数，但是，使用时必须带上它后面的一对圆括号。如果用户没有按键或者键盘缓冲区内没有字符，则屏幕上显示光标，等待用户输入。有时使用此功能，来暂停屏幕的显示，让用户有机会看到屏幕的内容。常用的从键盘读入一个字符赋值给字符变量的形式如下：

```
char c;
c = getchar();
```

例 3-20　从键盘上输入'H'、'e'、'y' 三个字符，然后把它们输出到屏幕。

```
#include<stdio.h>
int main()
{
    char c1,c2,c3,c4;
    printf("输入三个字符按回车:");
    c1 = getchar(); c2 = getchar();c3 = getchar();c4 = getchar();
    printf("用户输入的字符是:");
    putchar(c1);putchar(c2);putchar(c3);putchar('\n');
    printf("其实还有一个字符,ASCII 值为%d\n",c4);
    return 0;
}
```

运行结果如下：

```
输入三个字符按回车:Hey
用户输入的字符是:Hey
其实还有一个字符,ASCII 值为 10
```

当程序执行完第一个 printf 函数，在屏幕上显示了提示信息后，光标在同一行尾部闪烁，第一个 getchar()函数执行，等待用户输入。如果用户不输入数据，则程序一直等待。用户从键盘上键入'H'、'e'、'y'三个字符后，只有敲击了回车键，程序才继续执行。程序的第一个 getchar 函数读入单个字符'H'，赋值给 c1；第二个 getchar 函数读入单个字符'e'，赋值给 c2；第三个 getchar 函数读入单个字符'y'，赋值给 c3。此时还有一个回车符在键盘缓冲区没有读走，第四个 getchar 函数读入单个字符'\xA'，赋值给 c4。

getchar 函数也可以从键盘读入控制字符。比如例 3-20 程序执行时，用户键入两个 Tab 键和'H'，再敲回车键，则显示的结果如下：

```
输入三个字符按回车:		H
用户输入的字符是:		H
其实还有一个字符,ASCII 值为 10
```

因为第一个 getchar 函数读入制表符赋值给 c1，第二个 getchar 函数读入制表符赋值给

c2,第三个 getchar 函数读入单个字符'H'赋值给 c3,第四个 getchar 函数读入回车符赋值给 c4。如果不用第四个 getchar 函数,回车符将保存在键盘缓冲区内。

3.4.2 格式化输出函数 printf

在 C 语言程序中,输出数据通常使用函数 printf。printf 不仅可以输出字符、整数、实数和字符串,还可以按照用户指定的某种格式输出数据,这就是把数据转换为指定的格式再输出。printf 的最末一个字母 f 就是表示"格式"(format)的含义。

1. printf 函数的一般形式

printf("格式控制字符串",输出表列)

函数的参数分为格式控制字符串和输出表列两部分。函数的功能是按照格式控制字符串的格式要求对各个输出项的值进行数据格式转换,然后输出到显示器。

(1)格式控制字符串用于指定输出格式,它由两种类型的字符组成:普通字符和转换说明。普通字符包括可显示的字符和转义字符(如'\n'、'\t'、'\a')。在 printf 函数执行时,这些字符直接输出到显示器上或进行控制。转换说明用以说明输出数据的类型、形式、长度、小数位数等,是 printf 函数的核心。每个转换说明都是以%开头,以转换字符结束的多个字符序列。格式控制字符串可以有多个转换说明,来转换对应的输出表列中的数据。例如:

①"%+d"表示输出十进制整型数据,强制要求负整数前面加-号,正整数前面加+号;

②"%6.2f"表示输出浮点型数据,最少占 6 列(即占屏幕的多少格),小数点后面输出两位数字,如果小数点前面超过 4 位,则按照实际值输出;

③"%.6s"输出字符串的前 6 个字符。

(2)输出表列是程序要输出的多个数据项,可以是常量、变量或表达式,它们之间用逗号隔开。在格式控制字符串中有多少个转换说明,输出列表就为多少项。转换说明和输出项是按照从左到右的顺序一一对应的,即每个输出项都有对应的转换说明来指定输出的格式,而且表达式的值是在相应转换说明的位置上输出。如果没有转换说明,则输出表列为空,即 printf 仅仅只有一个字符串参数直接输出。printf 函数直接加分号,通俗称为输出语句。

例 3-21 printf 函数格式控制语句的使用。

```
#include <stdio.h>
int main()
{
    int c1 = 65, c2 = 71;
    printf("转换说明不同,显示不同:\n");
    printf("c1 = %c,c2 = %c\n", c1,c2);
    printf("0x%X,0x%X\n", c1,c2);
    printf("%d,%d\n", c1,c2);
    return 0;
}
```

运行结果如下:

```
转换说明不同,显示不同:
c1=A,c2=G
0x41,0x47
65,71
```

本例采用三种转换说明输出了 c1、c2 的值,由于采用的转换说明不同,输出的结果也不相同。第 1 个 printf 语句输出了提示信息。第 2 个输出语句加入了提示信息,输出数据的格式,给出字符%c 输出。第 3 个输出语句用格式控制串%X 控制 printf 函数以十六进制格式输出数据,并且在格式说明之前加上"0x",提示以十六进制格式输出数据。第 4 个输出语句用格式控制串%d 控制 printf 函数以十进制格式输出数据,转换说明符之间用逗号分隔两个整数。

2. 转换说明

每个转换说明均以%开头,以转换字符结束,中间可以插入一些辅助的控制信息,进一步精确描述输出数据的格式。在 C 语言中 printf 函数的转换说明的一般形式为:

%[标志][输出最小域宽][.精度][长度]转换字符

其中方括号[ ]中的项为可选项,精度之前的小数点不能省略。各项的意义介绍如下:

(1)转换字符

转换字符是转换说明的核心,指明相应数据类型表达式的值采用何种方式输出。如果%后面没有转换字符,就不是一个转换说明;同样转换字符前面没有%,就是一个普通的字符,起不到格式转换的作用。printf 函数的转换符的含义和作用如表 3-4 所示。

表 3-4 printf 函数的转换字符

转换字符	转换结果	输出项类型
d, i	有符号整数[-]mmm 的十进制输出	有符号整型
o	无符号整数的八进制表示(无前缀 0)	无符号整型
x,X	无符号整数的十六进制表示(无前缀 0x 或 0X),x 表示输出 0~9 和小写 a~f,X 表示输出 0~9 和大写 A~F	无符号整型
u	无符号整数的十进制输出	无符号整型
f	以十进制小数 [-]mmm.ddd 形式输出单、双精度实数,d 的个数由精度确定,默认值为 6;精度设为 0 时,不输出小数点之后的数	实型
e,E	以十进制[-]m.dddd e ±xx 或[-]m.dddd E ±xx 指数形式输出实数,d 的个数由精度确定,默认值为 6;精度为 0 时,不输出小数点之后的数	实型
g,G	当指数小于-4 或实际位数大于等于有效数字位数时,采用以%e 或%E 的格式,输出否则采用%f 格式输出	实型
c	转换为 unsigned char 无符号字符类型的一个字符输出	字符或整型
s	打印字符串的字符,直遇到'\0'或者由精度指定的字符数	字符型指针
p	显示指针变量的值或其他地址值	内存地址

转换字符也区分大小写,大写的只有 X、E、G 三个,其他均为小写字符。转换字符所表示的数据类型一定要与输出项的实际数据类型相兼容。printf 函数不会进行数据类型的自动转换(对于字符类型,如果转换字符对应的输出项为整型,则取最后一个字节的数据作为

ASCII值显示字符)。如例3-22所示,整数类型不能自动转换为实型,实型不能自动转换为整型。

例3-22 格式化输出整型和实型数据。

```
#include <stdio.h>
int main()
{
    int i=168;
    float f=2.786253;
    printf("i=%d,f=%d\n",i,f);
    printf("f=%f,i=%f\n",f,i);
    return 0;
}
```

运行结果如下:

```
i=168,f=0
f=2.786253,i=0.000000
```

程序第一个printf语句的第二个转换说明"%d"对应一个浮点数变量。printf中浮点数不能以整数格式输出,因此,本处输出值错误,以0表示错误输出。不同系统可能有不同的错误输出形式。同样,第二个printf语句中的第二个转换说明"%f"对应一个整数,整数也不能以浮点格式输出,因此输出0.000000表示输出错误。

如果要输出字符'%',可在格式控制字符串内连续使用两个%,像转义符的作用一样,可以取消转换说明的开始。例如"%%d\n",表示输出了字符%、字符d和回车控制字符等3个字符。

(2)标志

标志用于修饰转换说明,标志有-,+,#,0及空格等五种,可以同时使用一个或多个(任意顺序出现都可以),标志的含义如表3-5所示。

表3-5 标识的含义

标志	含义
-	指定转换输出项的值在域内左对齐(默认为右对齐)
+	指定输出项的值前面加上正负号(缺省时正号不显示)
空格	如果第一个字符不是正负号,则在输出值前加上一个空格
0	对于数值转换,当输出长度小于域宽时,前缀用0填充,而不是空格填充
#	指定另一种输出形式。对于无符号数的o、x或X转换字符,前面添加前缀0,0x或0X。对于e,E,f,g或G转换,指定输出总包括一个小数点。对于g或G转换,指定输出尾部无意义的零将被保留

(3)输出最小域宽

用十进制整数来表示转换后输出项所占屏幕的最小列数。如果指定的输出数据长度小于此值,且指定为右对齐,则左侧填充空格或者0(左对齐时只能用空格补充)。如果输出数据的长度大于该数,按照实际位数输出。

(4)精度

必须以"."开头,后跟十进制整数。对于字符串,它指定打印的字符的最多个数,超出的部分不显示;对于 e、E 或 f 转换的输出,它指定打印的小数点后的数字位数;对于 g 或 G 转换的输出,它指定打印的有效数据位数;对于整数,它指定打印的数字位数(如果数据实际长度小于精度,则左边补充 0,以达到要求的宽度)。

(5)长度修饰符

长度修饰符包括 h、l 或 L,其中 h 表示将相应的输出项按 short 或 unsigned short 整型类型输出;l 表示将相应的输出项按 long 或 unsigned long 整型类型输出;L 表示将相应的输出项按 double 实型输出。使用长度修饰符时,一定要与转换字符对应,否则会出错。

例 3-23　格式符的使用。

```
#include <stdio.h>
int main()
{
    int i = 168;
    float f = 3.1415926;
    double d = 12345678.12345678;
    char c = 'H';
    char * s = "Computer Programming";
    printf("int = %d, %6d, %o, %X\n", i, i, i, i);
    printf("float = %f, %lf, %5.4lf, %e\n" ,f ,f ,f ,f);
    printf("double = %f, %lf, %8.4lf, %e\n" ,d ,d ,d ,d);
    printf("char = %c,%8c\n" ,c ,c);
    printf("string = %s, %.7s\n" ,s ,s);
    return 0;
}
```

运行结果如下:

```
int = 168,    168, 250, A8
float = 3.141593, 3.141593, 3.1416, 3.141593e+000
double = 12345678.123457, 12345678.123457, 12345678.1235, 1.234568e+007
char = H,        H
string = Computer Programming, Compute
```

本例第 1 个输出语句以四种格式输出整型变量 i 的值,其中"%6d"要求输出宽度为 6,而 i 值为 168,只有三位,右对齐,故左边补三个空格。第 2 个输出语句以四种格式输出单精度实型 f 的值。其中%f 和%lf 格式的输出相同,说明在 Visual C++ 中 l 长度修饰符对 f 转换字符无影响。%5.4lf 指定输出宽度为 5,精度为 4,由于实际长度超过 5,故应该按实际位数输出,小数位数超过 4 位部分四舍五入后被截去。第 3 个输出语句输出双精度实数,"%8.4lf"由于指定精度为 4 位,故截去了超过 4 位的部分。第 4 个输出语句输出字符量 c,其中"%8c"指定输出宽度为8,故在输出字符H之前补加7个空格,实施了右对齐。第5个输出语句输出字符串中"%.7c"指定输出字符串的前7个字符Compute。

使用printf函数时还要注意一个问题,就是输出表列中的求值顺序。不同的编译系统不一定相同,可以从左到右,也可从右到左。Visual C++是按从右到左进行表达式计算的,如果表达式带有副作用,要仔细使用,否则输出结果可能不是所想输出的值。

例3-24 printf函数的参数求值顺序。

```
#include <stdio.h>
int main()
{
    int i=6;
    printf("%d, %d, %d, %d\n", i, i++, i+1, i=3);
    printf("%d\n", i);
    return 0;
}
```

运行结果如下：

```
3, 3, 4, 3
4
```

输出表列是用逗号分开的,但不是逗号表达式,而是printf函数的多个参数。在printf参数计算顺序为从右到左,先执行i=3,i的值变为3;之后加1表达式值为4;i++表达式值为3;最左边的i值仍然为3,执行完printf函数语句后i的值再变为4。它的求值顺序不是人们所习惯的从左到右,所以结果的第一行不是所期望的6,6,8,3。

例3-25 多个++和--的输出序列。

```
#include <stdio.h>
int main()
{
    int i=6;
    printf("%d,%d\n",++i,++i);
    i=6;
    printf("%d,%d\n",++i,--i);
    i=6;
    printf("%d,%d\n",i++,i++);
    i=6;
    printf("%d,%d\n",i++,i--);
    return 0;
}
```

运行结果如下：

```
8,7
6,5
6,6
6,6
```

按照 Visual C++ 的 printf 函数的输出项从右向左计算，前两个输出函数语句输出了计算结果，但是后面两个 printf 函数未输出计算结果，这是因为，Visual C++ 6.0 进行计算优化，所以在进行 printf 函数输出时，尽量避免表达式计算的副作用，减少程序的逻辑错误。

3.不同类型的转换说明

从表 3-4 和表 3-5 可知，不同的数据类型所对应的转换符、辅助格式控制符也不同，请读者熟悉下面常用数据类型输出的转换说明含义，其中[ ]表示可选项（可缺省），| 表示互斥关系。

① 有符号整数的转换说明一般形式：

%[-][+][0][输出最小域宽][.精度][l | h] d

② 无符号整数的转换说明一般形式：

%[-][#][0][输出最小域宽][.精度][l | h] u|o|x|X

无符号数没有正负号，有前缀则更加容易区分八进制、十六进制数据。

③ 实数的转换说明一般形式：

%[-][+][0][输出最小域宽][.精度][l | L] f|e|E|g|G

④ 字符的转换说明一般形式：

%[-][输出最小域宽] c

⑤ 字符串的转换说明一般形式：

%[-][输出最小域宽][.精度] s

3.4.3　格式化输入函数 scanf

scanf 函数处理格式化输入转换，称为格式输入函数。

在 C 语言程序中，输入数据通常使用函数 scanf，不仅可以输入字符、整数、实数、字符串，还可以把数据转换为指定的格式再赋值给相应的变量（相应的参数为变量的地址）。scanf 的最末一个字母 f 就是表示“格式”（format）的含义。

1.scanf 函数的一般形式

scanf("格式控制字符串",地址表列);

函数的参数分为格式控制字符串和地址表列两部分。函数的功能是根据格式控制字符串从键盘读入数据，将数据依次赋给地址表列中代表的变量。

① 格式控制字符串用于指定转换输入格式，它是由普通字符和转换说明组成。转换说明

用于指定对输入数据采用什么方式进行解释和转换。转换说明是以%开头，以转换字符结束的多个字符的序列。普通字符包括空格或制表符两种空白符，以及除了%字符的其他可显示字符。

② 地址列表是输入数据要赋值的变量地址列表，用逗号分开。scanf 函数从键盘缓冲区中解析并转换一个值保存到地址指示的内存单元中。在格式控制字符串中有多少个转换说明，地址列表就有多少个变量地址，而且转换说明和变量地址是按照从左到右的顺序一一对应，即每个转换说明对应一个变量地址。转换说明必须和变量的类型匹配，否则会出现输入转换错误。C 语言提供了取地址运算符 &，用在变量之前即可获得该变量的地址。

例 3-26 scanf 函数的使用。

```
#include <stdio.h>
int main()
{
    int i,j,k;
    printf("请输入整数 i,j,k：");
    scanf("%d,%d,%d",&i,&j,&k);
    printf("值 i=%d,j=%d,k=%d\n",i,j,k);
    return 0;
}
```

运行结果如下：

```
请输入整数 i,j,k：100,200,300
值 i=100,j=200,k=300
```

scanf 函数语句执行时会暂停程序，光标闪烁，等待用户从键盘输入。为了指导用户输入，常常在该函数语句之前用 printf 语句在屏幕上输出提示信息。本例的 scanf 语句会等待用户输入三个整数(如 100,200,300)，再按回车键。在三个数之间必须用两个英文的逗号分隔开，这是格式控制字符串要求的。如果输入空格、Tab、回车等分割符，就会造成转换错误。当输入正确，则 scanf 函数把字符串"100"转换为整数赋值给变量 i，把字符串"200"转换为整数赋值给变量 j，把字符串"300"转换为整数赋值给变量 k。最后显示这三个变量的值。为了防止格式化输入出错，在程序调试阶段常常把输入的数据马上输出进行检查。这样有利于保障程序的正确性。

2. 转换说明

每个转换说明均以%开头，以转换字符结束，中间可以插入一些辅助的控制信息。在 C 语言中 scanf 函数的转换说明的一般形式为：

%[*][输入字段宽度][目标字段宽度]转换字符

(1)转换字符表示输入数据的类型，八类转换字符和意义如表 3-6 所示。

表 3-6　scanf 函数的转换字符及输入要求

转换字符	输入数据的要求
d	输入一个十进制有符号整数
i	输入一个十进制有符号整数，也可以输入一个 0 为前缀的八进制整数，或者输入一个 0x|0X 为前缀的十六进制整数
o	输入一个八进制整数(可以带或不带前缀 0)，可以带正负号
x 或 X	输入一个十六进制整数(可以带或不带前缀 0x|0X)，可以带正负号
u	输入一个无符号十进制整数
f 或 e 或 E	输入单精度实型数(用小数形式或指数形式)，可以带正负号
c	输入单个字符
s	输入一个字符串

(2)'*'为抑制符，输入时会跳过对应的数据，并不进行变量赋值，例如：

```
scanf("%d %*d %d",&a,&b);
```

当输入"100　200　300"时，系统会把整数 100 赋给 a，跳过 200，把 300 赋给 b。

(3)输入字段宽度用于指定输入数据域的最大域宽，即字符数的个数，例如：

```
scanf("%6d",&a);
```

输入 123456789 时，只把 123456 赋给变量 a，其余部分等待转换给其他变量，又如：

```
scanf("%4d%4d",&a,&b);
```

输入 123456789 时，把整数 1234 赋给变量 a，把整数 5678 赋给变量 b。本函数是严格按照指定的输入数据的字段宽度进行转换，不会把整数 56789 赋值变量 b。

(4)目标字段宽度 l 或 h，l 用于 d、u、o、x、X 前，指定输入 long 型整数，用于 e、E、f 前，指定输入的是 double 型实数(缺省为 float 型实数)；h 用于 d、u、o、x、X 前，指定输入 short 型整数。

3. 转换过程

执行 scanf 函数时，程序被暂停执行，等待用户从键盘输入数据。输入的基本单位是一个由非空白符组成的字符串，即遇到下一个空白符或达到输入字段宽度(如果有的话)，则对当前字段读取结束，按照转换说明对字符串进行转换成相应数据类型的值，赋给相应的变量。从键盘输入的字符首先顺序保存在键盘的缓冲区中，当键入回车符(也是一种空白符)，首先识别出输入字段，启动转换说明对输入字段的字符串进行识别和转换。例如，定义整型变量 i 和 j 并初始化为 0，scanf("%d%d",&i,&j)格式化输入数据，从键盘输入“ 123 456 789”(本处用空格隔开)，变量和键盘缓冲区的信息如图 3-11 所示。

从格式控制字符串可知，第一个转换说明"%d"是从键盘输入一个整数。系统首先忽略第一个空格，然后读取下一个字符'1'，启动整数的输入，再依次读取'2'，'3'和空格字符。空格是空白字符，表示当前输入字段读取结束，确定了输入字段 1 为“123”。scanf 函数将其转换为整数 123 赋值给变量 i。第二个转换说明"%d"也是从键盘输入一个整数，按照刚才的方法，转换 456 整数赋值给变量 j，把值写入其内存。

这样 scanf 函数执行结束，转换了两个整数，程序可以继续执行，并将已经读取的字符从

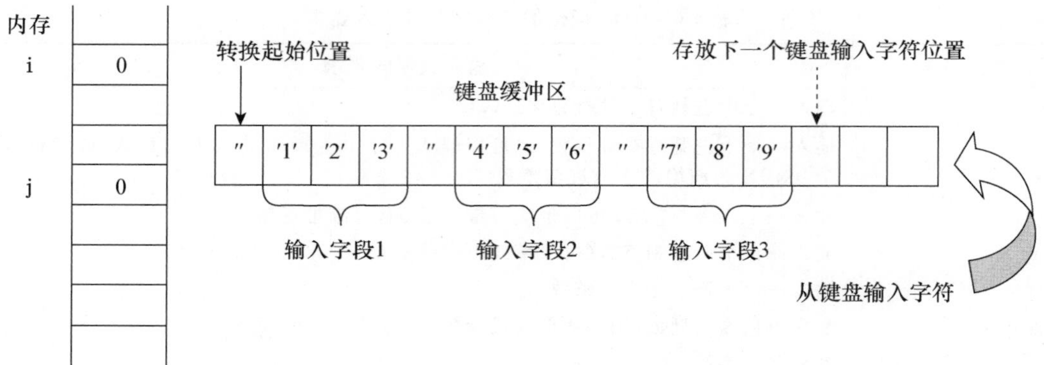

图 3-11 从键盘输入字符顺序存放到键盘缓冲区

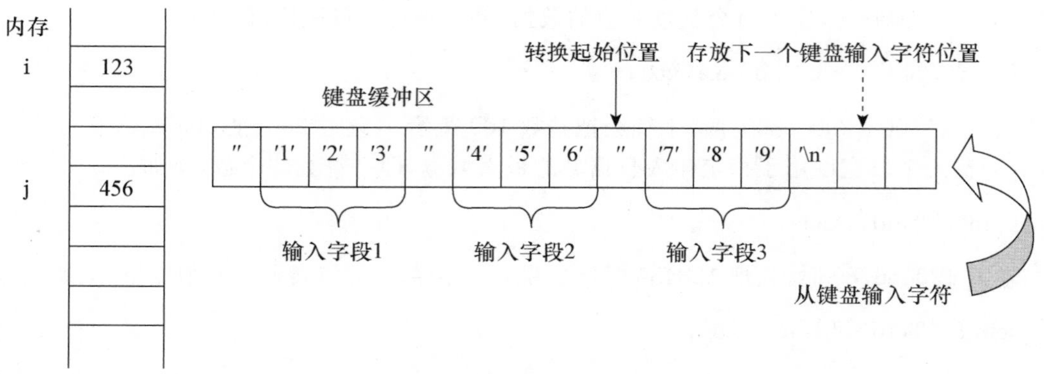

图 3-12 转换两个整数后键盘缓冲区状态

缓冲区清除。需要注意的是，键盘缓冲区现在还有 5 个字符，即一个空格、'7'、'8'、'9'和'\n'。如果后面还有 scanf 函数或者其他的数据输入函数，会继续从该缓冲区内读取字符并进行转换处理。如果认为该缓冲区的字符已经没有用处，则要清空该缓冲区。清空缓冲区需要调用 fflush(stdin)函数，其函数原型在头文件 conio.h 中。参数 stdin 代表标准输入设备(键盘)文件指针，执行后即可清空当前的键盘缓冲区。

输入字段边界的确定可以从三种情况来进行区分：

① 遇到空格、Tab 键、回车键等空白符，则系统认为该数据输入已经结束。

② 遇到输入字段宽度结束时，例如"%4d"只取整数序列的前 4 列，则认为输入字段已经确定。

③ 遇到非法输入，例如"%d"转换字符，输入了"123b456"，则只取字符 b 之前的"123"，转换为整数 123 赋值给变量。在编程时，尽量要避免这种情况的出现，否则程序运行会出现问题，执行结果不是所预期的。

4. 调用 scanf 函数输入数据时要注意的情况

在 C 语言中，scanf 函数没有智能转换的功能。scanf 函数严格按照格式控制字符串进行转换。这就意味着，一定要按照程序的需要输入数据。

①转换字符说明了要输入数据的类型，把转换值二进制序列存入指定的地址，不进行数据类型的检查，也不进行数据类型的转换。所以，变量的数据类型必须与转换字符需要的数据类

型相同，否则将出现错误。

例 3-27　转换说明输入数据类型与变量类型不一致。

```
#include <stdio.h>
int main()
{
    float f1, f2;
    printf("请输入两个浮点数 f1 和 f2:");
    scanf("%d%d",&f1,&f2);
    printf("值 f1 = %f\n",f1);
    printf("值 f2 = %f\n",f2);
    return 0;
}
```

运行结果如下：

```
请输入两个浮点数 f1 和 f2:3.14  2.76
值 f1 = 0.000000
值 f2 = -107374176.000000
```

如果输入新的值，则运行结果如下：

```
请输入两个浮点数 f1 和 f2:168  -168
值 f1 = 0.000000
值 f2 = -1.#QNAN0
```

在 Visual C++ 中 float 和 int 都占 4 个字节。本例第一次测试，输入两个浮点数 3.14 和 2.76，但是 scanf 函数按照整数转换浮点数，不是取出整数部分 3 和 2，而是产生转换错误。本例第二次测试，输入两个整数 168 和 -168，scanf 将 168 和 -168 的整数补码形式二进制位串直接写入单精度变量 f1 和 f2 地址。浮点数与整数的编码方式不同，因此显示的值肯定是错误的。即使定义了单精度实型变量，转换说明符为"%lf "，程序执行也会出错，因为单精度实型变量占 4 个字节，转换后的值为 8 个字节的双精度实型值，存入内存也是错误的。

例 3-28　转换说明要求为单精度实型输入，变量为双精度数据类型。

```
#include <stdio.h>
int main()
{
    double d1, d2;
    printf("请输入两个实数 d1 和 d2:");
    scanf("%f%f",&d1,&d2);
    printf("值 d1 = %f\n",d1);
    printf("值 d2 = %f\n",d2);
    return 0;
}
```

运行结果如下：

```
请输入两个实数 d1 和 d2:3.14  168.2
值 d1 = -92559604431991479000000000000000000000000000000000000000000000.000000
值 d2 = -92559604982163357000000000000000000000000000000000000000000000.000000
```

由于转换说明是单精度，变量类型为双精度，双方不匹配，因此，显示也是错误的。不同的编译器对错误的处理方式不尽相同，上面为 Visual C++ 执行的结果。有的编译器生成的程序，由于输入格式和变量类型不匹配，执行过程中还会遇到"程序执行异常退出"的严重错误。如果程序在前面已经处理了大量的数据，耗费了大量的资源，就会造成很大的损失。

②格式控制字符串中如果有普通字符（空白符或%除外），则要求键盘输入的字符序列中必须有相应的匹配，否则也会产生错误。

例 3-29 格式控制字符串中用逗号分开两个转换说明。

```
#include <stdio.h>
int main()
{
    int i, j;
    printf("请输入两个整数 i, j:");
    scanf("%d,%d",&i, &j);
    printf("值 i=%d\n", i);
    printf("值 j=%d\n", j);
    return 0;
}
```

运行结果如下：

```
请输入两个整数 i, j:168  -168
值 i=168
值 j=-858993460
```

因为格式控制字符串"%d,%d"中两个输入转换符之间有一个英文逗号，所以本例程序输入两个整数时，一定要用逗号把两个整数分隔开，而且逗号要紧跟第一个整数，否则就会出错。本例时输入用了两个空格分隔开"168 -168"两个整数，产生了输入错误；错误原因从键盘缓冲区来理解比较容易，第一个输入字段完成数据转换，此时 scanf 函数期待键盘缓冲区内是一个逗号来匹配，但是键盘缓冲区内是空格，所以就出错了。此例说明 scanf 函数的格式控制字符串和用户输入数据一定要严格匹配，否则就会出错。

如果输入了"168 , -168"字符串，即逗号前后都有一个空格，则本程序执行结果如下：

```
请输入两个整数 i, j:168 , -168
值 i=168
值 j=-858993460
```

第一个整数识别后，格式控制字符串中的普通字符是逗号，而键盘缓冲区中当前字符为空格，两者不匹配，下一个转换也就不能正确进行。显然用户仅仅多输入一个空格就出错，这样对用户的操作要求就太高了。如果在格式控制字符串"%d ,%d"的逗号前面加上一个空格就可以解除此限制,用户可以在逗号前后任意加入空白符,都不影响输入,降低了用户操作的要求。

格式控制字符串中出现的常规字符(空白符或%除外),务必原样输入。对于转义字符,系统并不把它当成转义字符解释,而是视为普通的字符,原样输入才可以正确执行。例如 scanf("%d%d\n",&a,&b),执行时必须在两个整数之后输入"\n"两个字符,本函数才执行完毕。即第一个回车是格式控制字符串的回车匹配,第二个才是启动 scanf 函数的符号。

如果格式控制字符串中出现空格或水平 Tab 等空白符,在输入数据时要用空格、Tab 符或回车符分开才可以。

③ 使用"%c"输入单个字符时,空白符将视为有效数据的输入。

例 3-30　scanf 函数输入空格。

```
#include <stdio.h>
int main()
{
    char c1,c2;
    printf("请输入两个字符 c1 和 c2:");
    scanf("%c%c",&c1,&c2);
    printf("值 c1 = %c, %d\n",c1,c1);
    printf("值 c2 = %c, %d\n",c2,c2);
    return 0;
}
```

运行结果如下:

```
请输入两个字符 c1 和 c2:A B
值 c1 = A, 65
值 c2 =  , 32
```

由于 scanf 函数"%c%c"中没有空格,所以,当输入"A　B"时,字符'A'赋值给字符变量 c1,空格赋值给字符变量 c2,结果 c1 输出 A 和 ASCII 值 65,c2 输出空格和 ASCII 值 32。如果输入改为"AB"时,则字符 A 和 B 分别赋值给 c1 和 c2。本例中,如果在 scanf 的格式控制字符串中使用空格或 Tab 符分开"%c ",则输入的两个字符之间有空白符也不受影响。

例 3-31　输入三个小写字母,输出其 ASCII 码和对应的大写字母。

```
#include <stdio.h>
int main()
{
    char a,b,c;
    printf("请输入三个小写字母:");
    scanf("%c %c %c",&a,&b,&c);
    printf("ASCII 值:%d,%d,%d\n 大写字母:%c,%c,%c\n",a,b,c,a - 32,b - 32,
```

```
c-32);
    return 0;
}
```

运行结果如下：

```
请输入三个小写字母:e
    f
g
ASCII 值:101,102,103
大写字母:E,F,G
```

用户输入时先输入字母 e 就回车，再输入多个空格和 Tab 键，然后输入 f，回车，再输入 g，回车。运行结果如上所示。注意 scanf 函数的格式控制字符串中转换说明是用空格分隔开的，这样可以在输入的时候用一个或多个空白符分开三个要输入的字符。

④ 使用"%s"输入字符串时，空白符将认为输入字符串结束，也就是说，scanf 函数使用"%s"格式，只能输入不含空白符的字符串。

例 3-32 输入输出不一致的情况。

```
#include <stdio.h>
int main()
{
    char s[80];
    printf("请输入一个字符串:");
    scanf("%s",s);
    printf("%s\n",s);
    return 0;
}
```

运行结果如下：

```
请输入一个字符串:Computer Game
Computer
```

本例首先定义了一个长度为 80 的字符数组 s，用于保存从键盘输入的字符串。如果输入了"Computer Game"，" Computer"之后的空白符视为字符串输入结束，" Computer "保存到字符数组中并以'\0'结束，所以输出字符数组时仅仅输出了"Computer"。如果想把" Computer Game "保存到一个字符数组中，要使用 gets 函数。注意 scanf 函数的地址表列中没有使用取地址运算符，因为 s 本身就是地址。

例 3-33 输入一行字符串。

```
#include <stdio.h>
int main()
{
```

```
    char s[80];
    printf("请输入一个字符串:");
    gets(s);
    printf("%s\n",s);
    return 0;
}
```

运行结果如下：

```
请输入一个字符串:Computer Game
Computer Game
```

本例的 gets 函数从键盘获取一个字符串，赋值到以 s 为起始地址的连续存储空间，并以'\0'字符结束。如果字符串超过了 79 个，系统也会顺序存储整个字符串。这样就会覆盖相邻的存储空间，给其他变量带来破坏。所以要谨慎使用 gets 函数。

3.5　顺序结构程序设计举例

例 3-34　求方程 $ax^2+bx+c=0$ 的根。实数 a,b,c 由键盘输入，假设它们已满足 $b^2-4ac\geqslant 0$。

求根公式为：

$$x_1=\frac{-b+\sqrt{b^2-4ac}}{2a}\qquad x_2=\frac{-b-\sqrt{b^2-4ac}}{2a}$$

设

$$p=\frac{-b}{2a}\qquad q=\frac{\sqrt{b^2-4ac}}{2a}$$

则方程的两个根可以简化为 $x_1=p+q$，$x_2=p-q$。结果不要求高精度根值，值需要保留小数点后 2 位，整个根值的宽度为 5 即可。

```
#include<stdio.h>
#include<math.h>          /*调用求平根方函数,需要加上 math.h 头文件*/
int main()
{
    float a,b,c,disc,x1,x2,p,q;
    printf("请输入一元二次方程的三个系数(用逗号分开):");
    scanf("%f, %f, %f",&a,&b,&c);
    disc=b*b-4*a*c;
    p=-b/(2*a);
    q=sqrt(disc)/(2*a);
    x1=p+q;
```

```
    x2 = p - q;
    printf("根 x1 = %5.2f\n 根 x2 = %5.2f\n",x1,x2);
    return 0;
}
```

运行结果如下:

```
请输入一元二次方程的三个系数(用逗号分开):1.2 , -8.6 , 9.3
根 x1 = 5.84
根 x2 = 1.33
```

例 3-35 在已知三角形边长的情况下,根据以下公式计算三角形的面积。

$$A=\sqrt{s(s-a)(s-b)(s-c)}$$

其中 a、b、c 为三条边的长度,$s = (a+b+c)/2$。假设从键盘输入的三条边长能够构成三角形。

```
#include<stdio.h>
#include<math.h>
int main()
{
    float a,b,c,s,area;
    printf("请输入三角形的三条边长度(用逗号分开):");
    scanf("%f ,%f ,%f",&a,&b,&c);
    s=1.0/2*(a+b+c);
    area=sqrt(s*(s-a)*(s-b)*(s-c));
    printf("三角形的面积:%-7.2f\n",area);
    return 0;
}
```

运行结果如下:

```
请输入三角形的三条边长度(用逗号分开):6.3 , 7.2 , 9.5
三角形的面积:22.68
```

输出格式串中"%-7.2f"表示面积的有效位为7个,小数点后面2位,同时采用左对齐。如果本例未特殊说明左对齐,则缺省为右对齐。22.68前面将会输出2个空格。输出的结果会不整齐。

习题三

1. C语言为什么规定所有用到的变量要"先定义,后使用",这样做有什么好处?
2. 试用一句 printf 函数输出以下图形:

```
* * *
* *
*
```

3.编写程序,通过键盘输入一个圆的半径 r,经过运算后输出这个圆的面积。

4.判断下列数据的数据类型:

3.0　　2　　'$'　　0　　0.0F　　"ABCDE"

5.判断下列变量名是否合法:

3ZHInt　　_3CQ　　int　　分数　　Phy_Mark

6.根据运行结果完善下列代码,并根据已有的代码补全运行结果。

```
______________________
void main()
{
    char a;
    printf("欢迎光临");
    printf("\n");
    ______________________
    scanf("%c",&a);
    ______________________
}
```

运行结果如下:

```
欢迎光临
请输入您的房间:F
您的房间是 F
```

7.指出下列程序的错误之处。

```
#include<stdio.h>
void main()
{
    int b,c=5;
    int a; a=1; b=c+1;
    printf("%d\n",b);
    c=c/2.0;
    printf("%d\n",a+b+c);
}
```

8.阅读以下代码,写出运行结果。

```
#include<stdio.h>
int main()
{
```

```
    int a=5,b=3,c;
    c=a+b; a=a-1; b=b-1; c=c+1;
    printf("%d\n",a+b+c);
    return 0;
}
```

提示：把变量的初始值和运行每一语句后的结果写下来，最后就能得到准确无误的答案。

9.编写一个格斗小游戏的程序，假定人物 Clark 有 60 滴血，被踢一下掉 5 滴血，被拳头打一下掉 3 滴血，通过键盘输入被踢和打的次数，计算人物还剩多少滴血。

10.在第 9 题中，为了便于程序阅读，变量名“被踢次数”可以命名为 kickTimes，变量名“被打次数”命名为 hitTimes。猜测一下，项目开发团队成员李毅的代码中出现的以下变量可能存放的内容。

faceOfClark　　ageOfClark　　tempBood　　gameTime

11.为某公司编写一个计算实发工资的程序 Erp，输入工龄和基本工资，计算该员工的实发工资，实发工资的求解算法是：

总工资 = 基本工资 + 工龄工资

工龄工资 =(基本工资×0.05)×工作年限

总工资扣除 6%的个人住房公积金后，再缴纳 2%的个人所得税，余额即为实发工资。

第 4 章　分支结构程序设计

本章学习目标

- 理解分支结构的含义
- 掌握关系运算符、逻辑运算符和条件运算符的用法
- 掌握 if 语句的三种使用方式
- 掌握 switch 多分支语句的使用
- 获得运用分支结构解决实际问题的能力

分支结构是程序设计中三大基本结构之一。它适合解决那些条件不同解决方法也不同的问题，如血压高低的判断，成绩等级的评定，体重是否达标等问题。这些问题用顺序结构是无法解决的，必须采用分支结构。本章将要介绍 if 和 switch 两种语句，使读者掌握解决分支问题的方法。

4.1　智能体重指数计算器

例 4-1　设计智能体重指数计算器程序。

例 3-1 设计的体重计算器，计算出 BMI 值。用户需要手工查阅表 3-1，才能获得 WHO 标准中的 BMI 类别和健康状况。本例程序首先计算出 BMI 的值，判断其所处的范围，然后智能地显示出健康信息，打印健康建议。智能体重指数计算器的算法流程图如图 4-1 所示。

```
#include <stdio.h>
int main()
{
    float hight, weight,bmi;/* 声明身高 hight 和体重 weight 两个变量 */
    printf("请输入您的身高(厘米):");
    scanf("%f",&hight);
    printf("请输入您的体重(千克):");
    scanf("%f",&weight);
    bmi= weight/( hight/100 * hight/100);/* 利用公式计算出 bmi */
    printf("---智能体重指数计算器提醒---\n");
    printf("1.您的体重指数:%5.2f \n", bmi);
    printf("2.根据 WHO 标准,您");
```

```
    if(bmi<18.5)
        printf("体重过低,请注意营养\n");
    else if (bmi<25)
        printf("体重正常,请注意保持\n");
    else
        printf("体重过高,请注意减肥\n");
    return 0;
}
```

运行结果如下：

```
请输入您的身高(厘米):178
请输入您的体重(千克):74
---智能体重指数计算器提醒---
1.您的体重指数:23.36
2.根据 WHO 标准,您体重正常请注意保持
```

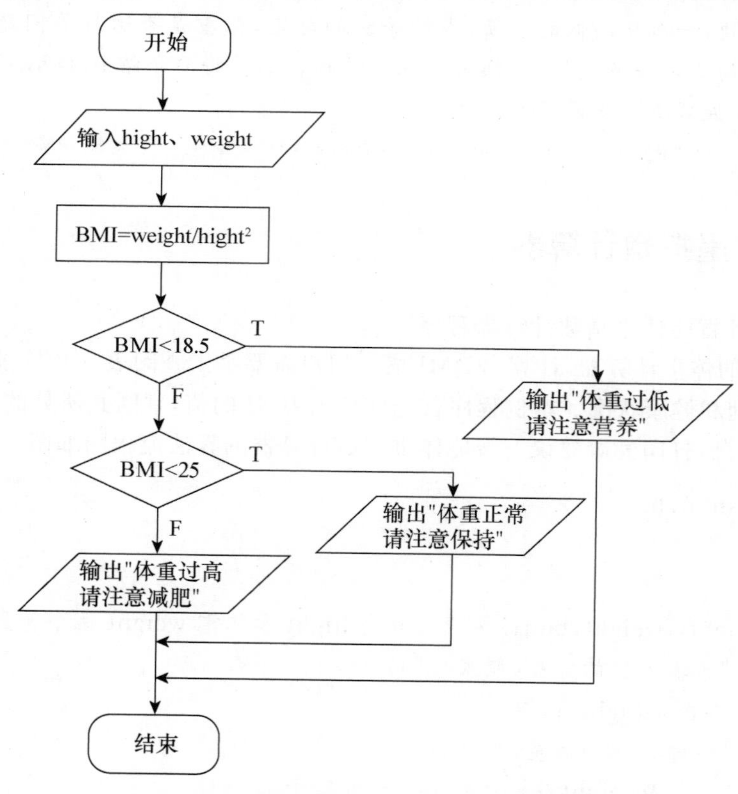

图 4-1 智能体重指数计算器算法流程图

本例使用 C 语言的 if 语句实现多分支结构。if 语句的第一个判断条件是"bmi<18.5"。如果条件成立,执行其后的 printf 函数语句。如果条件不成立,即 bmi 的值大于等于 18.5,则跳过上面 printf 函数语句,执行 else 部分,这就是根据 bmi 的值进行的选择,所以分支结构经

常称为选择结构。else 部分又是一个 if 语句，称为 if 语句的嵌套，其判断条件是"bmi<25"；如果条件成立，即其值的范围是 18.5≤bmi<25，执行其后的 printf 函数语句；如果条件不成立，执行最后一个 else 部分。

分支语句根据判断条件的值选择执行的路径。判断条件经常采用“比较”的方式，称为关系运算。构造复杂的判断条件需要对关系表达式进行逻辑处理，称为逻辑运算。关系运算和逻辑运算是 C 语言中重要的两种条件表达式。

4.1.1　关系运算符和关系表达式

分支结构的条件判断最简单的是两个数据的比较，如果关系成立，则条件为真(True，简写为 T)；如果关系不成立，则条件为假(False，简写为 F)。在 C 语言中关系运算就是使用关系运算符比较两个操作数。如果关系成立，则表达式的结果为整数 1；如果关系不成立，则表达式的结果为整数 0。关系运算的结果也只有这两种情况。

C 语言中关系运算符有 6 种，它们都是双目运算符，均为左结合，如表 4-1 所示。

表 4-1　关系运算符

运算符	说明	示例
>	大于	a>b
>=	大于等于	a>=b
<	小于	a<b
<=	小于等于	a<=b
==	等于	a==b
!=	不等于	a!=b

关系运算符的优先级低于算术运算符，高于赋值运算符。在 6 个关系运算符中，<，<=，>，>=的优先级相同，均高于==和!=；==和!=的优先级相同。关系运算符在整个 C 语言中运算符优先级详见附录Ⅲ。需要注意的是，在 C 语言中，= 不再是数学上相等的符号，而是赋值运算符。== 才是判断条件相等的关系运算符。另外，<=，>=，==和!=这四个运算符的两个符号之间没有空格。

关系运算符可以用于比较常量、变量、函数、算术表达式及其他表达式的值的大小，关系运算符都是双目的，所以关系表达式的一般形式为：

表达式 1　关系运算符　表达式 2

例如：

```
x>3/2
'a'+1<temp
-i-5*j==k+1
```

这 3 个表达式都是合法的关系表达式。由于关系运算的结果为整数 0 或 1，所以关系表达式可以作为一个操作数参与关系运算，这就是关系嵌套的情况。例如：

```
a>b>c
a!=(c==d)
```

相同优先级数的关系运算符的嵌套情况很少使用，也应尽量避免使用。例如上式中 a>b>c 形似判断 b 是否小于 a，且大于 c，其实是(a>b)>c，即最后一个大于运算符的左操作数为 0 或 1。要判断 b 是否小于 a，且大于 c，需要 a>b 和 b>c 两个条件同时成立才为真，否则为假，这是逻辑运算的内容。

例 4-2 关系表达式的值。

```
#include <stdio.h>
int main()
{
    char char1 = 'L';
    char char2 = 'N';
    double x = 3e-5, y = 0.085;
    printf("\'L\'<\'N\'-1 的结果是%d\n", char1<char2-1);
    printf("x>y 的结果是%d\n", x>y);
    return 0;
}
```

运行结果如下：

```
'L'<'N'-1 的结果是 1
x>y 的结果是 0
```

4.1.2 逻辑运算符和逻辑表达式

学校评三好学生，候选人必须德智体全面发展；学校开运动会，运动员只要在某一个项目上是全校第一就能够获得冠军。在现实生活中，经常会有一些事情要求很严格，需要多个条件同时为真才满足要求；而有些事情要求比较宽松，只要多个条件中有一个条件为真就满足要求。经常使用“并且”“或”来描述这些情况。在程序设计中，分支结构的判断条件可能会很复杂，比如判断“b 小于 a 并且 b 大于 c”这样的复杂情况。C 语言提供逻辑运算符，构成逻辑表达式来描述复杂的判断条件。

C 语言中逻辑运算符有 3 种，如表 4-2 所示。

表 4-2 逻辑运算符

运算符	含义	举例	说明
&&	逻辑与，双目运算符，表示并且	a&&b	若 a 和 b 都为真，结果为真，否则为假
||	逻辑或，双目运算符，表示或者	a||b	若 a 和 b 都为假，结果为假，否则为真
!	逻辑非，单目运算符，表示相反	! a	若 a 为假则结果为真，a 为真则结果为假

从表 4-2 可知，&& 和||是双目运算符，为左结合；! 是单目运算符，为右结合。! 的优先级高于算术运算符；&& 低于关系运算符；||低于 && 高于赋值运算符。在 C 语言中，运算符优先级详见附录Ⅲ。常用比较算术表达式的值大小来形成基本条件，然后用逻辑与、逻辑或组合多个基本条件来表示复杂条件。它们从高到低的优先级关系，会使复杂条件的表示更加自然简洁。例如：

```
a>b && c>d          等价于      (a>b)&&(c>d)
! b==c||d<a         等价于      ((! b)==c)||(d<a)
a+b>c&&x+y<b        等价于      ((a+b)>c)&&((x+y)<b)
```

用逻辑运算符连接起来的式子称为逻辑表达式，逻辑运算的值只有“真”和“假”两种情况，分别用“1”和“0”来表示。逻辑表达式的一般形式为：

表达式 1　逻辑运算符(&& 或||)　表达式 2
逻辑非运算符　表达式

在 C 语言中，参与逻辑运算的表达式可以是关系表达式或者其他表达式。为此，C 语言扩充了真假表示范围，以数值 0 代表“假”，以非 0 代表“真”，即将任何一个非零的数值都代表“真”。所以，参与逻辑运算的表达式的值可以为 0 和 1，也可以是 0 和非 0 整数，也可以是字符型、浮点型、枚举型或指针型，只要能判断出其数值为 0 或非 0 即可。

5 和 3 均为非 0，所以逻辑表达式 5&&3 的值为“真”，即为 1；逻辑表达式 5||0 的值是 1；逻辑表达式！5.6 的值为 0；逻辑表达式'a'&&'c'的值为 1。

逻辑表达式的值为整数 1 和 0，所以它也可以作为表达式参与逻辑运算，这样可以组成嵌套的情形。例如：

(a&&b)&&c

根据逻辑与运算符的左结合性，上式也可写为：

a&&b&&c

表示 a，b，c 三个条件都成立，逻辑表达式的值才为 1。a，b，c 中只要有一个条件为假，逻辑表达式的值为 0。

为了更好地掌握 C 语言的逻辑运算，下面给出逻辑运算的真值表，如表 4-3 所示。

表 4-3　逻辑运算的真值表

a	b	! a	! b	a && b	a || b
非 0	非 0	0	0	1	1
非 0	0	0	1	0	1
0	非 0	1	0	0	1
0	0	1	1	0	0

例 4-3　输出逻辑运算的值。

```
#include <stdio.h>
int main()
{
    int i=1,j=2,k=3;
    float x=3e-5,y=0.85;
    printf("%d,%d\n",! j, !! j);
    printf("%d,%d\n",x || i && j-3, i < j && x > y);
    return 0;
```

```
}
```

运行结果如下：

```
0,1
1,0
```

本例中 j 的值为 2，所以！j 为 0，!! j 为 1。对 x || i && j－3 逻辑表达式，"&&"的优先级高于"||"，先计算 j－3 的值为非 0，再求 i && j－3 的逻辑值为 1，故 x || i && j－3 的逻辑值为 1。在 i < j && x<y 中，i < j 的值为 1，x < y 为 0，所以表达式的值为 1 和 0 相与，最后为 0。

在 C 语言的逻辑表达式计算过程中，并不是所有的表达式都需要计算。只有在必须执行下一个逻辑运算时，才进行相应表达式的计算，例如：

(1) a&&b&&c，只有 a 为真时才需要计算 b 的值，只有 a 和 b 都为真时，才需要计算 c 的值。如果 a 为假，不用计算表达式 b 和 c 的值就知道整个逻辑表达式的值为假。

(2) a||b||c，只有 a 为假时才需要计算 b 的值，只有 a 和 b 都为假时才需要计算 c 的值。如果 a 为真，不用计算表达式 b 和 c 的值就知道整个逻辑表达式的值为真。

C 语言优化了表达式的计算，提高了程序执行效率，常常称该情况为表达式计算的截断。

例 4-4 逻辑表达式计算截断。

```
#include <stdio.h>
int main()
{
    int a=1,b=2,c=3,d=4,m, n;
    printf("%d\n", (m=a>b)&&(n=c>d));
    printf("m=%d\n", m);
    printf("n=%d\n", n);
    return 0;
}
```

运行结果如下：

```
0
m=0
n=-858993460
```

逻辑表达式(m=a>b)&&(n=c>d)的实际求解过程是：a>b 的值赋给 m。由于 a 为 1、b 为 2，所以 a>b 关系不成立，m 的值为 0，(m=a>b)的值为 0。本例中，由于逻辑与运算的计算截断(n=c>d))不执行，所以 n 没有赋值，输出的值没有任何意义。

4.1.3 if 语句

如例 4-1 所示，if 语句可以实现 C 程序的分支结构，根据给定的条件进行真假判断，以决定执行某个分支。C 语言的 if 语句有三种基本形式。

1.if 语句的三种形式

(1)单分支形式

if(表达式 P)语句 S1;

单分支 if 语句由三个部分组成:if 关键字、表达式 P 和语句 S1。执行 if 语句时,首先计算表达式 P 的值,如果为非 0,即判断条件为真,执行语句 S1;如果为 0,即判断条件为假,跳过语句 S1,执行 if 的下面一条语句,其流程如图 4-2 所示。

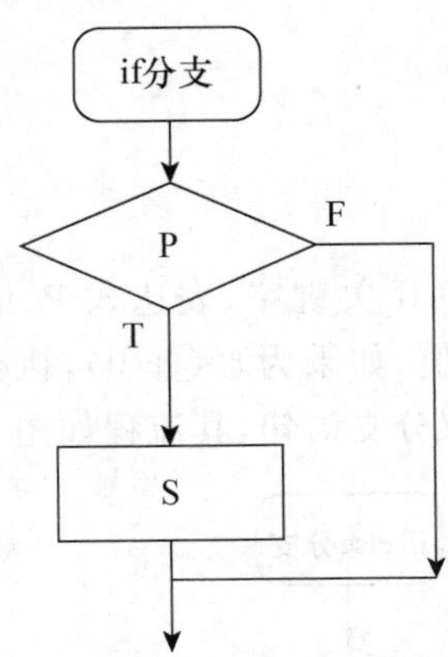

图 4-2　if 单分支语句流程

在编程时 if 语句的表达式 P 的圆括号不能省略,即使为简单真值 1,也必须写成"(1)"的形式。表达式可以是关系表达式、逻辑表达式、算术表达式等等,只要能计算出值并能判断 0 和非 0 即可。单分支即只有一个要执行的语句 S;S 可以为一条语句,也可以是复合语句。在 C 语言编程中,为了表示更为清晰的结构,S 可以是单独一条语句并缩进;也可以是多个语句,此时用花括号大括号括起来形成复合语句。这样更容易辨认该 if 语句的分支,如例 4-5 所示:

```
if(表达式 P)
    语句 S1;
```

例 4-5　输出两个数中较大的数。

```
#include <stdio.h>
int main()
{
    int a,b,max;
    printf("input two numbers: ");
    scanf("%d,%d",&a,&b);
    max=a;
    if (max<b)
        max=b;
    printf("max=%d\n",max);
    return 0;
```

```
}
```

输入两个数 3 和 6,运行结果如下所示:

```
input two numbers: 3,6
max = 6
```

(2)双分支形式

```
if(表达式 P)
    语句 S1;
else
    语句 S2;
```

双分支 if 语句由五个部分组成:if 关键字、表达式 P、语句 S1、else 关键字和语句 S2。执行 if 语句时,首先计算表达式 P 的值,如果为真(非 0),执行语句 S1;如果为假(0),执行语句 S2。因为它有两种选择,所以称为双分支语句,其流程如图 4-3 所示。

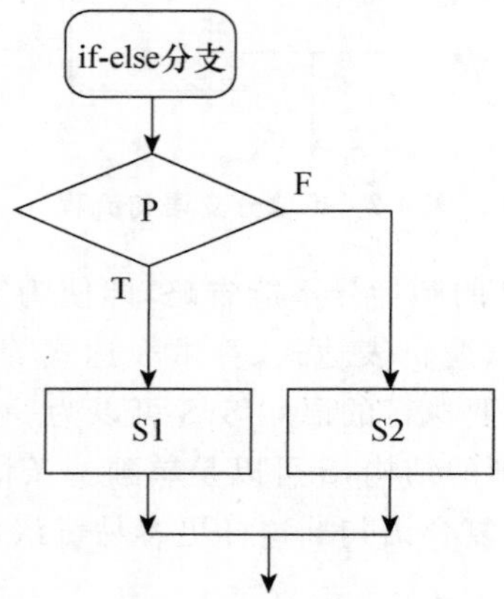

图 4-3　if-else 双分支结构流程

编程时 else 与 if 对齐,S1 和 S2 对齐并缩进,这样可以清晰地表示双分支结构。

例 4-6　输入两个整数,输出其中的大数。

```
#include <stdio.h>
int main()
{
    int a, b;
    printf("input two numbers: ");
    scanf("%d,%d",&a,&b);
    if(a>b)
        printf("max = %d\n",a);
    else
        printf("max = %d\n",b);
```

```
    return 0;
}
```

输入两个整数 21 和 29,运行结果如下:

```
input two numbers: 21,29
max = 29
```

编程时要根据具体情况构造条件表达式。本例中判断条件是 a>b。有时使用 b>=a 更加符合逻辑或结构更清晰,这时两个分支的 printf 语句一定要进行相应的修改,否则程序出错。

if-else 的分支可以为一个简单语句,也可以是一个复合语句,还可以是另外一个 if 语句。此时内层的 if 语句的分支也可以是 if 语句,这就是嵌套了多层的 if 语句。在 if 语句的嵌套中,常常是 else 所指向的分支进行 if 语句的嵌套,通常称为 if 语句的多分支形式。

(3)多分支形式

```
if(表达式 P1)
    语句 S1;
else if(表达式 P2)
    语句 S2;
    …
else if(表达式 Pn)
    语句 Sn;
else
    语句 Sn+1;
```

多分支形式的 if 语句由多个部分组成。根据嵌套 if 语句的层次可以确定其各个部分。执行的过程是依次判断表达式的值,当出现某个条件 Pi 为真时,则执行其对应的语句 Si。执行 Si 语句后,if 语句执行结束,跳到整个 if 语句的下一条语句继续执行程序。如果所有的表达式均为假,则执行语句 Sn+1,其流程如图 4-4 所示。

例 4-7　判断从键盘输入字符的类别。

```
#include<stdio.h>
int main()
{
    char c;
    printf("input a character: ");
    c=getchar();
    if(c<32)
      printf("This is a control character\n");
    else if(c>='0'&&c<='9')
      printf("This is a digit\n");
    else if(c>='A' && c<='Z')
```

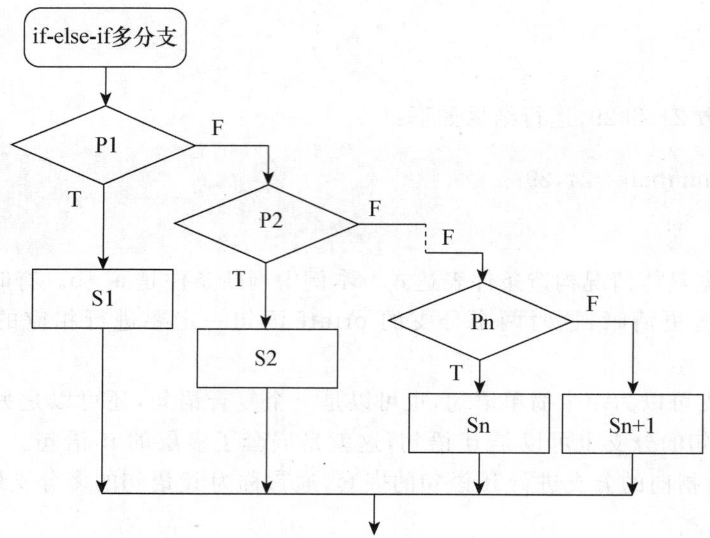

图 4-4　多分支形式的 if 语句流程

```
        printf("This is a capital letter\n");
    else if(c>='a' && c<='z')
        printf("This is a small letter\n");
    else
        printf("This is an other character\n");
    return 0;
}
```

运行程序，输入字符 B，运行结果如下所示：

```
input a character:B
This is a capital letter
```

上面程序根据输入字符的 ASCII 码来判别其类型。由 ASCII 码表可知 ASCII 值小于 32 的为控制字符；在'0'和'9'之间的为数字；在'A'和'Z'之间为大写字母；在'a'和'z'之间为小写字母；其余的则为其他字符。这是一个典型的多分支选择的问题，判断输入字符对应的 ASCII 码所在的范围，分别给出不同的输出。

2. 嵌套条件语句的 if 与 else 匹配

多分支形式的 if 很容易使用，但是也会出现其他形式的 if 嵌套形式，此时要特别注意 if 和 else 的配对问题。图 4-5 是有一个嵌套的 if 语句的流程。

相应的程序很容易写成：

```
if(表达式 P1)
    if(表达式 P2)
        语句 S2;
else
```

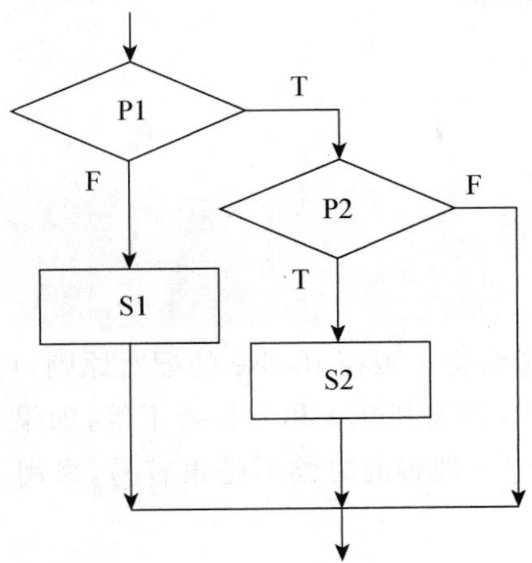

图 4-5　嵌套的 if 语句流程

```
    语句 S1;
```

C 语言规定 else 总是与它前面最近的 if 配对。在这样嵌套的 if 语句中，if 语句的各个组成部分不会产生歧义。上面的程序是错误的，else 的分支是表达式 P2 的分支，所以应该给第二个 if 语句加上一个花括号，变成复合语句的形式就正确了。

```
if(表达式 P1)
{
    if(表达式 P2)
        语句 S2;
}
else
    语句 S1;
```

例 4-8　判断两个数之间的关系（即大于、等于、小于）。

```
#include <stdio.h>
int main()
{
    int a,b;
    printf("please input a,b: ");
    scanf("%d,%d",&a,&b);
    if(a! =b)
      if(a>b)
        printf("a>b\n");
      else
        printf("a<b\n");
    else
      printf("a=b\n");
```

```
    return 0;
}
```

运行结果如下所示:

```
please input a,b:15,9
a>b
```

本例中用了 if 语句的嵌套结构。根据 if-else 的配对原则,可以分析出第一个 if 语句的第一个分支嵌套了 if 双分支形式,即先判断 a 和 b 是否不等,如果为真,进一步判断是大于还是小于。本例的编程是正确的,但是理解的时候不是很容易,采用多分支语句,程序会变得更加清晰。修改的程序如下:

```
#include <stdio.h>
int main()
{
    int a,b;
    printf("please input A,B: ");
    scanf("%d,%d",&a,&b);
    if(a==b)
        printf("A=B\n");
    else if(a>b)
        printf("A>B\n");
    else
        printf("A<B\n");
    return 0;
}
```

运行结果如下所示:

```
please input A,B:15,9
A>B
```

因此,在一般情况下较少使用 if 语句的嵌套结构,以使程序更便于阅读理解。

4.1.4 条件运算符和条件表达式

在程序设计中,分支语句经常会根据条件表达式的真或假,给变量赋不同的值。例如取两个数中比较大的数对应条件语句:

```
if(a>b)
    max=a;
else
    max=b;
```

在该条件语句中，无论条件是何值，都会执行一个赋值语句，而且赋值的变量相同。为了更为简单地处理此类问题，C 语言提供了一个唯一的三目运算符，即条件运算符，使程序简洁，也提高了运行效率。

条件运算符由？和：两个符号组成，需要三个表达式参与运算。由条件运算符连接而成的式子称为条件表达式，其一般形式为：

表达式 1 ？表达式 2：表达式 3

条件表达式运算的顺序为：先计算表达式 1，如果为真即非 0 值，则表达式 2 的值为整个条件表达式的值；如果为假即 0 值，则表达式 3 的值为整个条件表达式的值。

条件运算符的优先级仅仅高于赋值运算符和逗号运算符，比 C 语言中其他运算符的优先级都低，所以使用条件运算符可以把上面的 if 语句修改为一个赋值语句：

```
max = a>b? a:b;
```

条件运算符的结合性是右结合，即结合方向是自右至左。一个嵌套的条件表达式可以根据结合性，分辨表达式的三个部分，例如 a>b? a:c>d? c:d，等价于 a>b? a:(c>d? c:d)。

注意，条件运算符是两个符号，？和：不能分开单独使用。

例 4-9　从键盘输入两个整数，显示较大的数。

```
#include <stdio.h>
int main()
{
    int a,b,max;
    printf("input two numbers: ");
    scanf("%d,%d",&a,&b);
    max = a>b? a:b;
    printf("max = %d\n", max);
    return 0;
}
```

输入 15,9，运行结果如下：

```
input two numbers: 15,9
max = 15
```

例 4-10　从键盘输入一个字符，如果为小写字母，将其转化为大写字母。

```
#include <stdio.h>
int main()
{
    char c;
    c = getchar();
    c = (c>='a' && c<='z')? c-32 : c;
    printf("%c\n", c);
```

```
    return 0;
}
```

如果输入小写字母 b,运行结果如下:

```
b
B
```

如果输入大写字母 D,运行结果如下:

```
D
D
```

如果输入字符 + ,运行结果如下:

```
+
+
```

4.2 成绩评定问题

例 4-11 将百分制成绩转换为等级制:0～59 为不及格,60～69 为及格,70～79 为中等,80～89 为良好,90～100 为优秀。

这是一个典型的多分支选择问题,可以采用 if 语句,其伪代码为:

```
if(成绩小于 60)
    输出"不及格"
else if(成绩小于 70)
    输出"及格"
else if(成绩小于 80)
    输出"中等"
else if(成绩小于 90)
    输出"良好"
else
    输出"优秀"
```

该算法采用了 if 的多层嵌套,逻辑比较复杂,程序冗长而且可读性比较差。如果采用平行的结构,则程序会显得更加简单。C 语言提供了 switch 语句处理多分支选择,程序如下:

```
#include<stdio.h>
int main()
{
  int score;
  printf("please input the score(0～100):");
```

```
    scanf("%d", &score);
    switch(score/10)
    {
      case 10:
      case 9:
        printf("优秀！\n");
        break;
      case 8:
        printf("良好！\n");
        break;
      case 7:
        printf("中等！\n");
        break;
      case 6:
        printf("及格！\n");
        break;
      default:
        printf("不及格！\n");
        break;
    }
    return 0;
}
```

程序运行结果如下所示：

```
please input the score(0～100):92
优秀！
```

本例中输入的分数为 0～100 之间的整数，经过整除 10 之后，结果为 0～10 之间的整数值。如果值为 9 或 10，即为优秀。如果为 8，即为良好。如果为 7，即为中等。如果为 6，即为及格。其他的为不及格。switch 语句让表达式与每个 case 语句的常量整数比对，如果匹配，则执行相应的分支；如果都不相等即为 0～5 的值，则执行 default 的分支。switch 语句的 case 和 default 都是采用了平行的比对，程序显得更加简洁明了。

4.2.1　switch 语句

除了 if 语句，C 语言提供了另一种用于多分支选择的语句即 switch 语句。它只局限于表达式的值是否与一些常量整数值匹配，如果相等，则执行相应的分支；如果都不相等，则执行缺省的模式（没有缺省处理，则不执行任何内容），其一般形式为：

```
switch(表达式 P)
{
```

```
    case 常量表达式 C1:  语句 S1; break;
    case 常量表达式 C2:  语句 S2; break;
    …
    case 常量表达式 Cn:  语句 Sn; break;
    [default:           语句 Sn+1;]
}
```

swtich 语句首先计算表达式 P 的值，然后，依次与后面的常量表达式的值比较，当表达式的值与某个常量表达式的值相等时，即执行其后的语句，直至遇到 break 语句或 switch 的最后一条语句；如果表达式的值与所有 case 后的常量表达式均不相同，若有 default 语句，则执行其后的语句，否则，则结束 switch 语句。其流程如图 4-6 所示。

switch 语句的表达式可以是整型、字符型、枚举型等数据类型，本质上仍然为整型，但必须与各个常量表达式的类型一致。case 常量表达式仅仅起到标号的作用，如果表达式值与一个常量值相等，则由此执行后面的语句。如在例 4-11 中，9 和 10 的常量表达式都可以进入输出"优秀"的语句，所以多个 case 可共用一个语句。既然 case 常量表达式起标号作用，则各个常量表达式必须互不相同，以保证程序的唯一执行路径。如果要实现图 4-6 的流程，每个分支后面一定要有 break 语句(default 除外，为了保持一致，建议也加上 break)。

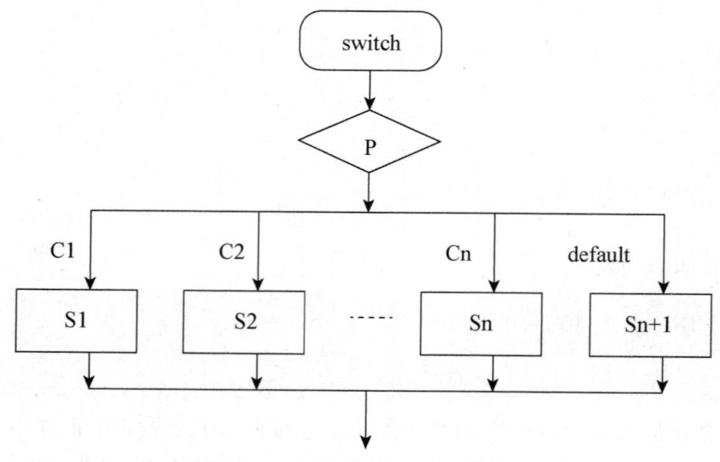

图 4-6 switch 语句流程

例 4-12 使用 switch 语句显示星期几。

```
#include <stdio.h>
int main()
{
    int a;
    printf("input integer number:");
    scanf("%d",&a);
    switch (a)
    {
```

```
        case 1:printf("Monday\n");
        case 2:printf("Tuesday\n");
        case 3:printf("Wednesday\n");
        case 4:printf("Thursday\n");
        case 5:printf("Friday\n");
        case 6:printf("Saturday\n");
        case 7:printf("Sunday\n");
        default:printf("error\n");
    }
    return 0;
}
```

运行结果如下：

```
input integer number:3
Wednesday
Thursday
Friday
Saturday
Sunday
error
```

输入 3 后，程序运行结果如上所示。程序从 case 3 开始执行，直到 switch 语句的结束。如果只显示 Wednesday，则需要在每个分支的 printf 函数语句之后添加一个 break 语句。

4.2.2　break 语句

C 语言提供了 break 语句中断 switch 语句的执行，使程序从 switch 下一条语句继续执行。break 语句只有关键字 break，没有参数。break 语句也可以中断循环语句。

例 4-13　加、减、乘、除四则运算。

```
#include <stdio.h>
int main()
{
    float a,b,d;        /* a 保存第一个操作数,b 保存第二个操作数,d 保存运算结果 */
    char c;             /* 保存运算符 */
    printf("please input a expression:");
    scanf("%f%c%f", &a, &c, &b);
    switch(c)           /* 根据 c 的字符值匹配 case 语句 */
    {
      case '+':
          d = a+b;
          break;
```

```
        case '-':
            d = a-b;
            break;
        case '*':
            d = a*b;
            break;
        case '/':           /*如果要避免除0,则需要添加条件判断给出提示信息*/
            d = a/b;
            break;
    }
    printf("%5.2f %c %5.2f=%5.2f\n",a,c,b,d);
    return 0;
}
```

运行结果如下：

```
please input a expression:3.6*7.2
3.60 * 7.20=25.92
```

在使用 switch 及 break 语句时还应注意以下几点：

①switch 的表达式数据类型只能为整数兼容型,不能为实型、指针类型或其他类型。

②case 后允许有多个语句,可以不用复合语句。

③有了 break 语句之后,各 case 和 default 子句的先后顺序可以变动,而不会影响程序执行结果。

4.3 分支结构程序举例

例 4-14 输入三个整数,输出最大数和最小数。

```
#include <stdio.h>
int main()
{
    int a,b,c,max,min;
    printf("input three numbers:    ");
    scanf("%d%d%d",&a,&b,&c);
    if(a>b)
    {
        max=a;
        min=b;
    }
    else
```

```
    {
        max = b;
        min = a;
    }
    if(max<c)
        max = c;
    else
        if(min>c)
            min = c;
    printf("max = %d\nmin = %d",max,min);
    return 0;
}
```

运行结果如下：

```
input three numbers:202,198,713
max = 713
min = 198
```

本程序中，首先比较 a,b 的大小，并把大数赋给 max，小数赋给 min。然后再用 max 与 c 比较，若 max 小于 c，则把 c 赋给 max；否则，用 min 与 c 比较，如果 c 小于 min，则把 c 赋给 min。因此 max 总是已比较的最大数，而 min 总是比较的最小数。最后输出 max 和 min 的值即可。

例 4-15　从键盘输入任意年月，要求输出该月的天数。

```
#include <stdio.h>
int main()
{
    int year,month,days;
    printf("please input year,month:");
    scanf("%d-%d", &year, &month);
    switch(month)
    {
        case 1:
        case 3:
        case 5:
        case 7:
        case 8:
        case 10:
        case 12:
            days = 31;
            break;
```

```
        case 4:
        case 6:
        case 9:
        case 11:
            days = 30;
            break;
        case 2:
            days= ((year%4 = =0&&year%100! =0)||year%400 = =0)? 29:28;
            break;
        default:
            days= -1;
            break;
    }
    if (days>0)
        printf("days = %d\n",days);
    else
        printf("Month Error.\n");
    return 0;
}
```

如果输入 1990 年 2 月,运行结果如下:

```
please input year,month:1990-2
days=28
```

如果输入 2000 年 2 月,运行结果如下:

```
please input year,month:2000-2
days=29
```

如果输入 2020 年 5 月,运行结果如下:

```
please input year,month:2020-5
days=31
```

如果输入 2020 年 0 月,运行结果如下:

```
please input year,month:2020-0
Month Error.
```

一年 12 个月,1 月、3 月、5 月、7 月、8 月、10 月及 12 月为 31 天;4 月、6 月、9 月及 11 月为 30 天;2 月特殊,闰年为 29 天,平年为 28 天。2 月的天数需要用条件表达式进行计算。如果输入的月份不是 1～12,则显示月份错误,为此在 default 语句用 -1 替代。这样在 switch 语句之后的 if 语句判断天数是否大于零,即可正确输出。

例 4-16　航空逾重行李费用计算。

国家民航局规定,国内航班的每位旅客的免费行李额(包括托运和自理行李):持成人或儿童票的头等舱旅客为 40 kg,公务舱旅客为 30 kg,经济舱旅客为 20 kg。持婴儿票的旅客无免费行李额。搭乘同一航班前往同一目的地的两个以上的同行旅客,如在同一时间、同一地点办理行李托运手续,其免费行李额可以按照各自的客票价等级标准合并计算。旅客的逾重行李在其所乘飞机载量允许的情况下,应与旅客同机运送。旅客应对逾重行李付超重行李费。收取行李逾重费不仅是为了控制航空公司成本,也是为了保障飞机飞行的安全。

各个航空公司对逾重行李费收取的标准不同,但都采用了重量阶梯收费的方式。其实航空行李有很多限制,这里仅仅以行李的重量为计算的标准。本例以某航空公司的经济舱逾重行李收费为例分析费用计算的过程,如表 4-4 所示。

表 4-4　经济舱逾重行李收费标准及逾重行李费计算

阶梯段(单位:kg)	收费标准	逾重行李费计算公式(单位:元)
w≤20	免费	c=0
20<w≤30	12 元/kg	c=(w-20)*12
30<w≤40	15 元/kg	c=(w-30)*15+10*12
w>40	20 元/kg	c=(w-40)*20+10*15+10*12

由于阶梯收费方式计算很容易出错,可以设计一个航空逾重行李费用管理程序来实现自动计算,航空公司管理人员输入旅客代号、货物的重量,即可计算出旅客应该缴纳的行李逾重费用。

程序代码设计如下:

```
#include <stdio.h>
int main()
{
    char owner;                                          /*旅客代号*/
    float weight;                                        /*行李重量*/
    float charge;                                        /*行李逾重费用*/
    printf("This is airport-charge program! \n");
    printf("Enter the owner's symbol, please(one character):\n");
    scanf("%c",&owner);
    printf("Enter theluggage's weight(kg),please\n");
    scanf("%f",&weight);
    if(weight>40)
        charge=(weight-40)*20+10*15+10*12;
    else if(weight>30)
        charge=(weight-30)*15+10*12;
    else if(weight>20)
        charge=(weight-20)*12;
```

```
    else
        charge = 0;
    printf("The owner's symbol is:%c\n",owner);
    printf("The weight is:%6.2fkg\n",weight);
    printf("The charge is:%6.2fYuan\n",charge);
    return 0;
}
```

程序运行结果如下：

```
This is airport - charge program!
Enter the owner's symbol, please(one character):
S
Enter the luggage's weight(kg),please
36
The owner's symbol is:S
The weight is:36.00kg
The charge is:210.00Yuan
```

上面的代码通过 if 语句对重量进行判断，选择不同的公式计算费用，实现了航空逾重行李费用计算的基本功能。但作为一个航空逾重行李费用管理程序其功能仍然不足。例如只能计算一个客户的费用，然后程序就停止运行，有没有可能让程序连续不断地工作呢？学习第 5 章循环语句之后就能轻松实现程序连续工作了。

本程序只能输入一个字符来代表 owner，有没有办法输入客户的全名呢？能不能实现对客户进行查询呢？学习第 6 章数组后就能改进代码，实现这些功能。后续章节将一步步完善航空逾重行李费用管理程序。

习题四

1. 什么是算术运算？什么是关系运算？什么是逻辑运算？

2. C 语言中如何判断一个量的“真”和“假”？

3. 写出下面各逻辑表达式的值。设 a=3，b=4，c=5。

(1)a<b && b>c

(2)a<b || b<c

(3)a || b + c && b - c

(4)! (x = a) && (y=b)

4. 把下列自然语言描述的条件转化为逻辑运算和关系运算描述的条件。

(1)变量 a 不小于变量 b

(2)变量 a 加上变量 b 之后再乘以变量 c 结果不为零

(3)当变量 a 等于 1 时，变量 b 大于 1；当变量 a 不等于 1 时，变量 c 大于 1

(4)变量 b 不等于 0 时，变量 a 除以变量 b 大于 3

5. 编写从键盘输入 3 个整数，输出其中最小的数的程序。

6. 写出下列故意消除缩进的程序的运算结果，并写出语句执行的先后次序。

(1)

```
#include <stdio.h>
void main()
{
int a = 8,b = 4,c = 2,k = 4,m = 8,n = 6;
printf("%d%d%d%d%d%d\n",a,b,c,k,m,n);
if (a! =b || m! =a+b)
{
a=2*k! =! m; a=a+a;
}
if (a+b>=0 && m/3.0>2)
{
m=k+3*! c;
}
else
{
k=k*! m! =c;
}
printf("%d%d%d\n",a,m,k);
}
```

(2)

```
#include <stdio.h>
void main()
{
int a=0,b=1,c=2;
switch (a)
{
case 0:
printf("%d\n",b+c);
case 1:
{
a=a+b*c;
switch (a)
{
case 2:
printf("%d\n",b+c);
case 5:
```

```
printf("%d\n", a=a+b*c);
default:
c=c*2;
break;
}
}
default:
printf("%d\n", a+b+c);
break;
}
}
```

7. 指出下列程序的错误。

```
#include <stdio.h>
int program()
{
    int a,b,c,temp;
    printf('请输入三个数\n');
    scanf("%d%d%d",&a,&b,&c);
    if b<c;
    {
        b=temp; temp=c; c=b;
    }
    if a<c;
    {
        temp=a; a=c; c=temp;
    }
    if a<b;
    {
        temp=b; b=a; a=temp;
    }
    printf("从大到小排列的顺序为:%d, %d, %d\n", a, b, c);
    return 0;
}
```

8. 根据运行结果完善代码。

```
#include <stdio.h>
void main()
{
    int a;
    printf("请输入一个数:");
```

```
    scanf("%d",&a);
    if (      )
        printf("%d 是个负数。\n",a);
    ____________________
        printf("%d 是个正数。\n",a);
    if (      )
        printf("%d 是个奇数。\n",a);
    ____________________
        printf("%d 是个偶数。\n",a);
    printf("%d 的个位上的数是:%d\n", a, __________________);
}
```

第一次运行结果：

```
请输入一个数:52
52 是个正数。
52 是个偶数。
```

52 个位上的数是 2 第二次运行结果：

```
请输入一个数:0
0 是个偶数。
```

0 个位上的数是 0 第三次运行结果：

```
请输入一个数:-15
-15 是个负数。
-15 是个奇数。
-15 个位上的数是 5
```

9. 使用 if-else 语句和 switch 语句设计一个程序，使其可以识别有两个操作符(操作符可以是加、减、乘、除)的表达式。要注意操作符有优先级。运行时输入输出情况如下：

请输入一个表达式(eg.1+2*3)：

```
1+2*3
1+2*3=7
```

10. 现在有一个四位数(0000～9999)，请设计一个程序，将其千位、百位、十位、个位的数分别输出。运行时输入输出情况如下：

```
请输入一个四位数(0000～9999):4248
4248 的千位数是 4,4248 的百位数是 2,4248 的十位数是 4,4248 的个位数是 8。
```

11. 使用分支语句设计一个程序，要求输入年月日以后，算出这天是这一年的第几天。运行时输出输入情况如下：

```
请输入日期(eg.2005 2 28):2005 2 28
2005 年 2 月 28 日是 2005 年的第 59 天。
```

提示:注意闰年,四年一闰,百年不闰,四百年又一闰。使用 switch 语句时要注意其 break 特性,尽量设计出较简洁的代码。

12. 编写一个快递费用计算程序,输入需要的数据,输出总运费,收费标准如下:

(1)市内首重为 1 kg,收费 12 元,续重每千克 2 元。

(2)省份内首重为 1 kg,收费 13 元,续重每千克 2 元。

(3)省份外首重为 1 kg,收费 22 元,续重每千克 10 元。

第 5 章　循环结构程序设计

本章学习目标

- 理解循环结构的含义
- 掌握 for 循环的用法
- 掌握 while 循环和 do-while 循环的用法
- 掌握循环结构中 break 语句和 continue 语句的用法
- 获得运用循环结构解决实际问题的能力

在程序设计中,许多问题的解决常常需要有规律地重复某些操作,例如,重复地通过键盘输入学生的考试成绩。恰当地使用循环结构会使程序变得简单,结构更加清晰。

5.1　班级体重指数计算器

智能体重指数计算器只要输入某人身高和体重,通过计算和分析判断,就可以输出其 BMI 值、BMI 分类和相应的健康信息。假如一个班级有 30 人进行健康检查,则该程序需要重复执行 30 次,这比较烦琐。

例 5-1　设计班级体重指数计算器。

利用 C 语言提供 while 循环控制语句,设计一个功能更强的智能体重计算器,能够处理任意多个人 BMI 的计算和健康判断。每次计算出一个学生的 BMI 信息,都会提示是否退出程序,如果输入字母'Y'或'y',程序会结束执行;如果按任意键,则进行下一个学生的 BMI 计算。为了区分多个学生的健康信息,要求输入学生学号。

```
#include <stdio.h>
#include <conio.h>
int main()
{
    float hight, weight,bmi;          /* 声明身高 hight 和体重 weight 两个变量 */
    char c;                           /* 接收用户从键盘输入的字符 */
    int stuno;                        /* 存储学号 */
    printf("---班级智能体重指数计算器---\n");
    while(1)                          /* 循环 while 语句,表达式为 1 表示永远为真 */
```

```
    {
     printf("请输入您的学号:");
     scanf("%d",&stuno);
     printf("请输入您的身高(cm):");
     scanf("%f",&hight);
     printf("请输入您的体重(kg):");
     scanf("%f",&weight);
     bmi= weight/(hight/100 * hight/100);
     printf("---学号%d同学的健康信息---\n", stuno);
     printf("1. 您的体重指数:%5.2f \n", bmi);
     printf("2. 根据WHO标准,您BMI处于");
     if (bmi<18.5)
     {
       printf("体重过低的范围\n");
       printf("3. 相关疾病发病的危险性低,但其他疾病危险性增加\n");
     }
     else if (bmi<25)
     {
       printf("正常范围\n");
       printf("3. 相关疾病发病的危险性处于平均水平\n");
     }
     else
     {
       printf("肥胖范围\n");
       printf("3. 相关疾病发病的危险性增加\n");
     }
     fflush(stdin);              /*清除键盘缓冲区*/
     printf("如果退出程序,请输入字符Y,如果继续请按其他任意键:");
     c=getchar();
     if(c=='Y' || c=='y')
       break;                    /*退出循环*/
     fflush(stdin);/*清除键盘缓冲区*/
   }
   printf("谢谢,再见! \n");
   return 0;
}
```

运行结果如下:

```
---班级智能体重指数计算器---
请输入您的学号:1
请输入您的身高(cm):176
请输入您的体重(kg):75
---学号 1 同学的健康信息---
1.您的体重指数:24.21
2.根据 WHO 标准,您 BMI 处于正常范围
3.相关疾病发病的危险性处于平均水平
如果退出程序,请输入字符 Y,如果继续请按其他任意键:n
请输入您的学号:2
请输入您的身高(cm):180
请输入您的体重(kg):81
---学号 2 同学的健康信息---
1.您的体重指数:25.00
2.根据 WHO 标准,您 BMI 处于肥胖范围
3.相关疾病发病的危险性增加
如果退出程序,请输入字符 Y,如果继续请按任意键:Y
谢谢,再见!
```

与例 4-1 相比,本程序主要添加了一个 while 循环语句和提示用户是否退出程序的判断语句。当程序执行 while 语句时,首先判断循环的条件,如果为真(非 0),执行 while 包含的语句;如果为假(0),结束 while 语句,执行 while 语句的下一语句。本程序的循环条件永远为真,这就意味着,程序将一直执行下去。但是程序为用户提供一个选择,如果输入字母'Y'或'y',则通过 break 语句结束 while 循环。

循环控制结构是结构化程序设计所采用的三种基本控制结构之一,只要编写少量的代码,让计算机反复执行,程序就可完成大量的同类运算。这样会使程序语句减少,整个程序结构清晰。

C 语言的循环结构由三部分组成:关键字、循环条件和循环体(某段程序),如果循环条件成立(为真),反复执行循环体,直到循环条件不成立为止。C 语言提供了 while、do-while 和 for 三种循环语句。

5.1.1　while 循环

while 语句的一般形式为:

```
while(表达式 P)
  语句 S;
```

表达式 P 是循环条件,语句 S 为循环体。while 语句的语义是:先计算表达式 P 的值,当表达式值为真时,则执行循环体语句;循环体语句执行完之后再判断表达式 P 是否为真,如果为真,再次执行循环体语句;然后再判断表达式 P 是否为真……就这样一直循环下去,直到表

达式P为假，跳出循环。其执行过程如图5-1所示。

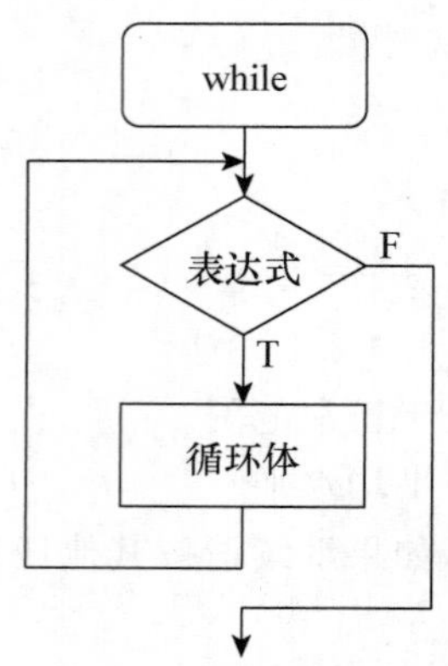

图5-1　while语句执行流程

注意：在while循环中，循环条件表达式的圆括号不能省略。该表达式中一般含有变量，并且变量在循环体中变化。这样才能使循环条件发生变化，这些变量称为循环控制变量。在while循环执行之前，循环控制变量必须进行初始化，否则执行的结果将不可预知。

循环体可以是一条语句，也可以是多条语句组成的复合语句，也可以是空语句，即仅仅是一个分号。在编程时，要把循环体放到while关键字的下一行，即使是空语句也要这样做，要养成这样的习惯。

例5-2　用while语句求1～100的累加和。

```
#include <stdio.h>
int main()
{
    int i,sum=0;
    i=1;                        /*循环变量赋初值*/
    while(i<=100)               /*循环条件*/
    {
      sum=sum+i;
      i++;                      /*修正循环变量*/
    }
    printf("sum=%d\n",sum);
    return 0;
}
```

运行结果为：

```
sum=5050
```

例5-3　统计从键盘输入一行字符的个数。

```
#include <stdio.h>
int main()
```

```
{
    int n=0;
    printf("input a string:\n");
    while(getchar()! ='\n')
      n++;
    printf("count is %d",n);
    return 0;
}
```

本例程序中的循环条件为 getchar()! ='\n',其含义是从键盘输入的字符只要不是回车就继续循环。循环体 n++完成对输入字符个数计数,但是没有统计最后输入的回车符。从而程序实现了对输入一行字符的字符个数统计。

使用 while 语句应注意,while 语句中的表达式一般是关系表达或逻辑表达式,只要表达式的值为真(非 0)即可继续循环。

例 5-4　连续输出 n 个偶数。

```
#include <stdio.h>
int main()
{
    int a=0,n;
    printf("\n input n: ");
    scanf("%d",&n);
    while (n--)
    {
        printf("%d  ",a*2);
        a++;
    }
    return 0;
}
```

程序运行结果如下:

```
input n: 5
0  2  4  6  8
```

上面程序中,如果输入了大于 0 的整数 n,执行 n 次循环,每执行一次,n 值减 1。如果用户输入了 0,循环条件为假,循环体一次都不执行。如果输入了负整数,则出现永远的循环。所以,在设计循环条件的时候一定要仔细考虑,避免出现死循环的情况。

例 5-5　求两个正整数的最大公因子。

欧几里得算法又称辗转相除法,采用欧几里得算法求解最大公因子,其流程如图 5-2 所示。

```
#include <stdio.h>
int main()
```

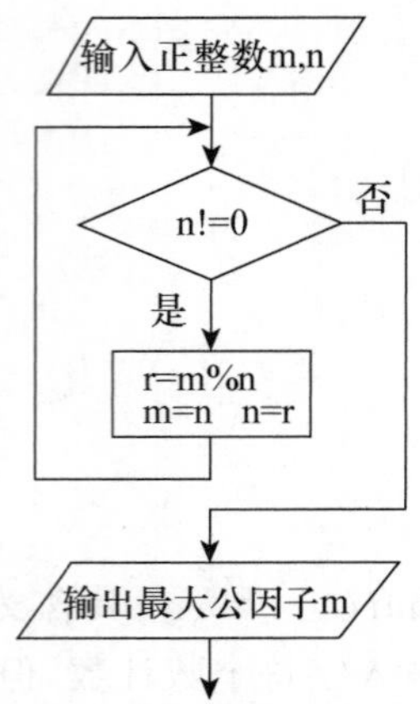

图 5-2　欧几里得求最大公因子的流程

```
{
    int m, n, r;
    printf("please input two positive integer:");
    scanf("%d%d", &m, &n);
    while(n! =0)
    {
        r = m%n;
        m=n;
        n=r;
    }
    printf("their greatest common divisor is %d.\n", m);
    return 0;
}
```

程序运行结果如下：

```
please input two positive integer:320 198
their greatest common divisor is 2.
```

5.1.2　do-while 循环

do-while 语句的一般形式为：

```
do
    语句 S
while(表达式 P);
```

表达式 P 是循环条件，语句 S 为循环体。do-while 语句的执行过程：首先执行循环体中的语句，然后再判断表达式是否为真(非 0)，如果为真则继续循环；如果为假(0)，则终止循环。do-while 和 while 语句的区别是 do-while 语句，先执行循环体，后判断条件。所以 do-while

循环至少要执行一次循环体，do-while 语句执行过程可用图 5-3 表示。

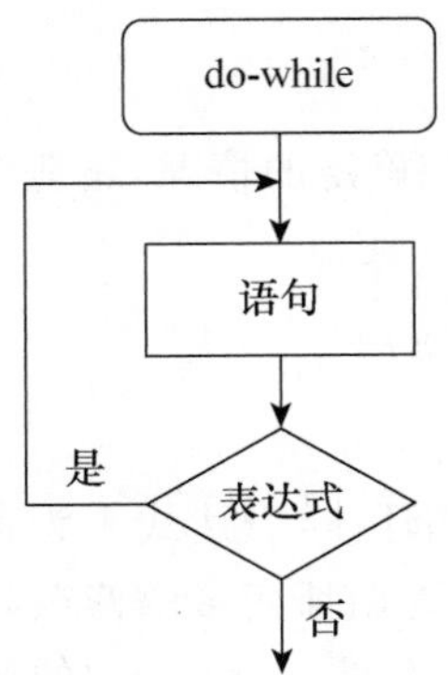

图 5-3　do-while 语句执行流程

循环条件的括号不能省略，最后的分号也不能省略，它表示 do-while 语句的结束（如果省略，则可以认为是 while 语句的开始部分，这样产生了混淆）。如果循环体是由多条语句组成的复合语句，while 通常和最后一个花括号在一行上，这样可以清晰表示 do-while 的结束。

例 5-6　用 do-while 语句求 1～100 累加的值。

```
#include <stdio.h>
int main()
{
    int i,sum=0;
    i=1;
    do
    {
        sum=sum+i;
        i++;
    }while(i<=100);
    printf("%d\n",sum);
    return 0;
}
```

运行结果为：

```
sum=5050
```

例 5-2 和 5-6 都是求解 1～100 累加的值，while 和 do-while 两种实现的循环体和循环条件相同。所以可以判定，对于同一个问题如果循环体至少执行一次，while 和 do-while 的处理是等价的。也可以这样说，当 while 的循环条件的初始值为“真”时，while 和 do-while 得到的结果是一样的。

有的问题比较适合于先处理，再判断条件，这时采用 do-while。有的问题适合于先判断条件，再处理，这时采用 while。无论采用哪个语句，都要进行循环变量的初始化和修正。为了使循环结构中循环变量的初始化和修正更加清晰，C 语言提供了一个 for 语句，使这两部分成为循环条件必要的成分。for语句使用更加灵活、更为广泛。

5.1.3　for循环

for语句不仅适合于循环次数已经确定的情况，还适合于循环次数不确定的情况。for语句的一般形式为：

```
for(表达式1；表达式2；表达式3)
    语句S；
```

表达式2是循环条件，语句S为循环体，表达式1为设置初始条件，包括循环变量的初始化，表达式3为循环变量的调整(通常为循环变量的修改，有时称为循环步长修改)，三个表达式之间用分号分隔开，两个分号都不能缺少。for语句的执行过程：

(1)先求解表达式1；

(2)求解表达式2，若其值为真(非0)，则执行循环体语句，然后执行第3步；若表达式2值为假(0)，则结束循环，转到第(4)步；

(3)求解表达式3，然后转回第(2)步继续执行；

(4)循环结束，继续执行for语句下面的语句。

for执行过程可用图5-4表示。

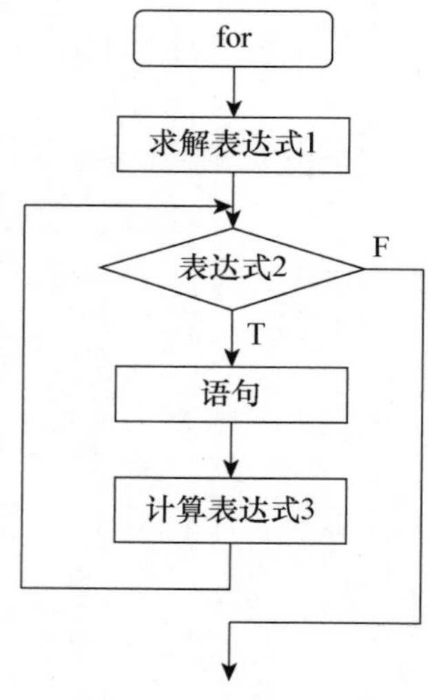

图5-4　for语句执行流程

for语句可以等价转换为while语句：

```
表达式1；
while(表达式2)
{
  语句S；
  表达式3；
}
```

相比之下，for 语句最简单、更容易理解，减少了出错的可能。for 语句可理解为：

```
for(循环变量赋初值；循环条件；循环变量增量或减量)
    循环体语句；
```

例 5-7　用 for 语句求 1～100 累加的值。

```
#include <stdio.h>
int main()
{
    int i, sum = 0;
    for (i = 1; i <= 100; i++)
        sum = sum + i;
    printf("sum = %d\n", sum);
    return 0;
}
```

运行结果为：

```
sum = 5050
```

在循环语句中，习惯用诸如 i,j,k 之类的字母作为循环变量，用来控制循环的执行次数。这些变量是常用的循环控制变量。

for 循环中的表达式 1(循环变量赋初值)、表达式 2(循环条件)和表达式 3(循环变量增量)都是选择项，即可以缺省，但它们之间的分隔符“;”不能缺省。

(1)省略了“表达式 1(循环变量赋初值)”，需要在 for 之前对循环控制变量赋初值。

例如：

```
int i = 1;
for( ; i <= 100; i++)
    sum = sum + i;
```

(2)省略了“表达式 2(循环条件)”，表示循环条件永远为真。这时循环成为死循环。此时循环体需要用 if 语句进行条件判断，用 break 退出 for 循环。

例如：

```
for(i = 1; ; i++)
    if (i <= 100)
        sum = sum + i;
    else
        break;
```

(3)省略了“表达式 3(循环变量增量)”，则不对循环控制变量进行操作，这时可在循环体语句中加入修改循环控制变量的语句。

例如：

```
for(i = 1;i< = 100; )
{
    sum = sum + i;
    i+ + ;
}
```

(4)表达式 1、表达式 2 和表达式 3 都可以省略，此时 for(;;)相当于 while(1)，是一个无限循环结构。循环体需要使用 if 语句进行条件判断，用 break 退出 for 循环。

(5)表达式 1 和表达式 3 可以是一个简单表达式也可以是逗号表达式。

例如：

```
    for(sum = 0, i = 1; i< = 100; i+ + )
      sum = sum + i;
```

或：

```
    for(i = 0, j = 100; i< = 100; i+ + , j- - )
      k = i + j;
```

(6)循环体可以是简单语句、复合语句，也可以是空语句。

5.1.4 循环的嵌套

一个循环体内又包含着另外一个完整的循环，称为循环的嵌套。如果内循环中也是嵌套循环就是多层循环。while、do-while 和 for 三个循环语句可以相互嵌套。

例 5-8 求解百钱买百鸡问题。

已知每只公鸡 5 元，每只母鸡 3 元，三只小鸡 1 元，现有 100 元，要买 100 只鸡，问可买公鸡、母鸡、小鸡各多少只。

设公鸡、母鸡、小鸡数分别为 x、y、z，根据题意只能列出两个方程：

$$x + y + z = 100 \quad (1)$$

$$5x + 3y + z/3 = 100 \quad (2)$$

这是不定方程组，没有办法直接求解，可以利用计算机的强大计算能力，采用穷举法输出所有的买鸡方案。x 的变化范围为 0～20，y 的变化范围为 0～33，由方程(1)求出小鸡数 z；由方程(2)可判断公鸡、母鸡、小鸡的总价值是否等于 100 元。若等于 100，则输出结果。程序及运行情况如下：

```
#include <stdio.h>
int main()
{
    int x, y, z;
    for(x = 0; x< = 20; x+ + )
      for(y = 0; y< = 33; y+ + )
      {
```

```
        z = 100 - x - y;
        if(z%3 == 0 && (5 * x + 3 * y + z/3) == 100)
            printf("Cock = %2d, Hen = %2d, Chick = %2d\n", x, y, z);
        }
    return 0;
}
```

运行结果为：

```
Cock=  0, Hen=25, Chick=75
Cock=  4, Hen=18, Chick=78
Cock=  8, Hen=11, Chick=81
Cock=12, Hen=  4, Chick=84
```

例 5-9　打印下面 5×6 阶矩阵。

$$\begin{bmatrix} 1 & 2 & 3 & 4 & 5 & 6 \\ 7 & 8 & 9 & 10 & 11 & 12 \\ 13 & 14 & 15 & 16 & 17 & 18 \\ 19 & 20 & 21 & 22 & 23 & 24 \\ 25 & 26 & 27 & 28 & 29 & 30 \end{bmatrix}$$

```
#include <stdio.h>
int main()
{
    int i, j, n=0;
    for(i=0; i<5; i++)
    {
        for(j=0; j<6; j++)
            printf("%4d", ++n);
        printf("\n");
    }
    return 0;
}
```

程序运行结果如下：

```
1  2  3  4  5  6
7  8  9  10 11 12
13 14 15 16 17 18
19 20 21 22 23 24
25 26 27 28 29 30
```

多层循环嵌套时，可采用内层循环右缩进格式书写，以使结构清晰。在使用循环变量时内、外层一定要采用区分度比较大的循环变量，以免产生混乱。在 while 和 do-while 循环中应特别注意。循环的嵌套必须保证内层的循环语句是外层循环体中的一条语句，内外层两个循环体不能交叉。

5.1.5 goto 语句和标号

C 语言提供了可随意跳转的 goto 语句以及标记跳转位置的标号。从理论上讲，goto 语句是没有必要的，实践中不使用 goto 语句也可以很容易地写出代码。但是，在某些场合可以有限度的使用 goto 语句以提高效率。

goto 语句是一种无条件转移语句，goto 语句的一般格式为：

goto 语句标号；

其中标号是一个有效的用户自定义标识符，这个标识符后面紧跟一个冒号。标号必须一起出现在与 goto 语句同一个函数内的某个语句的前面。执行 goto 语句时，程序将跳转到该标号处并执行其后的语句。通常 goto 语句与 if 条件语句连用，当满足某一条件时，程序跳到标号处运行。

例 5-10 用 goto 语句和 if 语句构成循环，求 1～100 累加的值。

```
#include <stdio.h>
int main()
{
    int i,sum=0;
    i=1;
loop:
    sum=sum+i;
    i++;
    if(i<=100)
        goto loop;
    printf("%d\n",sum);
    return 0;
}
```

大多数情况下，使用 goto 语句的程序比不使用 goto 语句的程序要难以理解和维护。goto 语句破坏了程序的结构性，使程序的结构不够严谨，所以通常不使用。只在极为少数的情况下使用，比如终止某些深度嵌套的结构。

5.1.6 三种循环语句的比较

for、while 和 do-while 三种循环，往往都能处理同一个问题。但他们有不同的特点，在实际应用中，要根据具体情况选择不同的循环结构。三种循环的不同点：

(1)使用 while 和 do-while 循环时，循环变量初始化的操作应在 while 和 do-while 语句之前完成，而 for 语句可以在表达式 1 中实现循环变量的初始化。

(2)使用 while 和 do-while 循环时，循环体中应包括使循环趋于结束的语句，for 语句通常是在表达式 3 实现循环变量的改变。

(3)如果循环次数在执行之前已经确定,往往选择 for 语句;如果循环次数是根据循环体的执行情况确定的,一般选用 while 或 do-while 语句。虽然 goto 语句也可以实现循环结构,一般不选择,除非要跳出多层嵌套的循环结构。

(4)当循环体至少执行一次时,三种循环结构都可以实现,当循环体有可能一次都不执行时,不能选择 do-while 循环。

(5)while 循环,首先是判断条件,然后执行循环体,比较容易把握循环的次数,安全性比较高。而 do-while 循环容易出错,在实际编程中 do-while 很少使用。

5.2　break 和 continue 语句

循环语句都是根据事先指定的循环条件选择执行循环体或终止循环。实际运用中有可能需要提前终止正在执行的循环操作。例如,在百钱百鸡问题中,如果仅需要一个答案,在使用穷举法时,当寻找到某个方案时,就可以结束循环的执行。又如,例 5-1 中,不知道班级中有多少个学生,所以采用死循环的方式。当不需要计算 BMI 时,根据用户的选择通过 break 语句跳出循环。如果在循环体执行时遇到某种情况,不想继续执行完整个循环体,而是进入下一个循环判断,这时需要用 continue 语句来提前结束本次循环。

5.2.1　break 语句

break 语句的格式为:

```
break;
```

在 switch 语句中,break 语句使程序跳出 switch 语句而执行 switch 后面的语句。在循环语句 for、do-while、while 中也可以使用 break 语句跳出循环。在循环语句中,通常 break 语句总是与 if 语句联在一起。当满足条件时,break 语句使程序终止循环而执行循环的下一条语句,即满足条件时,跳出循环。

例 5-11　统计键盘输入的大写字母、小写字母、数字字符、其他字符的个数,当遇到#时结束统计。

```
#include <stdio.h>
int main()
{
    int b=0, s=0, n=0, t=0, i=1;  /*b 为大写字母个数,s 为小写字母个数,n 为
                                     数字,t 为其他字符*/
    char c;
    while(1)
    {
      printf("The No. is %d\n", i++);
      do
      {
```

```
            c=getchar();
            if (c>='A'&&c<='Z')
                b++;
            else if (c>='a'&&c<='z')
                s++;
            else if (c>='0'&&c<='9')
                n++;
            else
                t++;
        } while(c!='\n' && c!='#');
        if(c=='#')
            break;
    }
    printf("The end\n");
    printf("Capital letters is %d\n", b);
    printf("Small letters is %d\n", s);
    printf("Digits is %d\n", n);
    printf("other character %d\n", t);
    return 0;
}
```

程序运行结果如下：

```
The No. is 1
Hello
The No. is 2
12345
The No. is 3
/*-+
The No. is 4
#
The end
Capital letters is 1
Small letters is 4
Digits is 5
other character 8
```

在多层循环中，break语句只能跳出所在循环语句，不能跳出所有的循环语句。

例 5-12 中断嵌套循环。

```
#include <stdio.h>
```

```
int main()
{
    int i, j;
    for(i=0;i<2;i++)
    {
      printf("****外层循环开始执行第%d次****\n",i);
      for(j=0;j<3;j++)
      {
        printf("内层循环开始执行第%d次\n",j);
        if(j==1)
        {
          printf("执行break语句\n");
          break;
        }
        printf("内层循环第%d次结束执行\n",j);
      }
      printf("****外层循环第%d次结束执行****\n",i);
    }
    printf("程序执行结束\n");
    return 0;
}
```

程序运行结果如下：

```
****外层循环开始执行第 0 次****
内层循环开始执行第 0 次
内层循环第 0 次结束执行
内层循环开始执行第 1 次
执行 break 语句
****外层循环第 0 次结束执行****
****外层循环开始执行第 1 次****
内层循环开始执行第 0 次
内层循环第 0 次结束执行
内层循环开始执行第 1 次
执行 break 语句
****外层循环第 1 次结束执行****
程序执行结束
```

分析例 5-12 的程序可知，外层循环应执行 2 次，内层循环应执行 3 次，但内层循环第 1 次执行 break 语句时，内层循环结束，外层循环没有受到影响。如果想跳出所有的循环，需要设置变量来实施控制。下面程序采用了外层、中间层和内层三重循环嵌套，内层中断跳出。

```
#include <stdio.h>
int main()
{
    int i, j, k, running = 1;
    for(i = 0; i<3 && running; i++)
    {
      printf("****外层循环开始执行第%d次****\n",i);
      for(j = 0; j<4 && running; j++)
      {
        printf("中间层循环开始执行第%d次\n",j);
        for(k = 0; k<4 && running; k++)
        {
          printf("内层循环开始执行第%d次\n",k);
          if(k == 1)
          {
            printf("执行 break 语句\n");
            running = 0;
            break;
          }
          printf("内层循环第%d次结束执行\n",k);
        }
        printf("中间层循环第%d次结束执行\n",j);
      }
      printf("****外层循环第%d次结束执行****\n",i);
    }
    printf("程序执行结束\n");
    return 0;
}
```

程序运行结果如下：

```
****外层循环开始执行第 0 次****
中间层循环开始执行第 0 次
内层循环开始执行第 0 次
内层循环第 0 次结束执行
内层循环开始执行第 1 次
执行 break 语句
中间层循环第 0 次结束执行
****外层循环第 0 次结束执行****
程序执行结束
```

在三层循环嵌套中，通过设置 running 变量，控制循环的中断跳出。外层和中间层的循环控制语句中附加了该条件，如果为假，终止所有循环。采用 running 变量使 for 循环变得很诡异，这时 goto 语句派上用场了，这是 goto 语句有限的使用场合，程序修改如下：

```
#include <stdio.h>
int main()
{
        int i, j, k;
    for(i=0; i<3 ; i++)
    {
            printf("****外层循环开始执行第%d 次****\n",i);
        for(j=0; j<4; j++)
        {
                printf("中间层循环开始执行第%d 次\n",j);
            for(k=0; k<4; k++)
            {
                printf("内层循环开始执行第%d 次\n",k);
             if(k==1)
             {
                    printf("中断所有循环\n");
                goto stop;
             }
                printf("内层循环第%d 次结束执行\n",k);
            }
        printf("中间层循环第%d 次结束执行\n",j);
        }
        printf("****外层循环第%d 次结束执行****\n",i);
    }
    stop: printf("程序执行结束\n");
    return 0;
}
```

程序运行结果如下：

```
****外层循环开始执行第 0 次****
中间层循环开始执行第 0 次
内层循环开始执行第 0 次
内层循环第 0 次结束执行
内层循环开始执行第 1 次
中断所有循环
程序执行结束
```

5.2.2 continue 语句

continue 语句的格式为：

continue；

continue 语句的作用是跳过本次循环剩余的语句而强行执行下一次循环，即只结束本次循环的执行。continue 语句只能用在 for，while 和 do-while 三个循环语句中，与 if 条件语句一起使用来加速循环。continue 语句对循环执行过程的影响如图 5-5 所示。

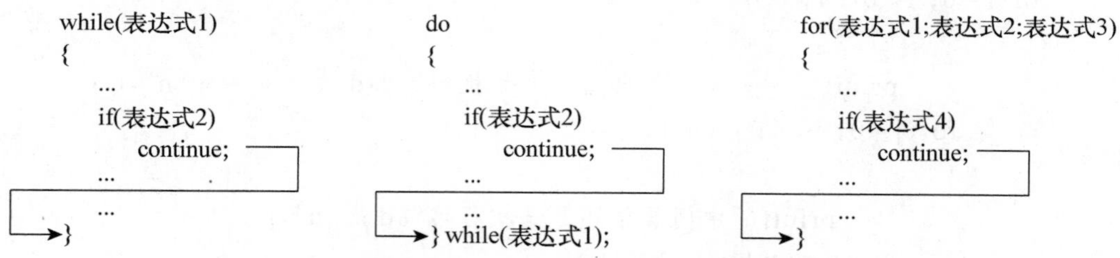

图 5-5 continue 语句对循环执行过程的影响

在 while 语句中，if 语句判断条件表达式 2 如果成立，执行 continue 语句跳出本次循环，直接进行表达式 1 的计算，决定是否进行下次循环。在 do-while 语句中，if 语句判断条件表达式 2 如果成立，执行 continue 语句，则直接进行表达式 1 的计算，决定是否进行下次循环。在 for 语句中，if 语句判断条件表达式 4 如果成立，执行 continue 语句，则直接进行表达式 3 的计算，再进行表达式 2 的计算，决定是否进行下次循环。这是与 while 和 do-while 循环语句不同的地方。

例 5-13 求输入的十个整数中正整数的个数及其平均值。

```
#include <stdio.h>
int main()
{
    int i,a, num=0, sum=0;
    for(i=0;i<10;i++)
    {
      scanf("%d", &a);
      if(a<=0)
        continue;          /*不进行计数和累加*/
      num++;
      sum += a;
    }
    printf("%d个正整数之和为%d\n", num, sum);
    printf("平均值为%0.2f\n", sum*1.0/num);
    return 0;
}
```

程序运行结果如下：

```
7 8 2 -1 0 10 -20 30 6 5 3
7个正整数之和为68
平均值为9.71
```

输入一个整数，首先判断输入的整数是否为非正数，如果是执行 continue 语句，结束本次循环，输入下一个整数；如果是正数，则计数器加 1，同时把该值累加。顺序输入了十个整数，for 循环执行结束，并进行输出。

从本例分析可知，continue 与 break 不同，continue 是提前结束本次循环，然后继续执行下一次循环；而 break 是提前终止循环。continue 和 break 只是对包含它们的最内层的循环体语句(包含它们的最近一层的循环体语句)起作用，对外层的循环语句不起任何作用。

如果程序想立即结束执行，用 continue 和 break 语句实现是非常困难的，对此 C 语言提供了一个 return 语句来直接退出函数，第 7 章将详细介绍；另外，C 语言还提供了 exit 和 abort 两个函数，来控制程序直接退出。exit 函数语句终止程序执行，强制返回操作系统(或调用进程)，并把其整数型参数传回(一般 0 表示正常退出，非 0 值代表程序出现某种错误后退出)。exit 函数的使用需要包含头文件 stdlib.h。abort 函数是异常终止一个进程，意味着 abort 后面的代码将不再执行。

5.3　程序举例

例 5-14　判断 m 是否是素数。

判断一个数是否是素数在计算机学科中是非常有用的，例如可以用素数对数据进行加密或者解密。本程序对图 1-8 进行修改，除数的上限为 m 的平方根。

```
#include <stdio.h>
#include <math.h>
int main()
{
    int m,i,k;
    printf("please input the number:");
    scanf("%d",&m);
    k=(int)sqrt(m);    /*强制类型转换,只取整数部分*/
    for(i=2; i<=k; i++)
      if(m%i==0)
        break;
    if(i>k)
      printf("%d is a prime number\n",m);
    else
      printf("%d is not a prime number.\n",m);
    return 0;
```

```
}
```

运行结果如下：

```
please input the number:37
37 is a prime number.
```

例 5-15 求 100 至 200 间的全部素数。

偶数肯定不是素数，所以从 101 开始测试到 199，步长为 2，这样可以减少一半的测试，提高效率。本程序还设计了一个素数个数计数器，这样可以实现 10 个素数一行的显示。

```
#include <stdio.h>
#include <math.h>
int main()
{
    int m,i,k,n=0;              /* n为素数个数计数器，初始化为 0 */
    for(m=101; m<200; m=m+2)
    {
      k=(int)sqrt(m);
      for(i=2; i<=k; i++)
        if(m%i==0)
            break;
      if(i>k)
      {
            printf("%4d", m);
            n++;
      }
      if(n%10==0)              /* 每输出 10 个素数换行 */
            printf("\n");
    }
    printf("\n");
    return 0;
}
```

运行结果如下：

```
101  103  107  109  113  127  131  137  139  149
151  157  163  167  173  179  181  191  193  197
199
```

例 5-16 从键盘上输入若干个学生成绩，计算平均成绩，成绩为负值表示结束输入。

```
#include <stdio.h>
```

```
int main()
{
    float score, sum = 0;
    int num = 0;
    printf("Please input scores: ");
    scanf("%f", &score);
    while(score >= 0)
    {
      sum += score;
      num++;
      scanf("%f", &score);
    }
    printf("%d student's average score is %f\n", num, sum/num);
    return 0;
}
```

运行结果如下：

```
Please input scores: 91 80 77 56 65 -1
5 student's average score is 73.800000
```

例 5-17　旅客的航空逾重行李费用计算。

例 4-16 只能对一名旅客逾重行李费进行计算。利用循环控制结构，可以实现多名旅客的逾重行李费计算。当输入行李重量为负数时，退出程序。

```
#include <stdio.h>
int main()
{
    float weight, charge;
    printf("This is airport-charge program! \n");
    printf("Enter the luggage's weight,please(input negative to exit):\n");
    while(1)
    {
      scanf("%f", &weight);
      if(weight<0)
           break;
      if(weight>50)
           charge = (weight - 50) * 30 + 10 * 20 + 10 * 15 + 10 * 12;
      else if(weight>40)
           charge = (weight - 40) * 20 + 10 * 15 + 10 * 12;
      else if(weight>30)
```

```
            charge=(weight-30)*15+10*12;
        else if(weight>20)
            charge=(weight-20)*12;
        else
            charge=0;
        printf("The charge is:%6.2f\n",charge);
        printf("Enter the next airport's weight,please:\n");
    }
    printf("The airport-charge program is end.\n");
    return 0;
}
```

程序运行结果如下所示：

```
This is airport-charge program!
Enter the luggage's weight,please(input negative to exit):
89
The charge is:1640.00
Enter the next airport's weight,please:
30
The charge is:120.00
Enter the next airport's weight,please:
-1
The airport-charge program is end.
```

以上程序虽然解决了连续工作问题，但是每位旅客的数据都是用完就丢，没有保存下来，当然也无法查询。下一章将学习数组，利用数组实现保存和查询功能。

习题五

1. C语言中有哪些循环？它们之间如何相互转化？

2. 输入两个正整数m和n，求其最大公约数和最小公倍数。

3. 有一个分数序列

2/1,3/2,5/3,8/5,13/8,21/13,…

求出这个数列的前20项之和。

4. 阅读下列程序，分析程序的运行过程，并写出运行的结果。

(1)

```
#include <stdio.h>
int main()
{
```

```
    int sum = 0;
    for (int i = 1;i< = 5;i + + )
    {
      int tmp = 1;
      for (int j = 1;j< = i;j + + )
         tmp = tmp * j;
      sum = sum + tmp;
    }
    printf("%d\n",sum);
    return 0;
}
```

(2)

```
#include <stdio. h>
int main()
{
    int sum = 0;
    for (int i = 0;i< = 9;i + + )
    {
      for (int j = 0;j< = 9;j + + )
      {
         if (i!  = j)
           continue;
         printf("%d%d",i,j);
         sum + + ;
      }
    }
    printf("%d\n",sum);
    return 0;
}
```

5.指出下列程序的错误。

(1) 要求输出(1 + 3) * (2 + 4) * (3 + 5)…… * (8 + 10)

```
#include <stdio. h>
int mian()
{
    int sum = 0;
    for (int i = 1;i<8; + + i)
       sum = sum * (2i + 2);
    printf("%d\n",sum);
    return 0;
```

```
}
```

(2) 要求找出“水仙花数”。“水仙花数”是一个各位数字立方和等于该数本身的三位数。例如 $153 = 1^3 + 5^3 + 3^3$，所以它是一个水仙花数。

```
#include <stdio.h>
int main()
{
    for (int i=0;i<=9;i++)
    {
      for (int j=0;j<=9;j++)
      {
        for (int k=0;k<=9;k++)
        {
          if (i*i*i+j*j*j+k*k*k! =i*100+j*10+k)
            break;
          printf("%d%d%d\n",k,j,i);
        }
      }
    }
    return 0;
}
```

6.根据运行结果完善代码。

```
#include <stdio.h>
#include <stdlib.h>
#include <time.h>
int main()
{
    int a,b,numOfQues=0,numOfRight=0;
    char inquiry;
    srand(time(NULL));          /*用于产生随机数 */
    printf("***欢迎你来做两位数的加减法***\n");
    ____________
    {
      int temp=rand()%2;  /*随机产生1或者0用于产生随机的加法或者减法 */
      a=rand()%100;               /*产生一个100以内的随机数 */
      b=rand()%100;               /*产生一个100以内的随机数 */
      switch ()
      {
        case 0:
```

```
        {
          int ans;                   /* 用于存放答案 */
          printf("%d + %d = ",a,b);
          scanf("%d",ans);
          if (__________)
          {
            __________++;
            printf("恭喜！答对了！\n");
          }else
            printf("答错了,再接再厉！\n");
        }
        case 1:
        {
          int ans;
          printf("%d - %d = ",a,b);
          scanf("%d",ans);
          if (__________)
          {
            numOfRight++;
            printf("恭喜！答对了！\n");
          }else
            printf("答错了,再接再厉！\n");
        }
      }
      __________++;
      printf("你还要再做一题吗？(N 表示不要)");
      scanf("%d",inquiry);
  }while (__________);          /* 要求大小写的 n 都能退出程序 */
  printf("你的答题正确率为%d。再见!",__________);
  return 0;
}
```

运行结果：

```
* * * 欢迎你来做两位数的加减法 * * *
81 + 32 = 113 恭喜！答对了！你还要再做一题吗？(N 表示不要) y
20 - 2 = 18 恭喜！答对了！你还要再做一题吗？(N 表示不要) y
51 + 34 = 99 答错了,再接再厉！你还要再做一题吗？(N 表示不要) n
你的答题正确率为 66%。再见！
```

7. 输出九九乘法口诀表，显示效果如下：

```
1*1= 1
1*2= 2  2*2= 4
1*3= 3  2*3= 6  3*3= 9
1*4= 4  2*4= 8  3*4=12  4*4=16
1*5= 5  2*5=10  3*5=15  4*5=20  5*5=25
1*6= 6  2*6=12  3*6=18  4*6=24  5*6=30  6*6=36
1*7= 7  2*7=14  3*7=21  4*7=28  5*7=35  6*7=42  7*7=49
1*8= 8  2*8=16  3*8=24  4*8=32  5*8=40  6*8=48  7*8=56  8*8=64
1*9= 9  2*9=18  3*9=27  4*9=36  5*9=45  6*9=54  7*9=63  8*9=72  9*9=81
```

8.根据第6题改写代码，要求能随机产生一位数的四则运算题。要注意除法的除数不能为零，如果两数除不尽则应该重新选题。程序在退出时给出评分，根据不同的评分，显示不同的提示信息，比如正确率为100%时显示"你真棒!"等。

9.计算机121班8位同学的学号为201201～201208，编写程序分别输入这8位同学的英语成绩，并在屏幕上输出最高分和最低分同学的学号和成绩。

第 6 章　数组

本章学习目标

- 掌握一维数组的定义、初始化及引用
- 掌握二维数组的定义、初始化及引用
- 理解数组元素在内存中的存放形式
- 掌握字符串的输入、输出和处理
- 熟练使用数组设计程序
- 获得运用数组解决实际问题的能力

基本数据类型的变量只能存储一个数据，存储多个数据需要定义多个变量，这些变量称为离散变量，没有办法表示数据之间的关系。计算机处理的数据很多是同一数据类型的一批数据。C 语言提供了数组来管理这些数据，将这些数据顺序存放在一片连续的存储单元，并通过数组名和下标访问每个数据。经常在循环结构的控制下，对这些数据进行处理，使 C 程序处理批量数据简单化。

6.1　班级数学成绩排名

例 6-1　输入一个班级 20 名学生数学成绩并对其排名。

对两名或三名学生的数学成绩进行排名，可以通过定义两个或三个变量进行比较来完成。对于 20 名学生的数学成绩，不可能定义 20 个变量进行排名，而需要通过 C 语言提供的数组管理这 20 个成绩。假设数组名为 a，成绩顺序存放到数组 a 中，每个成绩则由数组元素存储，如图 6-1 所示。其下面一行数为成绩存储在数组中的序号，也称为下标。C 语言通过数组名和下标访问每个成绩，例如，通过 a[0]访问第一个学生的成绩。

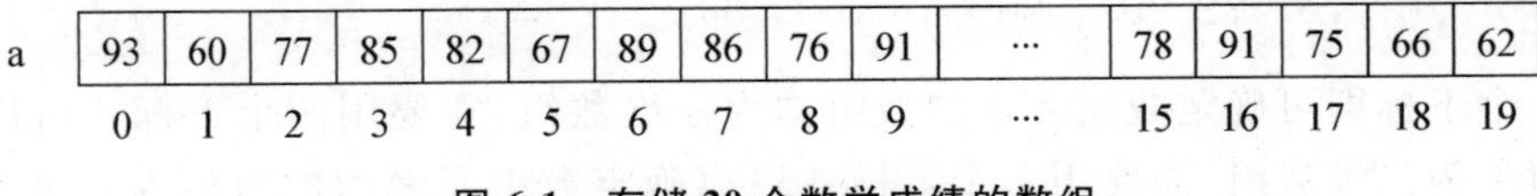

图 6-1　存储 20 个数学成绩的数组

在这 20 个成绩中，选择一个最高成绩存放在 a[0]中；然后，从剩下的 19 个元素中，挑选第二高成绩存放在 a[1]中；这样一直到下标为 18 的元素；剩余的两个成绩，高成绩存放在下标为 18 元素中，低成绩存放在下标为 19 元素中，这样便完成了排序。

```
#include <stdio.h>
```

```
#define N 20
int main()
{
    int i, j, temp, a[N];                    /* 定义保存 20 个成绩的数组 a */
    printf("Please input class scores:\n");
    for(i=0; i<N; i++)
        scanf("%d", &a[i]);
    for(i=0; i<N-1; i++)                      /* 对 a 中 20 个成绩排降序 */
        for(j=i+1; j<N; j++)
          if(a[i]<a[j])
          {
              temp = a[i];
              a[i] = a[j];
              a[j] = temp;
          }
    printf("class scores order:");
    for(i=0; i<N; i++)          /* 按照 10 个成绩一行输出 a 中 20 个成绩 */
    {
      if (i%10==0)
        printf("\n");
      printf("%3d ", a[i]);
    }
    return 0;
}
```

程序运行结果如下：

```
Please input class scores:
93  60  77  85  82  67  89  86  76  91  54  78  88  72  76
78  91  75  66  62
class scores order:
93  91  91  89  88  86  85  82  78  78
77  76  76  75  72  67  66  62  60  54
```

仅用一个下标即可确定数组元素的数组称为一维数组，需要用两个下标才可以确定数组元素的数组称为二维数组，需要用三个下标才可以确定数组元素的数组称为三维数组。C 语言还可以定义四维、五维、六维等多维数组。

6.1.1　一维数组的定义

必须先在程序中定义数组，即通知计算机，该数组可以存放多少个元素，元素的数据类型是什么。这样 C 语言才可以把该批数据作为数组来使用。如例 6-1 中定义的数组 a：

```
int a[20];
```

它表示定义了一个整型数组,数组名为 a,此数组有 20 个整型数据元素。

一维数组定义的一般形式为：

```
数据类型　数组名 [整型常量表达式];
```

数组定义说明：

(1)数据类型是指数组中所有元素的数据类型,可以是整型、实型、字符型、指针型、结构体型及联合体型等。

(2)数组名是用户定义的标识符,代表整个数组。它是分配给数组的连续内存空间的首地址,也是数组第一个元素的内存地址。

(3)"[]"是数组的标志,"[]"中间必须是整型常量或整型常量表达式,它决定了数组中数组元素的个数,也称为数组的长度。

(4)最后用分号结束。这个分号是绝对不能省略的。

例如：

```
int a[10];           /* 说明整型数组 a,有 10 个元素 */
float b[10],c[20];   /* 说明实型数组 b,有 10 个元素,实型数组 c,有 20 个元素 */
char ch[20];         /* 说明字符数组 ch,有 20 个元素 */
```

对于数组类型说明应注意以下几点：

(1)数组类型实际上是指数组元素的类型。一个数组中,所有元素的数据类型是相同的,不能在一个数组中存放不同类型的数据。

(2)数组名的书写规则应符合标识符的命名规则。

(3)数组名不能与其他变量名相同。

例如：

```
int main()
{
    int a;
    float a[10];
    ……
}
```

这是语法错误。

(4)方括号中常量表达式表示数组元素的个数,如 a[5]表示数组 a 有 5 个元素。

(5)不能在方括号中用变量来表示元素的个数,但是可以是常量表达式。

例如：

```
int main()
{
    int a[3+2];
    ……
```

```
}
```

是合法的。

但是下述说明方式是错误的。

```
int main()
{
    int n=5;
    int a[n];
    ......
}
```

6.1.2　一维数组元素的引用

C 语言规定,数组是一组有序数据的集合,不能直接存取整个数组,只能存取数组的元素。数组元素是组成数组的基本单元,数组元素也是变量,引用数组元素的方式为:数组名后跟一个下标,下标表示了元素在数组中的顺序号。

数组元素的一般形式为:

数组名[下标]

其中,下标必须是整型,可以是整型常量、变量或表达式。C 语言规定,下标的下限为 0,上限为数组长度减 1。例 6-1 中定义的数组 int a[20],数组 a 每个元素的引用如图 6-2 所示。

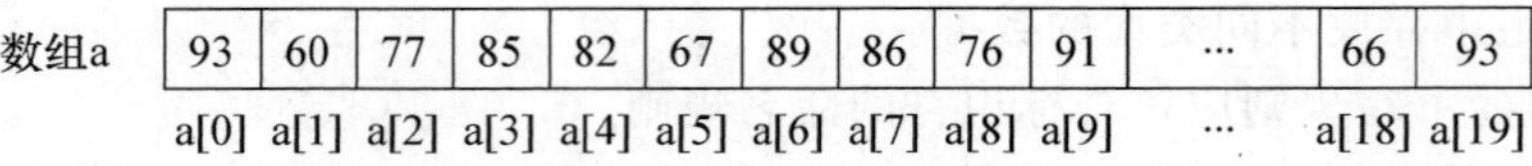

图 6-2　数组 a 的引用

数组元素通常也称为下标变量,即由下标确定的变量。定义数组后,数组中每一个元素其实就相当于一个变量。对变量的一切操作同样适用于下标变量。在 C 语言中只能逐个地使用下标变量,而不能一次引用整个数组。

例如输出长度为 10 的整型数组 a,通常使用循环语句逐个输出各下标变量:

```
for(i=0; i<10; i++)
    printf("%d",a[i]);
```

而不能用一个语句输出整个数组。下面的写法是错误的:

```
printf("%d",a);          /* 输出的将是数组 a 在内存中的首地址 */
```

例 6-2　对 6 个元素的整型数组,依次存放 0、1、4、9、16、25,按照逆序输出整个数组元素。

```
#include <stdio.h>
int main()
{
    int i,a[6];
```

```
    for(i=0; i<6; i++)
      a[i]=i*i;                              /* 动态赋值 */
    for(i=5; i>=0; i--)
      printf("%3d",a[i]);
    return 0;
}
```

程序执行结果如下：

```
25 16 9 4 1 0
```

本例中，用一个循环语句给 a 数组各元素赋值，然后用第二个循环语句输出 a 数组各元素的值。实际上，定义数组后，系统将给数组分配一定大小的内存单元，数组所占内存的字节数等于数组长度与元素的数据类型所占字节大小的积。例 6-2 中，数组 a 所占存储空间大小为 6*4 字节，第一个元素是 a[0]，第二个元素为 a[1]，…，第六个元素为 a[5]。假如 a 所占内存的首地址为 5000，则数组 a 在内存中存放形式如图 6-3 所示，其实数组名 a 就是地址 5000。

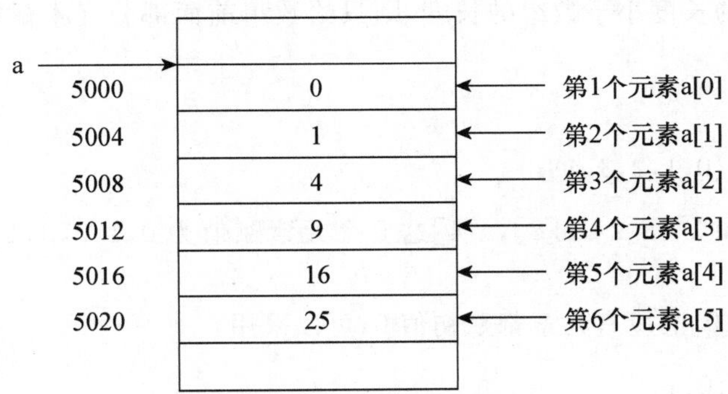

图 6-3　int a[10]的内存映像

引用数组的“[]”是下标运算符，优先级最高，结合性为左结合。引用数组元素，实际上就是使用下标运算符计算数组元素的地址。

a[i]的地址=数组的起始地址+ i*sizeof(数组元素的数据类型)

例 6-2 中，第 5 个数组元素 a[4]的地址为 5000+4*4=5016。如果数组的下标为 12，则可以计算出地址为 5000+12*4=5048。但是，该地址不是 C 语言分配给该数组的，对其访问是非法的，对其读写有可能产生错误。对 C 语言来说，编译器不会检查数组的下标是否越界，需要读者自己检查。

6.1.3　一维数组的初始化

数组定义后，它所占的存储单元中的值是不确定的，引用数组元素之前，必须保证数组的元素已经被赋予确定的值。在 C 语言中对一维数组的赋值有两种方法。一种方法是通过赋值语句逐一给数组的每个元素赋值，如例 6-2 中第一个 for 循环语句；另一种方法是对数组初始化，在数组定义时给数组元素赋初值。数组初始化是在编译阶段进行的。这样将减少运行时间，提高效率。

一维数组初始化的一般形式为：

类型说明　数组名[常量表达式]={值0，值1，…，值n-1}；

说明：

①"="之前是数组的定义，"="之后是用花括号括起来的初值列表，各值之间用逗号间隔。对数组元素的初始化是从下标为0的元素开始逐一对数组元素初始化。

例如：

```
int a[10]={0, 1, 2, 3, 4, 5, 6, 7, 8, 9};
```

相当于

```
int a[10];
a[0]=0; a[1]=1; a[2]=2; a[3]=3; a[4]=4;
a[5]=5; a[6]=6; a[7]=7; a[8]=8; a[9]=9;
```

②初值列表的长度必须小于等于数组的长度。初值列表的长度大于数组的长度，为语法错误；如果初值列表的长度小于数组的长度，则只给数组前面部分元素赋初值，后面未指定初值的元素赋值为0。

例如：

```
int a[10]={0,1,2,3,4};
```

表示只给a[0],a[1],a[2],a[3],a[4]这5个元素赋值为0,1,2,3,4，而后面的5个元素缺省赋值0。

如果要给int a[10]的所有元素都赋初值0，可以采用：

```
int a[10]={0};
```

③初始值列表只能在数据定义时赋值，不能使用在赋值语句中给数组赋值。

例如：给数组int a[10]的10个元素初始化1，下面语句是错误的。

```
int a[10];
a={1,1,1,1,1,1,1,1,1,1};
```

④如果初值列表的长度等于数组的长度(即对全部数组元素赋初值)，可以省略数组长度，此时数组的长度就是初值列表中实际数值的个数。

例如：

```
int a[5]={1,2,3,4,5};
```

可写为：

```
int a[]={1,2,3,4,5};
```

特别是在字符数组中，使用得比较多，例如

```
char str[]={'A', 'B', 'C', 'E', 'E', 'F', 'G'};
```

⑤初值列表的常量数据类型一定要与数组元素的数据类型一致。

6.1.4　一维数组程序举例

可以在程序执行过程中,对数组作动态赋值。这时可用循环语句配合 scanf 函数逐个对数组元素赋值。

例 6-3　从键盘接收 10 个数据,求其最大值。

```
#include <stdio.h>
int main()
{
    int i,max,a[10];
    printf("input 10 numbers:\n");
    for(i=0; i<10; i++)
      scanf("%d",&a[i]);
    max=a[0];
    for(i=1; i<10; i++)
      if(a[i]>max)
        max=a[i];
    printf("max number=%d\n",max);
    return 0;
}
```

上面程序中,第一个 for 语句要求从键盘输入 10 个整数存储到数组 a 中。接着把 a[0]赋给 max,并用第二个 for 语句把 a[1]到 a[9]的值逐个与 max 的值比较,若比 max 的值大,则把该下标变量的值赋给 max,因此,max 的值总是已比较过的元素的最大值。比较结束,输出 max 的值。

例 6-4　从键盘接收 10 个数据,采用冒泡法排序并输出。

冒泡法的基本思想是将相邻的两个数进行比较,如果前面的数比后面的大,则交换其值。

冒泡排序的过程如下:

①比较第一个元素和第二个元素,如果 a[0]>a[1],则交换;比较第二个元素和第三个元素,如果 a[1]>a[2],则交换;依次类推,直到比较第 n-1 个元素和第 n 个元素,如果 a[n-2]>a[n-1],则交换;这是第一趟冒泡排序,在 n 个元素中,值最大的元素放到了 a[n-1]位置,即数组的最后一个位置。

②对前 n-1 个元素进行第二趟冒泡排序,值次大元素放到 a[n-2]的位置。

③重复上述过程,经过 n-1 趟冒泡排序后,整个数组的元素按照升序排列。

```
#include <stdio.h>
#define N 10
int main()
{
    int i, j, temp, a[N];
    printf("input 10 numbers:\n");
```

```
    for(i=0; i<N; i++)
      scanf("%d",&a[i]);
    for(i=0; i<N-1; i++)          /*冒泡排序*/
      for(j=0; j<N-1-i; j++)
        if(a[j]>a[j+1])
        {
          temp = a[j];
          a[j] = a[j+1];
          a[j+1] = temp;
        }
    printf("The sorted array:\n");
    for(i=0; i<N; i++)
      printf("%3d ",a[i]);
    printf("\n");
    return 0;
}
```

程序执行结果如下：

```
input 10 numbers:
62  41  36  6  43  2  35  81  85  18
The sorted array:
2  6  18  35  36  41  43  62  81  85
```

例 6-5 从键盘接收 10 个数据，采用选择法进行排序并输出。

选择排序的过程如下：

①设 k=0，代表第一个元素下标。a[k]依次与后面的 n-1 个元素比较，如果 a[k]>a[j]，则 k=j。比较到最后一个元素后，如果 k 的值不为 0，则 a[0]与 a[k]互换。这样 a[0]存放了 n 个元素中最小的值。这是第一趟选择排序。

②第一个元素已经选定，应该从第二个元素开始新的一轮选择。设 k=1，代表第二个元素下标。a[k]依次与后面的 n-2 个元素比较，如果 a[k]>a[j]，则 k =j。最后，如果 k 的值不为 1，则 a[1]与 a[k]互换。这样 a[1]存放了这一轮 n-1 个元素的最小值。这是第二次选择排序。

③重复上述过程，经过 n-1 次选择排序后，整个数组的元素按照升序排序。

```
#include <stdio.h>
#define N 10
int main()
{
    int i, j, k, temp, a[N];
    printf("input 10 numbers:\n");
    for(i=0; i<N; i++)
```

```
        scanf("%d",&a[i]);
    for(i=0; i<N-1; i++)        /*选择排序*/
    {
        k =i;
        for(j=i+1; j<N; j++)
          if(a[k]>a[j])
            k = j;
        if(k != i)
        {
          temp = a[i];
          a[i] = a[k];
          a[k] = temp;
        }
    }
    printf("The sorted array:\n");
    for(i=0; i<N; i++)
      printf("%3d ",a[i]);
    printf("\n");
    return 0;
}
```

程序执行结果如下：

```
input 10 numbers:
62  41  36  6  43  2  35  81  85  18
The sorted array:
2  6  18  35  36  41  43  62  81  85
```

6.2　班级总成绩排名

利用一维数组可以处理“一组”相关数据，比如班级的数学成绩。而要处理“多组”相关数据，比如矩阵是一个二维表格，就不方便用一个一维数组表示；班级多名学生、多门课程的成绩表，它也是一个二维表格，如表6-1所示，不方便用一个一维数组来表示。

表6-1　某班级成绩

学号	语文	数学	英语	总成绩
1	89	81	78	248
2	92	79	65	236
3	87	96	89	272
…	…	…	…	…
20	67	99	78	244

在 C 语言中，数组元素可以是任何类型，当数组元素是数组时，这种数组就是多维数组。凡是具有相同数据类型的二维数据表格，都可以使用一个数组元素为一维数组的一维数组来表示，这种数据结构称为二维数组。

班级成绩表的每一行视为一个数组元素，该数组元素由 5 列组成；所有的行组成数组，数组的长度是 20，其数据类型是长度为 5 的整型一维数组，这就是二维数组。二维数组又常常称为矩阵，表 6-1 为 20×5 的矩阵。

例 6-6 班级总成绩排名。

```
#include <stdio.h>
#define M 20
#define N 5
int main()
{
    int i, j, k, temp;
    int a[M][N];          /*定义了一个二维数组,用于存储20行5列的矩阵*/
    for(i=0; i<M; i++)
    {
      a[i][0] = i+1;
      printf("请输入%d号同学的成绩:",i+1);
      scanf("%d%d%d",&a[i][1],&a[i][2],&a[i][3]);
      a[i][4] = a[i][1] + a[i][2] + a[i][3];
    }
    for(i=0; i<M-1; i++)        /*按照总分选择排序*/
    {
      k=i;
      for(j=i+1; j<M; j++)
        if(a[k][4]<a[j][4])
          k = j;
      if(k != i)          /*交换的是两行数据*/
      {
        temp=a[k][0]; a[k][0]=a[i][0]; a[i][0]=temp;
        temp=a[k][1]; a[k][1]=a[i][1]; a[i][1]=temp;
        temp=a[k][2]; a[k][2]=a[i][2]; a[i][2]=temp;
        temp=a[k][3]; a[k][3]=a[i][3]; a[i][3]=temp;
        temp=a[k][4]; a[k][4]=a[i][4]; a[i][4]=temp;
      }
    }
    printf("按照总分从高到低的成绩排名:\n");
    printf("名次 学号 语文 数学 外语 总成绩\n");
    for(i=0; i<M; i++)
```

```
    {
        printf("%4d %4d %4d ",i+1, a[i][0], a[i][1]);
        printf("%4d %4d %4d \n",a[i][2], a[i][3], a[i][4]);
    }
    return 0;
}
```

为了测试的方便，把 M 更改为 3，仅仅输入前 3 名同学的成绩。程序运行结果如下：

```
请输入1号同学的成绩:89   81   78
请输入2号同学的成绩:92   84   65
请输入3号同学的成绩:87   94   89
按照总分从高到低的成绩排名:
名次  学号  语文  数学  外语  总成绩
1     3     87    94    89    270
2     1     89    81    78    248
3     2     92    84    65    241
```

本程序中使用了二维数组，下面将介绍二维数组的定义、初始化、引用和使用。

6.2.1　二维数组的定义和引用

一维数组只有一个下标，其数组元素称为单下标变量。多维数组元素有多个下标，以标识它在数组中的位置，所以称为多下标变量。下面介绍二维数组。多维数组可由二维数组类推而得到。

二维数组定义的一般形式：

类型说明　数组名[常量表达式 1][常量表达式 2]；

其中常量表达式 1 表示第一维下标的长度，常量表达式 2 表示第二维下标的长度。对于二维数组的理解，可以想象其为一个矩阵。常量表达式 1 的值为行数；常量表达式 2 的值为列数；元素的总个数为两维长度之积。例如二维数组 int a[2][3]，可以存储一个 2×3 矩阵 B 的 6 个数据，如下所示：

$$B=\begin{bmatrix}7 & 5 & 9\\2 & 8 & 6\end{bmatrix}$$

二维数组元素也称为双下标变量，其表示形式为：

数组名[下标 1][下标 2]

其中下标 1 是第一维的下标，取值范围是从 0 开始至第一维长度减 1；下标 2 是第二维的下标，取值范围是从 0 开始至第二维长度减 1。例如二维数组 int a[2][3]，共计 6 个双下标变量，分别是 a[0][0]，a[0][1]，a[0][2]，a[1][0]，a[1][1]及 a[1][2]。如存储矩阵 B 的数据则 a[0][0]＝7，a[0][1]＝5，a[0][2]＝9，a[1][0]＝2，a[1][1]＝8，a[1][2]＝6。

C 语言把二维数组看成是一个特殊的一维数组，每个数组元素又是一个一维数组，如 int

a[2][3],可以看成有两个元素 a[0],a[1]的一维数组,而 a[0],a[1]又是拥有 3 个整型数组元素构成的一维数组,a[0]可以看成由 a[0][0],a[0][1]和 a[0][2]构成的一维数组名,a[1]可以看成由 a[1][0],a[1][1]和 a[1][2]构成的一维数组名。如图 7-5 所示。

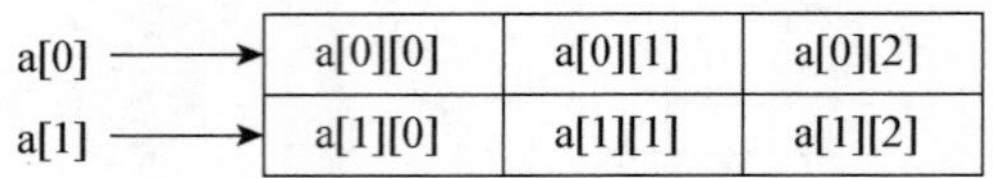

图 6-4 二维数组时特殊的一维数组

一维数组中,数组元素是按照线性顺序存储到内存的,数组名是分配给数组连续存储空间的首地址。C 语言中,二维数组是一个特殊的一维数组,该数组按照线性存放。其每个元素所对应的一个数组也是按照线性存放的。二维数组名也是分配给整个二维数组连续存储空间的首地址。这就是 C 语言中二维数组在物理上采用的按行存储的顺序存储方式,也称为以行序为主序的顺序存储结构。在三维数组中,也是按照线性顺序存储一组元素,元素的个数为第一维的长度,每个元素对应二维数组再以行序进行存储,这样可以推广到多维数组,从而可以在以字节为单位的内存中,线性存储所有的元素。

在二维数组中,欲计算某个元素 a[i][j]的地址,必须知道第二维的大小。C 语言双下标变量的有效地址计算公式如下:

有效地址 = 数组的起始地址 + (i * 第二维大小 + j) * sizeof(数组元素数据类型)

假如二维数组 int a[2][3]的首地址为 5000,保存矩阵 B 的数据,则数组 a 的存储结构如图 6-5 所示。

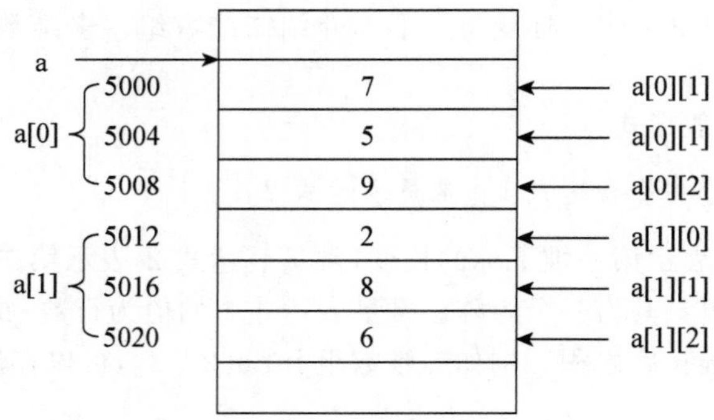

图 6-5 int a[2][3]的内存映像

6.2.2 二维数组的初始化

二维数组定义的同时也可以初始化,具体方法有多种。

1. 分行初始化

二维数组是一个特殊数组,可通过{}构成一个初始值列表。因为每个元素又是一个一维数组,所以每个初始值又是一个{}构成的初始列表,表示一行。双层的{}所构成的初始值列表的初始化称为分行初始化。

```
int a[2][3] = { {7,5,9},{2,6,8}};
```

其中第一行{7,5,9},顺序初始化 a[0];第二行{2,6,8},顺序初始化 a[1]。与一维数组初始化一样,都是从下标 0 开始一一对应进行赋初值。该方法一行对一行,界限清楚,容易理解,也不容易出错。

分行初始化中允许对行部分初始化,即对行的前半部分初始化,没有初始化部分赋予缺省值 0。

```
int a[2][3] = { {7 },{2,6}};      相当于      int a[2][3] = { {7,0,0},{2,6,0}};
int a[2][3] = { {7,5 }};          相当于      int a[2][3] = { {7,5,0},{0,0,0}};
```

分行初始化时,不允许出现{}内部为空的情况(最少有一个初值)。{}不代表不给该行初始化,而是语法错误。如 int a[2][3] = {{},{ 2,6,8}};是错误的。

分行初始化时,如果所有的行都有对应的初始化,此时定义二维数组的第一维的大小可以省略,编译器会根据初值表的个数来确定。但是第二维的大小必须给定,即使每行的元素全部列出也不能省略。

```
int a[ ][3] = { {7 },{2,6}};      相当于      int a[2][3] = { {7,0,0},{2,6,0}};
```

2.按顺序赋初值

将所有的数据包括在一个花括号内,初值列表不分行,所有的初值通过逗号分开。赋值的规则是按照元素在内存中的排列顺序进行赋值,先初始化第一行,然后初始化第二行,依次类推

```
int a[2][3] = {7,5,9,2,6,8};      相当于      int a[2][3] = { {7,5,9},{2,6,8}};
```

该方法相对简单,效果与分行赋值一样。但是,当数组元素较多时,容易出现混乱、遗漏和出错,程序的可读性相对差一些。

采用此方法可以部分赋初值,但只能给最前面的行列赋初值,后面的没有对应初值的元素赋缺省值 0。

```
int a[2][3] = {7,5};      相当于      int a[2][3] = { {7,5,0},{0,0,0}};
```

如果全部赋值时,数组第一维长度可以省略,编译系统可以通过第二维的长度,结合初值列表的长度计算出第一维的长度

```
int a[ ][3] = {7,5,9,2,6,8};      相当于      int a[2][3] = { {7,5,9},{2,6,8}};
```

对于 Visual C++ 系统,即使没有全部赋值,也可以根据第二维的长度,结合初始列表长度计算出第一维的长度,此时没有赋值的元素赋缺省值 0。

```
int a[ ][3] = {7,5,9,2};      相当于      int a[2][3] = { {7,5,9},{2,0,0}};
int a[ ][3] = {7,5};          相当于      int a[1][3] = { {7,5,0}};
```

例 6-7　求出 6×6 矩阵 A 主对角线元素的平均值。

$$A=\begin{bmatrix}9 & 2 & 36 & 14 & 5 & 6\\ 7 & 34 & 1 & 10 & 11 & 32\\ 13 & 4 & 15 & 26 & 17 & 18\\ 19 & 30 & 21 & 22 & 23 & 24\\ 25 & 16 & 27 & 28 & 29 & 20\\ 31 & 12 & 33 & 8 & 35 & 3\end{bmatrix}$$

```
#include <stdio.h>
#define N 6
int main()
{
    int i;
    float sum = 0;
    int a[N][N] = {{ 9, 2,36,14, 5, 6},
                   { 7,34, 1,10,11,32},
                   {13, 4,15,26,17,18},
                   {19,30,21,22,23,24},
                   {25,16,27,28,29,20},
                   {31,12,33, 8,35, 3}};
    for(i = 0; i<N; i++)
        sum += a[i][i];
    printf("The average is %.2f\n",sum/N);
    return 0;
}
```

程序运行结果如下：

```
The average is 18.67
```

6.2.3 二维数组程序举例

例 6-8 打印如下所示的杨辉三角形的图形，(打印六行)，要求用二维数组实现。

```
1
1  1
1  2  1
1  3  3  1
1  4  6  4  1
1  5  10  10  5  1
```

N 行的杨辉三角形可以看作 N×N 方阵的下三角，各行的数值分布有如下关系：

(1)数据的第 0 列和对角线元素都为 1；

(2)数组其余各元素是上一行同列和上一行前一列的两个元素之和。

```
#include <stdio.h>
#define N 6
int main(void)
{
    int a[N][N];
    int i, j;
```

```
    for(i=0;i<N;i++)
    {
        a[i][0] = 1;
        a[i][i] = 1;
    }
    for(i=2; i<N; i++)
        for(j=1; j<i; j++)
          a[i][j]=a[i-1][j]+a[i-1][j-1];
    printf("杨辉三角为:\n");
    for(i=0; i<N; i++)
    {
        for(j=0;j<i+1;j++)
          printf("%5d",a[i][j]);
        printf("\n");
    }
    return 0;
}
```

例 6-9　输出 5×5 螺旋矩阵 A。

$$A=\begin{bmatrix}1 & 2 & 3 & 4 & 5\\16 & 17 & 18 & 19 & 6\\15 & 24 & 25 & 20 & 7\\14 & 23 & 22 & 21 & 8\\13 & 12 & 11 & 10 & 9\end{bmatrix}$$

螺旋矩阵的第一行是从左到右顺序递增，最后一列从上到下递增，最后一行从右到左递增，第一列从下到上递增到第二行，第二行从左到右顺序递增到倒数第二列，这样螺旋进行递增，直到矩阵数据布满。本例首先要对矩阵赋值，再打印出该矩阵。

```
#include <stdio.h>
#define N 5
int main()
{
    int a[N][N];
    int i,j,k=0,m;
    if(N/2==0)
        m = N/2;
    else
        m = N/2 + 1;
    for(i=0; i<m; i++)
```

```
    {
        for(j=i; j<N-i; j++)                /*最上面一行从左到右顺赋值*/
            a[i][j] = ++k;
        for(j=i+1; j<N-i; j++)              /*最右面一列从上到下顺赋值*/
            a[j][N-i-1] = ++k;
        for(j=N-i-2; j>=i; j--)             /*最下面一行从右到左顺赋值*/
            a[N-i-1][j] = ++k;
        for(j=N-i-2; j>=i+1; j--)           /*最左面一列从下到上顺赋值*/
            a[j][i] = ++k;
    }
    for(i=0; i<N; i++)                      /*输出螺旋矩阵*/
    {
        for(j=0; j<N; j++)
            printf("%4d", a[i][j]);
        printf("\n");
    }
    return 0;
}
```

更改 N 为 8,则程序运行结果如下：

```
1  2  3  4  5  6  7  8
28  29  30  31  32  33  34  9
27  48  49  50  51  52  35  10
26  47  60  61  62  53  36  11
25  46  59  64  63  54  37  12
24  45  58  57  56  55  38  13
23  44  43  42  41  40  39  14
22  21  20  19  18  17  16  15
```

6.3 搜索好友

例 6-10 按照姓名搜索好友。

姓名是一个字符串,搜索好友是从一列姓名中查找是否有相同的字符串。如果有相同的字符串,则表示找到了好友。采用字符类型的二维数组存储一列姓名,每一行是一个姓名字符串。从键盘通过 scanf 函数输入好友的姓名,使用 strcmp 库函数与存储的姓名一个一个比对寻找,如果找到了好友,则输出所在的行号;没有找到好友,则给出提示信息。strcmp 函数原型在 string.h 头文件中,源程序需要包含该头文件。

```
#include <stdio.h>
#include <string.h>
#define N 10
int main()
{
    char namelist[N][12] = { "Tom","Jack","Rose","Abel","Barry","Calvin","
Edward","Annabelle","Catherine","Gemma"};          /*定义字符串数组并初始化*/
    char name[12];      /*名字最长为 11 个字母,而且是连续的字母,中间没有空白符
                         分隔*/
    int i, flag = 0;
    printf("请输入你要查找的朋友名:");
    scanf("%s",&name);
    for(i=0; i<N; i++)
    {
      if(strcmp(namelist[i],name)==0)      /*strcmp()是字符串比较函数,相等函
                                            数值为 0*/
      {
        flag = 1;/*设置标志变量,定义值为 1 的时候找到朋友*/
        printf("在第%d 个找到了你的朋友。\n", i+1);
        break;
      }
    }
    if(flag == 0)
      printf("抱歉,没有找到你的朋友。\n");
    return 0;
}
```

运行程序,输入 JackSbone,结果如下:

```
请输入你要查找的朋友名:JackSbone
抱歉,没有找到你的朋友。
```

当输入 Abel 时,结果如下:

```
请输入你要查找的朋友名:Abel
在第 4 个找到了你的朋友。
```

上面的代码定义并使用了一种特殊的数组——字符串数组。在 C 语言中没有字符串数据类型,字符串是存储在字符数组中,并以'\0'结束的字符序列。也就是说,字符串是存储在以'\0'结尾的一维字符数组中。'\0'字符的作用是标识字符串的结束。

6.3.1 字符数组的定义和引用

1. 字符数组的定义

字符数组就是数组的数据类型为字符型的数组，字符数组中的每个元素存放一个字符。其定义方法与前面介绍的数组的定义方法类似。例如：

```
char c[10];
c[0]= 'I'; c[1]= ' ';c[2]= 'a';   c[3]= 'm'; c[4]= ' ';   c[5]= 'h';   c[6]= 'a';
c[7]= 'p';c[8]= 'p'; c[9]= 'y';
```

以上定义了 c 为字符数组，包含 10 个元素。赋值以后数组的状态如图 6-6 所示。

c[0]	c[1]	c[2]	c[3]	c[4]	c[5]	c[6]	c[7]	c[8]	c[9]
I	˽	a	m	˽	h	a	p	p	y

图 6-6

由于字符型数据是以整数形式(ASCII 代码)存放的，因此也可以用整形数组存放字符数据，例如：

```
int c[10];
c[0]= 'a';
```

2. 字符数组的初始化

字符数组初始化最容易理解的方式是用“初始化列表”，把各个字符一次赋给数组中各元素。例如：

```
char c[10]={ 'I', ' ', 'a', 'm', ' ', 'h', 'a', 'p', 'p', 'y'};
```

把 10 个字符依次分别赋给 c[0]～c[9]这 10 个元素。

如果在定义字符数组时不进行初始化，则数组中个元素的值是不可预料的。如果花括号中提供的初始值个数(即字符个数)大于数组长度，则出现语法错误。如果初值个数小于数组长度，则只将这些字符赋给数组中前面的那些元素，其余的元素自动定为空字符(即'\0')。

例如：

```
char c[10]= { 'c', ' ', 'p', 'r', 'o', 'g', 'r', 'a', 'm'};
```

数组状态如图 6-7 所示。

c[0]	c[1]	c[2]	c[3]	c[4]	c[5]	c[6]	c[7]	c[8]	c[9]
c	˽	p	r	o	g	r	a	m	\0

图 6-7

如果提供的初值个数与预定的数组长度相同，定义时可以省略数组长度，系统会自动根据初值个数确定数组长度。例如：

```
char c[] = { 'I', ' ', 'a', 'm', ' ', 'h', 'a', 'p', 'p', 'y'};
```

数组 c 的长度自动定义为 10，尤其在赋初值的字符个数较多时，比较方便。

也可以定义和初始化一个二维字符数组，例如：

```
char c[][5] = {{'H','e','l','l','o',},{'w','o','r','l','d'}}
```

3. 字符数组元素的引用

字符数组元素的引用方法也是通过下标的方法进行引用的，引用字符数组中的一个元素，得到一个字符。

例 6-11　输出一个已知的字符串。

定义一个字符数组，并用"初始化列表"对其赋以初值。然后用循环逐个输出此字符数组中的字符。

```
#include <stdio.h>
int main()
{
    char c[15] = { 'I', ' ', 'a', 'm', ' ', 'a', ' ', 's', 't', 'u', 'd', 'e', 'n', 't', '.'};
    int i;
    for(int i = 0;i<15;i + +)
        printf("%c",c[i]);
    printf("\n");
    return 0;
}
```

运行结果如下：

```
I am a student.
```

例 6-12　存储两个字符序列" Hello"和"world"，并分成两行输出。

```
#include <stdio.h>
int main()
{
    int i, j;
    char a[2][5] = {{'H','e','l','l','o'},{'w','o','r','l','d'}};
    for(i = 0;i<2;i + +)
    {
        for(j = 0;j<5;j + +)
            printf("%c",a[i][j]);
        printf("\n");
    }
    return 0;
}
```

程序运行结果如下：

```
Hello
world
```

对 char a[2][5]二维字符数组分行初始化全部的元素，然后按行输出每个元素。

6.3.2 字符串和字符串结束标志

在C语言中没有专门的字符串变量，通常用一个字符数组来存放一个字符串。介绍字符串常量时，已说明字符串总是以'\0'作为串的结束符。因此当把一个字符串存储到一个字符数组时，结束符'\0'也存入数组，并以此作为该字符串是否结束的标志。有了'\0'标志后，就不必再用字符数组的长度来判断字符串的长度。

C语言允许用字符串的方式对数组作初始化。

例如：

```
char c[]={'C', ' ','p','r','o','g','r','a','m','\0'};
```

可写为：

```
char c[]={"C program"};
```

或去掉{}写为：

```
char c[]="C program";
```

用字符串方式赋值比用字符逐个赋值要多占一个字节。这个字节用于存放字符串结束标志'\0'。上面的数组c在内存中的实际存放情况为：

C		p	r	o	g	r	a	m	\0

'\0'是由C编译系统自动加上的。由于采用了'\0'标志，所以在用字符串赋初值时一般无须指定数组的长度，由系统自行处理即可。

6.3.3 字符数组的输入输出

字符数组存储字符串后，字符数组的输入输出将变得简单方便，可用printf函数和scanf函数输入输出一个字符数组中的字符串，而不必使用循环语句逐个地输入输出每个字符。

例 6-13 使用printf输出字符串。

```
#include <stdio.h>
int main()
{
    char str[] = "Hello,Jenny.\nHello,Tom.";
    printf("%s\n", str);
    return 0;
}
```

程序运行结果如下：

```
Hello,Jenny.
Hello,Tom.
```

注意本例的 printf 函数中，使用的格式字符串为"%s"，表示输出的是一个字符串。而在输出表列中给出数组名即可。但不能写为：

```
printf("%s", str[]);
```

例 6-14　使用 scanf 输入字符串。

```
#include <stdio.h>
int main()
{
    char str[15];
    printf("input string:\n");
    scanf("%s",str);
    printf("%s\n",str);
    return 0;
}
```

scanf 函数接收字符串时，任何时候都会忽略掉前导的空格，读取输入字符并保存到字符数组，直到遇到空格、tab 或回车符为止。scanf 函数会自动在字符串后面加上'\0'。程序中由于定义数组长度为 15，因此输入的字符串长度必须小于 15，以留出一个字节用于存放字符串结束标志'\0'。对字符数组，如果不作初始化，则必须说明数组长度。当用 scanf 函数输入字符串时，字符串中不能含有空格、tab 或回车，否则字符数组的输入将结束，空白符用字符串结束标志'\0'替代，标识字符串的输入结束。

例如，当输入的字符串中含有空格时，运行情况为：

```
input string:
this is a book
this
```

从输出结果可以看出空格以后的字符都未能输出。如果要保存一行包括空格和 tab 字符的字符串，可以采用 gets 函数实现。

用 scanf 函数输入字符串时，用于接收字符串的字符数组要足够长，以便保存字符串和其结束符，否则，与字符串常量初始化字符数组一样，函数将把超过字符数组定义的长度之外的字符也顺序保存在数组范围之外，可能覆盖其他内存变量的内容，造成程序出错。为了避免出错，可以使用域宽来实施控制。

```
char str[15];
scanf("%14s",str);
```

输入函数最多读入 14 个非空格或 tab 字符到 str 数组。如果输入超过 14 个非空格或 tab

字符，则 scanf 函数停止接收字符，并把 str 最后一个字节用于存放字符串结束标志'\0'；如果没有输入超过 14 个，则结束标志'\0'仍放在字符串的后面。

6.3.4 字符串处理函数

C 语言提供了丰富的字符串处理库函数，包括字符串的输入、输出、合并、修改、比较、转换、复制及搜索等。使用这些函数可大大减轻程序员编程的负担。用于基本输入输出的字符串函数包括 puts 和 gets 两个函数。在使用这两个函数前应在程序中包含头文件"stdio.h"，使用其他字符串函数则应包含头文件"string.h"。下面介绍几个最常用的字符串函数。

1. 字符串输出函数 puts

格式：puts（字符数组名）

功能：把字符数组中的字符串输出到显示器。

例 6-15 使用 puts 函数输出字符串。

```
#include <stdio.h>
int main()
{
    char str[] = "BASIC\ndBASE";
    puts(str);
    return 0;
}
```

从程序中可以看出 puts 函数中可以使用转义字符，因此输出结果成为两行。puts 函数完全可以由 printf 函数取代。当需要按一定格式输出时，通常使用 printf 函数。

2. 字符串输入函数 gets

格式：gets(字符数组名)

功能：从标准输入设备键盘输入一个字符串。

例 6-16 使用 gets 函数输入字符串。

```
#include <stdio.h>
int main()
{
    char st[15];
    printf("input string:\n");
    gets(st);
    puts(st);
    return 0;
}
```

```
input string:
Tom
Tom
```

当输入的字符串中含有空格或制表符(即使空格在字符串之前)时,输出仍为全部字符串。说明 gets 函数并不以空格或制表符作为字符串输入结束的标志,而以回车作为输入结束的标志,这与 scanf 函数不同。

3. 字符串连接函数 strcat

格式:strcat (字符数组名 1,字符数组名 2)

功能:把字符数组 2 中的字符串连接到字符数组 1 中字符串的后面,并删去字符串 1 后的串结束标志'\0'。该函数返回值是字符数组 1 的首地址。

例 6-17　使用字符串连接函数 strcat

```
#include <stdio.h>
#include <string.h>
int main()
{
    char st1[30] = "My name is";
    char st2[10];
    printf("input your name:\n");
    gets(st2);
    strcat(st1,st2);
    puts(st1);
    return 0;
}
```

程序运行结果如下:

```
input your name:
Tom
My name is Tom
```

本程序把初始化赋值的字符数组与动态赋值的字符串连接起来。要注意的是,字符数组 1 的长度应足够大,否则不能全部存储连接后的字符串。

4. 字符串复制函数 strcpy

格式:strcpy (字符数组名 1,字符数组名 2)

功能:把字符数组 2 中的字符串复制到字符数组 1 中。串结束标志\0 一同复制。字符数组 2 可以是一个字符串常量。这相当于把一个字符串赋给一个字符数组。

例 6-18　使用字符串复制函数 strcpy。

```
#include <stdio.h>
#include <string.h>
int main()
{
    char st1[15],st2[] = "C Language";
    strcpy(st1,st2);
```

```
    puts(st1);
    printf("\n");
    return 0;
}
```

程序运行结果如下:

```
C Language
```

5.字符串比较函数 strcmp

格式:strcmp(字符数组名 1,字符数组名 2)

功能:按照 ASCII 码顺序比较两个数组中的字符串,并由函数返回值返回比较结果。

①字符串 1 等于字符串 2,返回值等于 0;

②字符串 1 大于字符串 2,返回值大于 0;

③字符串 1 小于字符串 2,返回值小于 0。

该函数可用于比较两个字符串常量,或比较以'\0'结束的数组和字符串常量。

在 C 语言中,不能使用关系运算符"＞""＜"或"= ="来进行两个字符串的比较,只能使用函数来完成两个字符串的比较。字符串比较的规则是将两个字符串逐个字符进行 ASCII 值的比较,直到遇到不同的字符或字符串结束标识'\0'为止。如果两个字符串所有字符都对应相等,则两个字符串相等。如果出现不相同的字符。以第一个不相同字符的比较结果作为判断两个字符数组的大小的标准。

例 6-19 使用字符串比较函数 strcmp。

```
#include <stdio.h>
#include <string.h>
int main()
{
    int k;
    char st1[15],st2[] = "C Language";
    printf("input a string:\n");
    gets(st1);
    k = strcmp(st1,st2);
    if(k = =0)
      printf("st1 = st2\n");
    if(k>0)
      printf("st1>st2\n");
    if(k<0)
      printf("st1<st2\n");
    return 0;
}
```

程序运行结果如下:

```
input a string:
Java
str1>str2
```

该程序中把输入的字符串 st1 和数组 st2 中的串比较，比较结果返回到 k 中，根据 k 值再输出结果提示串。当输入为"Java"时，由 ASCII 码可知"Java"大于"C Language"故 k>0，输出结果"st1>st2"。

6. 求字符串长度函数 strlen

格式：strlen(字符数组名)

功能：求字符串的实际长度(不含字符串结束标志'\0')并作为函数返回值。

例 6-20　使用求字符串长度函数 strlen

```
#include <stdio.h>
#include <string.h>
int main()
{
    int k;
    char st[] = "C language";
    printf("%s\n",st);
    k = strlen(st);
    printf("The length of the string is %d\n",k);
    return 0;
}
```

程序运行结果为：

```
C language
The length of the string is 10
```

6.4　程序举例

例 6-21　将数组中的 10 个数据按照从大到小的顺序排序。然后再输入一个数，插入到排好序的数组中，使数组中的数仍然是从大到小的顺序。

首先，采用选择法将数组中的数据按从大到小的顺序排序，然后，从最后一个数组元素开始，向前寻找新数据的插入位置，如果当前数据小于新输入的数据，向前移动一个位置，如果当前数据大于等于新输入数据，其后就是要插入数据的位置。新数据插入后保持从大到小的顺序。

```
#include <stdio.h>
#define N 10
```

```
int main()
{
    int i,j,k,tmp;
    int a[N+1]={127,3,6,28,54,68,87,105,162,18}; /*保存了10个数,最后一个
                                                   数据缺省值为0*/
    for(i=0;i<N-1;i++)          /*选择法对前10个数据排降序*/
    {
        k=i;
        for(j=i+1;j<N;j++)
            if(a[k]<a[j])
              k=j;
        if(k!=i)
        {
            tmp=a[i];
            a[i]=a[k];
            a[k]=tmp;
        }
    }
    printf("The sorted array:\n"); /*输出排好的10个数据*/
    for(i=0; i<N; i++)
        printf("%4d", a[i]);
    printf("\n");
    printf("input number:");       /*输入一个新数值*/
    scanf("%d",&tmp);
    i=N-1;
    while(i>=0 && a[i]<tmp)        /*新值插入到10个数中间,同时保持降序*/
    {
        a[i+1] = a[i];
        i--;
    }
    a[i+1] = tmp;
    printf("The new sorted array:\n");   /*输出排好的11个数据*/
    for(i=0; i<N+1; i++)
        printf("%4d", a[i]);
    printf("\n");
    return 0;
}
```

程序运行结果如下：

```
The sorted array:
162   127   105   87   68   54   28   18   6   3
input number: 12
The new sorted array:
162   127   105   87   68   54   28   18   12   6   3
```

上面的程序首先对数组 a 中的 10 个数从大到小排序，并输出排序结果。然后输入要插入的整数 tmp。再用 while 语句把 tmp 和数组元素从后向前逐个比较，如果发现有 tmp>a[i]时，则 a[i]移动到 i+1 的位置。如果 tmp 小于等于 a[i]，则 i+1 为插入点。如果所有的元素均大于被插入数，此时 i=10，结果是把 tmp 赋予 a[10]。如果程序运行时输入 47，应该插入到 54 和 28 之间，程序运行结果如下：

```
The sorted array:
162   127   105   87   68   54   28   18   6   3
input number: 47
The new sorted array:
162   127   105   87   68   54   47   28   18   6   3
```

从结果可以看出 47 已插入到 54 和 28 之间。

例 6-22　在下面二维数组 a 中选出各行最大的元素保存到一维数组 b 中。

a[3][4] = {3,16,87,65,4,32,11,108,10,25,12,37}

本题的编程思路是，在数组 a 的每一行中寻找最大的元素，找到之后把该值赋给数组 b 相应的元素即可。程序如下：

```
#include <stdio.h>
#define M 3
#define N 4
int main()
{
    int a[M][N]={{3,16,87,65},{4,32,11,108},{10,35,12,27}};
    int b[M],i,j,k;
    for(i=0; i<M; i++)
    {
        k=a[i][0];
        for(j=1; j<N; j++)
          if(a[i][j]>k)
            k=a[i][j];
        b[i]=k;
    }
    printf("array a:\n");
    for(i=0; i<M; i++)
```

```
    {
        for(j=0; j<N; j++)
          printf("%5d",a[i][j]);
        printf("\n");
    }
    printf("array b:\n");
    for(i=0; i<M; i++)
        printf("%5d",b[i]);
    printf("\n");
    return 0;
}
```

程序运行结果如下：

```
array a:
3   16   87   65
4   32   11   108
10   35   12   27
array b:
87   108   35
```

本程序采用 for 语句的嵌套循环查找每行中最大值。外循环控制逐行处理，内循环来寻找该行的最大值，并把获得最大值赋值给数组 b 中相应的元素。当外循环完成时，数组 b 中已存储数组 a 各行中的最大值。程序最后的两个 for 语句分别输出数组 a 和数组 b。

例 6-23　输入五个国家的名称按字母顺序排列输出。

多个国家名字符串可以采用一个二维字符数组来保存，通过 gets 函数输入国家名。用 strcmp 进行比较，采用选择法进行排序，交换两个字符串时，需要一个临时字符数组，用 strcpy 函数来实现。

```
#include <stdio.h>
#include <string.h>
#define N 5
int main()
{
    char st[20],cs[N][20];
    int i,j,k;
    printf("input country's name:\n");          /*输入五个国家名称*/
    for(i=0; i<N; i++)
      gets(cs[i]);
    for(i=0; i<N; i++)                          /*采用选择法进行排序*/
    {
        k=i;
```

```
        for(j=i+1; j<N; j++)
          if(strcmp(cs[k],cs[j])>0)
            k=j;
        if(k!=i)                              /* 交换两个字符串 */
        {
          strcpy(st,cs[i]);
          strcpy(cs[i],cs[k]);
          strcpy(cs[k],st);
        }
    }
    printf("The sorted country's name:\n");     /* 输出排好顺序的国家名称 */
    for(i=0; i<N; i++)
        puts(cs[i]);
    return 0;
}
```

程序运行结果如下：

```
input country's name:
China
Japan
Korea
America
German
The sorted country's name:
America
China
German
Japan
Korea
```

上面程序第一个 for 语句中，用 gets 函数输入五个国家名称字符串。在第二个 for 语句中嵌套了一个 for 语句组成双重循环，完成按字母顺序排序的工作。最后一个 for 循环语句输出排好顺序的国家名称。

6.5　旅客的航空逾重行李费用计算及查询

虽然例 5-17 能够实现对多名旅客进行航空逾重行李费用计算，但不能存储旅客的信息，也就不能实现统计和查询。为此，例 6-24 用两个一维数组和一个多维数组分别保存行李重量、逾重行李的费用及旅客的姓名，从而实现查询和统计功能。

例 6-24　假设最多能够处理 100 名旅客的航空逾重行李费用计算，定义数组 weight

[100]和 charge[100]用于保存行李重量和逾重行李费用；用数组 owner[100][20]保存旅客的姓名。三个数组的相同下标表示是某一个旅客的信息。

在进行旅客信息的输入时，如果输入旅客的姓名为 END，则视为本次输入结束。然后输出本次旅客的人数、总重量及总费用。随后进入查询阶段，输入旅客姓名查询行李的重量和逾重收费信息，同样如果输入旅客的姓名为 END，则视为查询结束。在进行查询时，使用了 stricmp 函数，这样可忽略字母的大小写进行字符串比较。

```
#include<stdio.h>
#include<string.h>
#define N 100
int main()
{
    float weight[N];
    float charge[N], total=0;
    char owner[N][20], str[20];
    int i=0, count;
    printf("This is airport-charge program! \n");
    printf("Enter customer name and the luggage's weight(input \"END\" to Stop):\n");
    while(i<N)  /*输入旅客姓名、行李的重量，给出收费信息*/
    {
        printf("the customer name is ");
        fflush(stdin);
        gets(owner[i]);
        if (stricmp(owner[i], "END") == 0)
            break;
        printf("the weight is ");
        scanf("%f", &weight[i]);
        if(weight[i]>40)
            charge[i]=(weight[i]-40)*20+10*15+10*12;
        else if(weight[i]>30)
            charge[i]=(weight[i]-30)*15+10*12;
        else if(weight[i]>20)
            charge[i]=(weight[i]-20)*12;
        else
            charge[i]=0;
        total += charge[i];
        printf("the charge is %.2f:\n", charge[i]);
        printf("Enter the next customer, please:\n");
        i++;
    }
```

```
    count = i;
    printf("There are %d customers.\n", count);/* 收费管理结束,显示汇总信息 */
    printf("The total fee is %.2f.\n", total);
    printf("Enter customer name to search(input \"END\" to Stop):\n");
    while(1)        /* 按照旅客姓名查询 */
    {
        fflush(stdin);/* 为了不影响后面的读取,清空输入缓冲区。仅适用于部分编
                译器(VC6) */
        gets(str);
        if (stricmp(str, "END") == 0)      /* stricmp 函数比较两个字符串时,忽略
                                              字符大写 */
            break;
        for(i=0; i<count; i++)
            if(stricmp(str, owner[i]) ==0)
              break;
        if(i<count)     /* 如果按照姓名查到旅客,则显示行李和收费信息 */
        {
            printf("the luggage's weight is %.2f.\n", weight[i]);
            printf("the charge is %.2f.\n", charge[i]);
        }
        else
            printf("no this name %s:\n", str);
        printf("Enter the next customer name \n");
    }
    printf("The airport-charge program is end.\n");
    return 0;
}
```

程序运行结果如下:

```
This is airport-charge program!
Enter customer name and the luggage's weight(input "END" to Stop):
the customer name is Tom
the weight is 21
the charge is 12.00:
Enter the next customer, please:
the customer name is Rose
the weight is 32
the charge is 150.00:
Enter the next customer, please:
```

```
the customer name is John
the weight is 46
the charge is 390.00:
Enter the next customer, please:
the customer name is END
There are 3 customers.
The total fee is 552.00.
Enter customer name to search(input "END" to Stop):
John
the luggage's weight is 46.00.
the charge is 390.00.
Enter the next customer name
END
The airport-charge program is end.
```

上面的程序实现了旅客行李逾重收费计算和查询功能。至此,旅客的航空逾重行李计算程序 Verson 1.0 版本就完成了。但学无止境,上例中的代码都在一个函数中,使整个逻辑过于烦杂。如果收费管理和查询管理使用两个模块,就会使整个结构变得更加清晰。另外,该程序进行的收费信息只能在程序运行期间使用,如果程序关闭,则信息完全丢失。还有,一个旅客的信息分别存储在三个数组中,信息之间的联系依靠数组的下标来实现,没有能够把一个旅客的信息聚集在一起实现统一的管理。如果要完成以上新的功能,需要学习完函数、结构体和文件的内容后,才能实现。希望大家能够根据后面章节的学习,继续丰富旅客的航空逾重行李计算的功能。

习题六

1.定义一个数组

int a[5]={1,2,3,4,5};

那么 a[0]、a[1]和 a[5]分别代表什么?

2.判断下列数组的声明及初始化是否正确。如有错误,请指出。

(1)int array[5]={1,2,,4,5};

(2)double array[]={1.0,4,5/3.3,};

(3)char str[]={'H', 'e', 'l', 'l', 'o'};

(4)char str1[5]={ "Hello"};

(5)int a[3][]={1,2,3,4,5};

(6)int a[][2]={1,{3,4},5};

3.根据下列实际情况,判断最好应该用什么方法存储数据。

(1)一句英语句子

(2)一个 6×6 的矩阵

(3)三种水果每个月的销量的年表

(4)乒乓球双循环赛的结果

4.编写程序,输出 300 以内的素数,要求每行输出 8 个。

5.不使用 strcat 函数,编写程序,将两个字符串连接起来。

6.指出下列程序的错误之处。

```
/*将数组内的元素倒置*/
#include <stdio.h>
int main()
{
    int array[]={1,2,3,4,5,6,7,8,9};
    for (int i=0;i<sizeof(array)/sizeof(int);i++)
    {
        temp=array[i];
        array[i]=array[sizeof(array)-i];
        array[sizeof(array)-i]=temp;
    }
        for (int j=0;j<sizeof(array);j++)
        printf(" %d\n",array[j]);
        return 0;
}
```

7. A 国和 B 国爆发了战争,大量的战况信息需要使用计算机传送。但是 A 国怕某些敏感信息被 B 国盗取,所以想了一个办法给信息加密:把每个字符向后顺移一个,比如把 I am Tomato 变成 J bn Upnbup。请利用这个原理和字符的存储原理,对 I am Tomato 加密,并能够将其还原。

8.A、B、C、D 四个学校举行足球赛。比赛采用单循环制,即一共 6 场比赛。比分如下:

A 对 B 为 2∶1,A 对 C 为 1∶4,A 对 D 为 2∶2,B 对 C 为 3∶1,B 对 D 为 4∶2,C 对 D 为 1∶1。请使用二维数组,统计出的胜利最多的球队、攻入球数最多的球队和净胜球最多的球队。

9.通过键盘输入 10 个整数,用选择法对 10 个整数按从小到大的顺序排序。

10.有 15 个数按由大到小的顺序存放在一个数组中,输入一个数,找出该数是数组中的第几个元素的值。如果该数不在数组中,则输出“无此数”。

第7章　函数

本章学习目标

- 掌握函数的定义方法
- 熟悉函数声明的作用与方法
- 掌握函数的调用方法
- 掌握变量、函数的作用域和生命周期
- 掌握函数调用时参数传递的特点
- 掌握递归函数的定义和使用
- 获得运用函数解决实际复杂问题的能力

C语言的函数通常分为库函数与自定义函数。虽然C语言提供了丰富的库函数,但应用程序核心功能仍由自定义函数实现。从结构化程序设计来看,函数是程序的基本元素,它使程序的层次结构更清晰,使程序更容易编写、阅读和调试。

7.1 求素数

前面章节介绍了C语言的三种基本控制结构:顺序结构、分支结构与循环结构。前面程序中的代码大都写在main函数内部。例7-1在main函数中,实现打印出100～200,300～600之间的所有素数。

例7-1　编程打印出100～200,300～600之间的所有素数。

```
#include <stdio.h>
#include <math.h>
int main()
{
    int i,m,k;
    for (k=100; k<200; k=k+1)     /* 打印出100～200之间的素数 */
    {
        m = (int)sqrt(k);          /* 求出k的平方根,再取其整数部分 */
        for (i=2; i<=m; i++)       /* 测试在2～m之间是否有任意一个约数 */
          if(k%i==0)
            break;
```

```
        if (i>m)              /* 2~m 之间数不存在 k 的约数,则 k 是一个素数 */
            printf("%5d",k);
    }
    for (k=300; k<600; k=k+1)   /* 打印出 300~600 之间的素数 */
    {
        m = (int)sqrt(k);
        for (i=2; i<=m; i++)
            if(k%i==0)
                break;
        if (i>m)
            printf("%5d",k);
    }
    return 0;
}
```

分析以上代码可以发现,300~600 中素数求解法与 100~200 中素数求解法几乎完全一样,只是外循环中 k 的初值与终值不同。虽然这种通过复制代码后再修改代码的方法能解决这个问题,但这种方法有几个不足:

①代码完全复制,使得源文件变长,执行文件变得臃肿;

②复制代码后要及时更换所使用的循环变量初值与终值,否则会出错。

为了提高代码的复用率,C 语言提供了自定义函数功能。例如在例 7-1 中,可以设计一个函数 sectionPrime 实现打印某个自然数区间的所有素数。

```
void sectionPrime(int start,int end)
{
    int i,m,k;
    for (k=start; k<end; k=k+1)       /* 打印出 start-end 之间的素数 */
    {
        m = (int)sqrt(k);
        for (i=2; i<=m; i++)
            if(k%i==0)
                break;
        if (i> m)
            printf("%5d",k);
    }
    printf("\n");
}
```

经过这样的改造之后,main 函数变得更加精练,并且求任意自然数区间的素数打印,均只需在 main 函数中增加一行函数的调用即可。

```
int main()
```

```
{
    void sectionPrime (int start,int end);
    sectionPrime (100,200);
    sectionPrime (300,600);
    return 0;
}
```

例 7-2 编程从键盘输入若干个大于1的正整数,输出其中的素数,输入负数结束程序。

因为题目要求打印的素数从键盘输入,所以该题不能再用打印区间素数的函数 sectionPrime 了,应该设计自定义函数 isprime(x),用来判断某数 x 是否为素数,如果 x 是素数,则返回 1,否则返回 0。

程序代码:

```
#include <stdio.h>
#include <math.h>
int main()
{
    int number;
    int isprime(int x);                 /* 函数声明 */
    printf("输入数据:\n");
    while(1)
    {
        scanf("%d",&number);
        if(number<0)                    /* 输入负数时,退出 */
            return 0;
        if(isprime(number))             /* 函数调用 */
            printf("%3d 是素数\n",number);
    }
}
int isprime(int x)                      /* 函数的定义 */
{
    int i;
    for (i=2; i<=(int)sqrt(x); i++)
        if (x%i==0)
            return 0;                   /* x有约数i,则x不是素数 */
    return 1;    /* 如果x在2~x的平方根之中没有约数,则x是素数 */
}
```

运行结果如下:

```
输入数据:
2 3 5 7 9 -1
```

```
2是素数
3是素数
5是素数
7是素数
```

在函数isprime(x)中，return语句有2处。第一处return在for循环中，当i是x的约数时，则表明x不是素数，函数返回0并立即结束。这加快了函数执行效率。第二处return在for语句执行之后。如果for循环中所有的i都不是x约数，则第一处的return语句不会执行，说明x在2～x的平方根之中没有约数，则x是素数，函数返回1并结束。

有了判断一个数是否为素数的函数之后，前面的sectionPrime也可以做如下修改：

```
void sectionPrime(int start,int end)
{
    int k;
    for (k = start; k<end; k = k + 1)     /* 打印出start-end之间的素数 */
        if (isprime(k))
            printf("%5d ", k);
    printf("\n");
}
```

从以上两个例子可知：通过自定义函数可以使得main函数更简单易懂，通过自定义函数使得代码复用率更高。

如例7-1和7-2所示，在C语言中，自定义函数包括三部分：函数定义、函数声明和函数调用。函数定义指明了一个函数的名字、函数的返回值类型、函数的参数列表和函数的功能代码；函数声明位于函数的调用之前，它指出一个函数的名称、函数的返回值类型、函数参数的类型，函数的声明要与函数的定义相容，否则会出现编译错误。因为在C语言中不管是函数还是变量，都必须遵守先定义后使用规则。当函数的定义出现在调用之后，就必须用函数声明的方式告知系统该函数以后再定义。函数的定义如果出现在函数的调用之前，则可以省去函数声明。

在C语言中，所有函数定义都是平行的。也就是说，在一个函数的函数体内，不能再定义另一个函数，即不能嵌套定义，但函数之间允许相互调用，也允许嵌套调用。习惯上把调用者称为主调函数，被调用者称为被调函数。函数还可以自己直接或间接调用自己，称为递归调用。main函数是主函数，它可以调用其他函数，一般不被其他函数所调用。C程序的执行总是从main函数开始，完成对其他函数的调用后再返回到main函数，最后由main函数结束整个程序。一个C程序有且仅有一个主函数main。

7.1.1　函数定义

根据主调函数与被调函数之间有无参数传递，函数可分为有参函数与无参函数两类。

1.有参函数的定义

有参函数定义的一般形式为：

```
函数类型  函数名(形式参数列表)
{
    声明部分;
    语句序列;
}
```

函数名之前的函数类型,指明函数返回值的数据类型。如果函数没有返回值,则函数的类型为void,称为无返回值函数。函数名是用户自定义标识符。用户在自定义标识符时最好用英文单词的缩写形式来标识函数的功能,达到见名知义的效果,增强程序的可读性。形式参数由"数据类型 形参名"构成。形式参数列表用来说明函数的每一个参数的数据类型和参数名称,中间用逗号分开。函数类型、函数名以及一对圆括号括起来的形式参数列表称为函数头,其余部分为函数体。

在函数体中,声明部分用来说明在函数中所用到的变量及其他函数声明;语句序列为函数的执行部分,完成函数的计算、数据处理等功能。声明部分与语句序列构成函数体。

在形式参数列表中说明的变量与在声明部分定义的变量都属于局部变量,只在函数内部有效,在函数外部是无效的。在同一个函数中局部变量不能同名;在不同函数中,允许定义同名的局部变量。

例7-2中的函数isprime的定义中,函数的构成如图7-1所示,

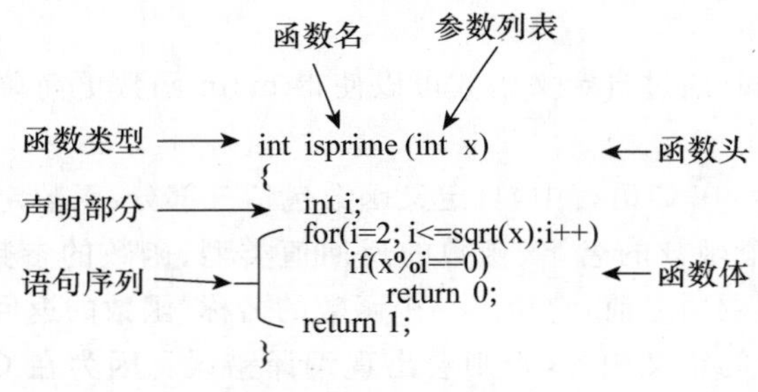

图7-1 函数定义的构成

该函数的返回值类型为int型,函数名为isprime,有一个形式参数变量x,其数据类型为int,一个整型局部变量i。返回值是指return后的表达式值,即isprime函数的返回值为0或1,其数据类型和函数返回值类型一致。当形参有多个时,形参之间需要用逗号隔开,如下定义:

```
int max(int x,int y)
{
    ……
}
```

在该函数中,形参为x与y,它们之间要一定用逗号隔开。相邻的两个形参数据类型相同,必须分开说明int max(int x,y)是错误的。

2.无参函数的定义

我们可以把无参函数当成有参函数的一种特例,即参数的个数为零,不需要从主调函数接收数据即可完成一定功能的函数。

无参函数定义的一般形式为：

```
函数类型　函数名()
{
    声明部分;
    语句序列;
}
```

或者：

```
函数类型　函数名(void)
{
    声明部分;
    语句序列;
}
```

函数头的括号里的 void 表示“空”，即函数没有参数。

例如：

```
void hello(void)
{
    printf ("Hello,world \n");
}
```

这里，hello 函数是一个无参无返回值函数，当被其他函数调用时，仅仅输出 Hello，world 字符串。对于经常要用到的独立代码，例如菜单的界面，可以将其定义成一个无参无返回值函数，便于多次调用，减小代码长度，使程序结构更加清晰。

7.1.2　函数的参数和函数的值

1.形参和实参

函数定义中的参数称为形参（又称形式参数），函数调用时填写的参数称为实参（又称实际参数）。在 C 语言中，当发生函数调用时，主调函数把实参的值传送给被调函数的形参变量，从而实现主调函数向被调函数的数据传送。

函数的形参和实参具有以下特点：

(1)形参只能是变量在每次函数被调用时分配存储空间，在调用结束时由系统释放所分配的内存单元。因此，形参只在函数内部有效，属于局部变量。函数调用结束后不能再使用该形参。

(2)实参可以是常量、变量、表达式或指针等。无论实参是何种类型的量，在进行函数调用时，它们都必须具有确定的值，以便把这些值传送给形参。因此应预先用初始化、赋值、输入等办法使实参获得确定值。

(3)实参和形参的数量必须严格一致，对应位置的参数在数据类型上应兼容。对于形参和实参，关键要理解每一个参数的具体含义，必须清楚其逻辑上的对应关系。只有这样才能正确地进行函数调用，完成指定的功能。

例如函数 float cylinder(float r,float h)的功能是求圆柱体的体积,形参中的 r 是圆柱体底的半径,h 是圆柱体的高,它们都是实型数据。调用时所用实参 r1 为半径,h1 为圆柱体的高,那么正确的调用方式为 cylinder(r1,h1)。如果写成了 cylinder(h1,r1),虽然也可以求得一个结果,但该结果并不是正确的。

(4)函数调用中发生的数据传送是单向的值传递,即只能把实参的值传送给形参,而不能把形参的值反向传送给实参。

(5)函数调用中实参求值顺序不同,计算的结果可能不同。所谓求值顺序是指对实参表中各实参表达式按自左至右顺序求值,还是按自右至左顺序求值。对此,各系统的规定不一定相同,Visual C++ 采用自右至左顺序求值。

例如:printf("k1 = %d,k2 = %d", + +k, + +k);假如 k 初值为 1,那么该函数输出的结果是什么? 是先求 k1 对应的 + +k,还是先求 k2 对应的 + +k? 在 Visual C++ 中是自右至左顺序求值,先求 k2 对应的 + +k,然后再求 k1 对应的 + +k,所以打印结果是 k1 = 3,k2 = 2。

(6)实参与形参分别占用不同的存储单元。

在例 7-2 中,main 函数中有一个函数调用 isprime(number),该调用发生在 if 结构中。在第一次调用时,number 的值为从键盘输入的 2,number 就是 isprime 函数的实参,isprime 函数的形参是 x,number 的值 2 会单向传递给 x(图 7-2),如同赋值 x = 2。

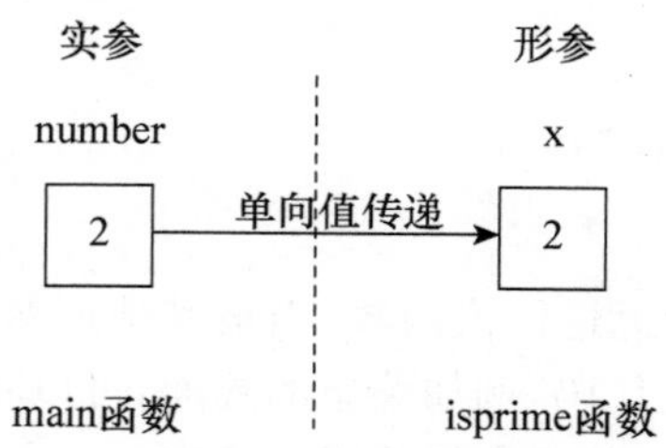

图 7-2　实参与形参的值传递

函数实参和形参之间的传递是单向的,也就是说在被调函数中形参的变化是不会影响主调函数中实参的值。请看以下两个例题。

例 7-3　显示形参与实参所占用的内存单元。

```
#include <stdio.h>
void para_adress (int x)
{
    printf("形参 x 的地址:= 0X%X; x = %d\n", &x, x);
}
int main()
{
    int i = 10;
    printf("实参 i 的地址:= 0X%x;i = %d\n",&i,i);
    para_adress (i);
    return 0;
}
```

某次运行的结果：

```
实参 i 的地址：=0X12FF7C；i=10
形参 x 的地址：=0X12FF2C；x=10
```

从例 7-3 可以发现，形参与实参所占据的内存单元是不同的。系统通过函数调用将实参的值传递给形参变量如图 7-3 所示。

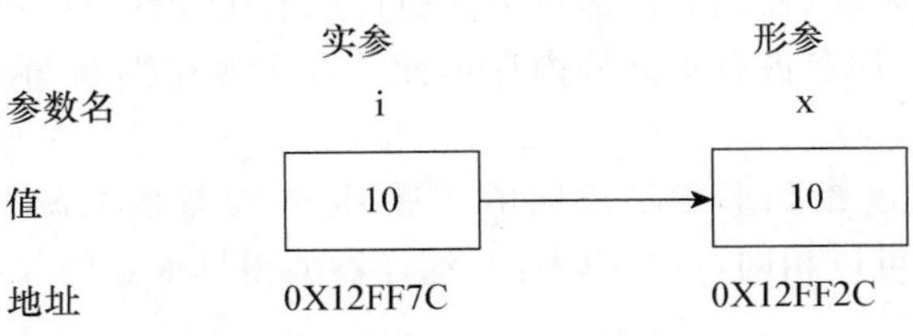

图 7-3 实参和形参的内存地址

例 7-4 验证实参到形参的单向值传递。

```
#include <stdio.h>
void sum(int a,int s);                /*函数声明*/
int main()
{
    int n=5,sm=0;
    printf("主函数实参:\n n=%d,sm=%d\n",n,sm);
    sum(n,sm);                        /*函数调用*/
    printf("函数执行后主函数实参:\n n=%d,sm=%d\n",n,sm);
    return 0;
}
void sum(int a,int s)                 /*函数定义*/
{
    int i;
    printf("子函数:实参送到形参\n a=%d,s=%d\n",a,s);
    s=0;
    for (i=1;i<=a;i++)
      s=s+i;
    printf("子函执行后形参:\n a=%d,s=%d\n",a,s);
}
```

运行结果：

```
主函数实参：
n=5,sm=0
子函数:实参送到形参
```

```
a=5,s=0
子函执行后形参：
a=5,s=15
函数执行后主函数实参：
n=5,sm=0
```

从上面的运行结果来看，在函数内部形参的值可以发生变化，这种变化对相应实参是没有影响的，这是因为实参与形参占有不同的内存单元。在本例中形参与实参在运行过程中的关系如图 7-4 所示。

从例 7-4 可以看出，实参到形参是单向值传递，形参变量值的改变不会影响实参变量的值。形参与实参的名称可以相同，也可以不同，编译器能根据变量的作用域自动区分实参和形参，不会混淆。

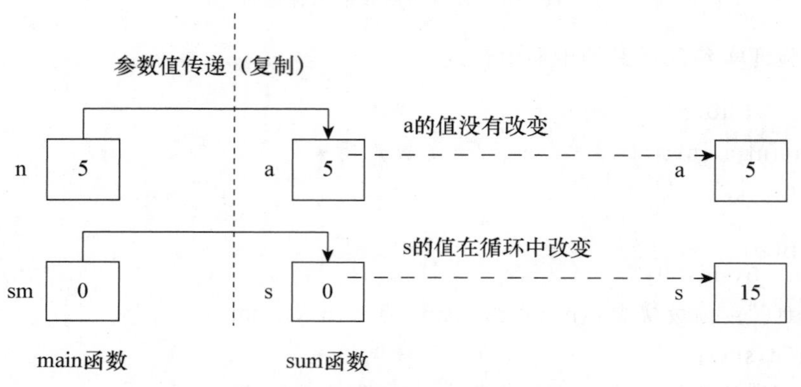

图 7-4　参数传递的单向性

2. 函数的值

函数的值是指函数执行的结果，函数执行结束后会将此值返回给主调函数。例 7-2 中 isprime 函数值为 0 或 1。对函数的值(或称函数返回值)有以下一些说明：

(1)函数的值只能通过 return 语句返回主调函数。

return 语句的一般形式为：

return 表达式；

或者为：

return (表达式)；

该语句的功能是计算表达式的值，结束本函数的执行，并将计算出的值作为函数的运行结果返回给主调函数。在函数中允许有多个 return 语句，只要执行到任何一条 return 语句，则本函数执行结束，并返回主调函数。故每次调用只能有一个 return 语句被执行，也只能返回一个函数值。

(2)函数值的类型和函数定义时规定的函数类型应保持相容。如果两者不一致，则以函数类型为准，自动进行类型转换。如果两者不相容，则发生错误。例如：函数类型为整形，但 return 后的表达式是一个指针，则发生错误。

(3)如果函数值为整型,在函数定义时可以省去函数类型说明,但最好不要省略函数类型说明,以提高程序的可读性。

(4)无返回值的函数,必须明确定义为"空类型",类型说明符为 void。如例 7-4 的 sum 函数并不向主函数返回值,因此可定义为:

```
void sum(int a,int s)
{……
}
```

调用空类型函数相当于一个过程调用,仅仅包含内部处理,没有返回值。为了使程序有良好的可读性并减少出错,凡不要求返回值的函数必须定义为空类型。

7.1.3　函数声明与函数调用

1.函数声明

"先定义,后使用"是 C 语言规则。但函数不一定都能做到先定义后使用。例如:

```
int fa(int a)
{
    ……
    a = fb(b)
    ……
}
int fb(int b)
{
    ……
    b = fc(c)
    ……
}
int fc(int c)
{
    ……
    c = fa(a)
    ……
}
```

在这种情况下,fa 调用 fb,fb 调用 fc,fc 调用 fa,形成了一个循环调用。无论代码怎么放,总有一个函数的调用会发生在定义之前。为解决这个问题,C 语言规定所有函数在调用之前必须先对函数返回值数据类型、函数名、函数的参数个数与各个参数的类型进行说明。这就是函数声明,又称函数原型或函数说明。它类似函数定义时的函数头。

函数声明由函数返回类型、函数名和参数表组成,并以分号结束。它与函数定义的返回值数据类型、函数名和参数表必须一致,否则会引起编译错误。函数声明可以不包含参数的名字,但必须包含所有参数的类型,用逗号分开。这也意味着函数声明的参数名字可以与函数定义时名字不同。

例如:

```
int area (int, int );        等价于      int area(int a,int b);
```

例 7-4 中定义了一个 sum(a,s)函数,该函数在 main 函数中调用,在 main 函数之前进行了函数声明。

```
void sum(int a,int s);    /*函数声明*/
```

如果函数的定义出现在主调函数之前,则该函数的声明可以省略,即用函数的定义充当了函数说明,例如:

```
#include <stdio.h>
void sum(int a,int s)      /*函数定义*/
{
    ……
}
int main()
{
    ……
    sum(n,sm);
    ……
}
```

库函数在调用之前同样也要进行函数说明,库函数的函数说明包含在相应的头文件(*.h)里,故当需要用到库函数时,需要用#include <头文件>命令将头文件包含进来。头文件中并没有包含函数的定义,而只是提供了函数声明。编译链接时,编译器会把库文件中函数实现的目标代码链接到可执行文件,这样使得程序执行时可以调用该库函数。

2.函数调用

在程序中,函数调用就是执行相应的函数,它的一般形式为:

函数名(实际参数表)

如果函数有返回值,则该调用可以出现在表达式中;如果函数没有返回值,则该调用只能单独出现作为函数语句。调用无参函数时圆括号内为空,但圆括号不能省略。调用有参函数,则应按照形参的类型及规定的顺序正确的给出实参,并以逗号隔开。

在C语言中,调用函数常用的方式有以下几种:

(1)作为赋值表达式的右值:如 z=max(x,y)是一个赋值表达式,把 max 的返回值赋予变量 z。在表达式中,以函数返回值参与表达式的运算。这种方式要求函数是有返回值的。

(2)作为单独的函数语句:函数调用的一般形式加上分号即构成函数语句。例如:

```
printf ("%d", a);
scanf ("%d", &b);
```

这两个函数都是以函数语句的方式被调用的。任何函数调用都可以作为函数语句形式出现。但如果函数没有返回值，则只能以函数语句方式调用。如果函数有返回值，采用函数语句则返回值没有得到使用，所以要谨慎使用。

(3)函数作为实参：函数作为另一个函数调用的实际参数出现。这种情况是把该函数的返回值作为实参值进行传送，因此要求该函数必须是有返回值的。例如：

```
printf("%d", max(x,y));
```

即是把 max 函数调用的返回值又作为 printf 函数的实参来使用的。

(4)函数调用出现在条件表达式中。

```
if (isprime(x))
……
```

在这种方式中，函数也是要求有返回值的。函数调用可以出现在函数返回值类型可以出现的任何表达式中。

例 7-5　函数调用作为赋值表达式的右值。

```
#include <stdio.h>
int main()
{
    int a,b,s;
    int sum(int a,int b);        /*函数说明*/
    printf("请输入两个数据 a b:\n");
    scanf("%d%d",&a,&b);
    s=sum(a,b);
    printf("s=%d\n",s);
    return 0;
}
int sum(int a,int b)        /*函数的定义*/
{
    return a+b;
}
```

运行结果：

```
请输入两个数据 a b:
4  8
s=12
```

例 7-5 代码中，函数调用作为赋值表达式的右值。如果本例中的 printf("s=%d\n",s)改写为 printf("s=%d\n",sum(a,b))则变成了函数作为实参。

例 7-6　函数调用作为单独的函数语句。

在 C 语言的字符界面中，经常需要显示菜单。菜单是由多条 printf 语句组成的，可以设计一个无参数无返回值的函数 menu()实现菜单的显示。

```
#include <stdio.h>
int main()
{
    void menu();                /* 函数声明 */
    menu();                     /* 函数调用,函数语句 */
    return 0;
}
void menu()                     /* 函数的定义 */
{
    printf("欢迎使用图书信息管理系统\n");
    printf("1.录入学生成绩\n");
    printf("2.查询学生成绩\n");
    printf("3.修改学生成绩\n");
    printf("4.删除学生成绩\n");
    printf("5.备份学生成绩\n");
    printf("6.退出系统\n");
}
```

7.2 俄罗斯方块的随机显示

俄罗斯方块是一款风靡全球的电视游戏机和掌上游戏机游戏,因为它的规则简单而变化无穷,深受玩家喜爱。俄罗斯方块的基本规则是移动、旋转和下落,游戏自动输出各种方块,玩家操纵它使之排列成完整的一行或多行完成消除得分,分数最高为赢。

例 7-7 编程实现俄罗斯方块的随机显示。

俄罗斯方块输出的图形基本上有七种,如图 7-5 所示。每种图形有左移、右移、下落、顺时针旋转、逆时针旋转等操作方式。

图 7-5 俄罗斯方块图

分析以上七种图形,每一种图形可以用一个 2×4 的矩阵来描述,有方块的位置矩阵相应位置为 1,没有方块的位置矩阵相应位置为 0。故每一种图形需要用一个二维数组来表示。那么存放七种图形就需要多维数组来表示,见表 7-1。

表 7-1 俄罗斯方块的描述

图形	矩阵描述
■■■■	0000 1111

续表

图形	矩阵描述
■ ■■■	1000 1110
■ ■■■	0001 0111
■■ ■■	1100 1100
■■ ■■	0110 1100
■ ■■■	0100 1110
■■ 　■■	1100 0110

在 C 语言中，可以定义一个三维数组来存放七种方块图形。

```
int  fk[7][2][4]={{{0,0,0,0} , {1,1,1,1}},      /* 第 1 种图形 */
                  {{1,0,0,0} , {1,1,1,0}},      /* 第 2 种图形 */
                  {{0,0,0,1} , {0,1,1,1}},      /* 第 3 种图形 */
                  {{1,1,0,0} , {1,1,0,0}},      /* 第 4 种图形 */
                  {{0,1,1,0} , {1,1,0,0}},      /* 第 5 种图形 */
                  {{0,1,0,0} , {1,1,1,0}},      /* 第 6 种图形 */
                  {{1,1,0,0} , {0,1,1,0}}       /* 第 7 种图形 */
                  };
```

为了随机显示不同的图形，需要了解以下几个 C 语言标准库函数。

1. srand 函数

函数 srand(unsigned zz)通过无符号整数参数 zz 指定随机函数的种子。种子不同，随机函数产生的序列不同。

2. rand 函数

函数 rand()用来获得一个界于 0～32767(0x7FFF)之间的伪随机数，并通过函数值返回。

3. time 函数

函数 time(time_t *timer)是获取或者设置当前的系统时间。当 timer 为 NULL 时，表示获取当前系统时间；当 timer 指针指向一个时间值时，表示设置当前系统时间。本程序使用 time 函数时的参数是 NULL，表示获取当前的系统时间，并且用当前的系统时间作为随机函数的种子，使得每次进入该程序，随机函数的种子都不同。

俄罗斯方块的随机显示代码如下

```
#include <stdio.h>
#include <stdlib.h>              /* 用到了 srand、rand 函数 */
```

```
#include <time.h>           /* 用到了 time 函数 */
#include <conio.h>          /* 用到了 getch 函数 */
int  fk[7][2][4]={{{0,0,0,0} ,{1,1,1,1}},     /* 第 1 种图形 */
                 {{1,0,0,0} ,{1,1,1,0}},      /* 第 2 种图形 */
                 {{0,0,0,1} ,{0,1,1,1}},      /* 第 3 种图形 */
                 {{1,1,0,0} ,{1,1,0,0}},      /* 第 4 种图形 */
                 {{0,1,1,0} ,{1,1,0,0}},      /* 第 5 种图形 */
                 {{0,1,0,0} ,{1,1,1,0}},      /* 第 6 种图形 */
                 {{1,1,0,0} ,{0,1,1,0}}       /* 第 7 种图形 */
                 };
void drawfk(int fkn)        /* 显示第 fkn 号图形 */
{
    int i,j;
    for (i=0;i<2;i++)       /* 分两行显示 */
    {
        for (j=0;j<4;j++)       /* 每行有 4 个位置 */
            if (fk[fkn][i][j])  /* 如果该位置是 1,则显示方块,否则显示空白 */
                printf("■");
            else
                printf("  ");
        printf("\n");
    }
}
int main()
{
    int fkn;                /* 方块号 */
    char choice;            /* 用户的按键 */
    srand((unsigned)time(NULL));     /* 初始化随机种子 */
    fkn=rand()%7;           /* 产生需要显示的方块序号 */
    do
    {
        drawfk(fkn);        /* 显示方块 */
        choice=getch();     /* 等待用户按键 */
        fkn=rand()%7;       /* 重新产生需要显示的方块序号 */
        system("cls");      /* 在 Visual C++ 表示清除字符界面的函数 */
    } while (choice!=27);/* 按键为 ESC 时退出 */
    return 0;
}
```

主函数主要功能是,在一个循环中随机显示图形,直到按键为 ESC 键退出。

运行结果：

图 7-6　俄罗斯方块的随机显示

在本例中，设计了一个三维数组 fk[7][2][4]来存放方块。这个数组是在所有函数之外定义的，这样的变量称为全局变量，在函数内部所定义的变量称为局部变量。例 7-7 也可以看出在函数内部可以直接使用函数外定义的数组。

7.2.1　局部变量和全局变量

在讨论函数的形参变量时曾经提到，形参变量只在函数被调用期间才分配内存单元，调用结束立即释放。这表明形参变量只有在函数内才是有效的，离开该函数就不能再使用了。这种变量的有效性范围称变量的作用域。不仅对于形参变量，C 语言中所有的变量都有自己的作用域。变量说明的方式与位置不同，其作用域也不同。C 语言中的变量按作用域范围可分为两种，即局部变量和全局变量。

1.局部变量

局部变量是在函数内部定义的，其作用域仅限于函数内部，所以局部变量也称为内部变量。函数以外的代码不能使用该函数的内部变量。局部变量包含两类：形参与函数内部定义的变量。

例如在例 7-7 的函数 drawfk 中，形参 fkn 与函数内定义的变量 i，j 的作用域如图 7-7 所示。

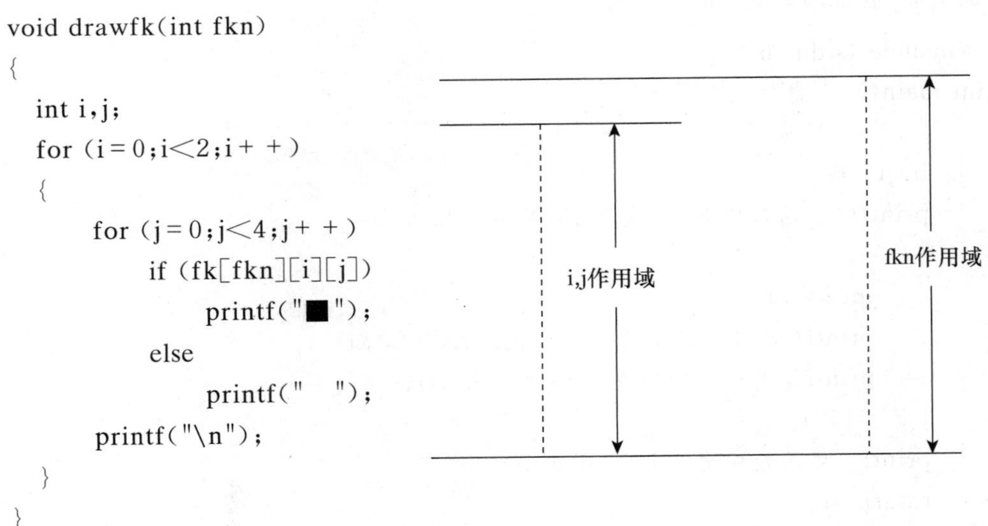

图 7-7　drawfk 函数局部变量的作用域

在不同的函数内，就算是相同的局部变量名，系统也不会混淆，因为它们的地址是不同的。关于局部变量的作用域还要说明以下几点：

①在主调函数内部定义的局部变量，在被调函数中是无法使用的；在被调函数中定义的局部变量在主调函数中也是无法使用的。这是因为C语言所定义的函数都是平行的。

②形参变量是属于被调函数的局部变量，它仅仅在被调函数中可以使用。

③允许在不同的函数中使用相同的变量名，它们代表不同的对象，分配不同的单元，互不干扰，也不会发生混淆。例如在例7-7中，形参和实参的变量名都为fkn。

④在复合语句中也可定义变量，其作用域只在复合语句花括号范围内。如果在复合语句中定义了与复合语句外变量同名的变量，那么在复合语句内只有内部变量有效，外部定义的变量无效，如图7-8所示。

```
void f1()
    {
        int sum , a;
       ……
       {
        int b;
        sum  =  a + b;
       ……
       }
       ……
    }
```

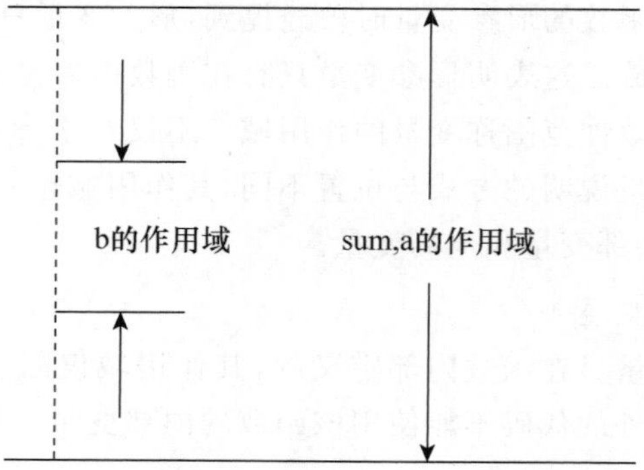

b的作用域　　sum,a的作用域

图7-8　复合语句局部变量的作用域

例7-8　验证局部变量的作用域。

```
#include <stdio.h>
int main()
{
    int i=1;
    printf("主函数中变量i地址:%X\n", &i);
    {
        int i=30;
        printf("复合语句中变量i地址:%X\n", &i);
        printf("复合语句中变量i=%d\n",i);
    }
    printf("主函数中变量i=%d\n",i);
    return 0;
}
```

运行结果：

```
主函数中变量 i 地址:18FF44
复合语句中变量 i 地址:18FF40
复合语句中变量 i=30
主函数中变量 i=1
```

本程序在 main 中首先定义了一个局部变量 i,初值为 1,变量的地址为 18FF44。紧接着在复合语句内又定义了一个局部变量 i,并赋初值为 30,变量地址为 18FF40。显而易见复合语句内外的两个 i 不是同一个变量。在复合语句外,main 定义的 i 起作用;在复合语句内则,复合语句内定义的 i 起作用。所以复合语句内的 printf 函数输出的值是复合语句内部定义的局部变量 i 的值 30;复合语句外的 printf 函数输出的值是复合语句外部定义的局部变量 i 的值 1。

2.全局变量

全局变量是在函数外部定义的变量,又称外部变量。它不属于任何一个函数,它属于所在的源程序文件。其作用域是从定义处开始到源程序结束。使用全局变量说明符 extern 可以扩展全局变量的作用域。如果 extern 位于函数内部,则全局变量作用域扩展至该函数内 extern 处到函数尾;如果 extern 位于同一个工程的其他源文件,则全局变量作用域扩展至该源文件 extern 处到该源文件结尾处,如图 7-9 所示。

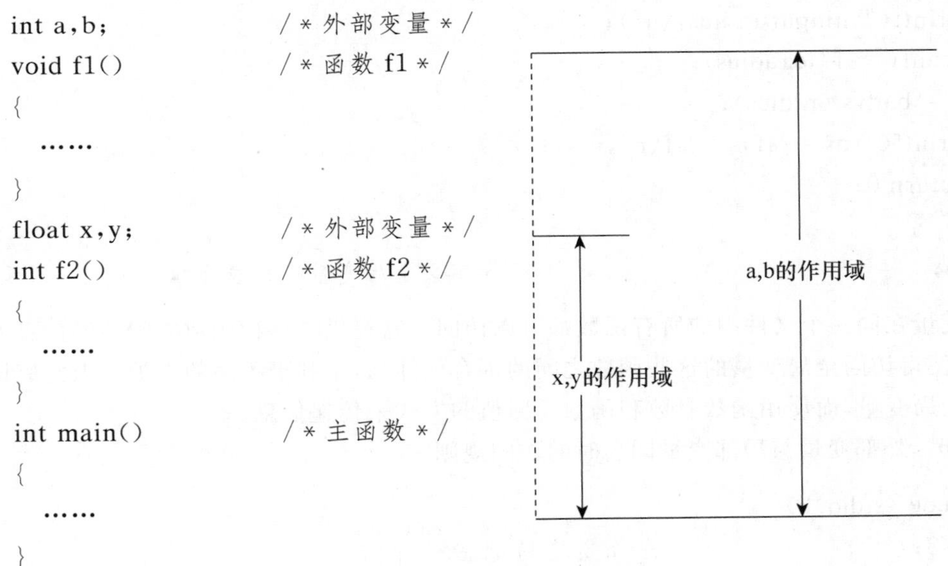

图 7-9　全局变量的作用域

x、y 是全局变量,其作用域是从定义行到该源程序结束,所以 x、y 在 f1 函数中无效。如果在所有函数之前或函数内部加上 extern float x,y,那么 x、y 的作用域得到了扩展。前一种是将 x、y 的作用域扩展到整个源程序,而后一种只是将 x、y 的作用域扩展到相应函数内部有效。

例 7-9　从键盘输入球的半径,用一个函数求出该球的体积与表面积。

由于函数只能有一个返回值,要想通过一个函数得到球的面积和体积,可以考虑将表面积放在一个全局变量 s 中，而函数的返回值为体积，则执行函数之后，体积与表面积都能求出来。

程序代码：

```
#include <stdio.h>
float ballvs( float r)                          /* 求半径为 r 的球的体积与表面积 */
{
    extern float s;      /* 因为全局变量 s 是在该函数之后定义的，故这里
                            需要对其进行说明，将作用域扩展到 ballvs 函数内部 */
    float v;
    v=(float)(4*3.14/3*r*r*r);     /* 求半径为 r 的球的体积 */
    s=(float)(4*3.14*r*r);          /* 求半径为 r 的球的表面积 */
    return v;
}
int main()
{
    float radius,v;
    extern float s;      /* 因为全局变量 s 是在该函数之后定义的，故这里
                            需要对其进行说明，将作用域扩展到 main 函数内部 */
    printf("\ninput radius:\n");
    scanf("%f",&radius);
    v= ballvs (radius);
    printf("\nv=%f,s=%f\n",v,s);
    return 0;
}
float s;                                        /* 定义全局变量存放表面积 */
```

全局变量在同一个文件中的所有函数都可以访问。它提供了一种函数之间传递信息的便利方式，但使得访问全局变量的这些函数之间的耦合度加强，不利于程序的维护。因此应该尽量少使用全局变量，而使用函数参数和函数返回值的方式来传递信息。

例 7-10 外部变量与局部变量同名时的访问规则。

```
#include <stdio.h>
int a=3;                        /* a 为全局变量 */
int main()
{
    int a=8;                    /* a 为局部变量 */
    printf("%d\n",a);
    return 0;
}
```

运行结果：

```
8
```

由运行结果可知,全局变量与局部变量同名,则在局部变量的作用范围内,全局变量被"屏蔽"。那么如果要获取全局变量的值,该如何操作呢?可以编写一个函数 get_global(),通过函数调用的方式来获取。这个例子也告诉大家应该尽量少使用全局变量。

```
int get_global_a()
{
    extern int a;
    return a;
}
```

7.2.2　变量的存储类别

在 C 语言中,程序执行所占内存分为程序区、静态存储区和动态存储区三个部分,如图 7-10 所示。

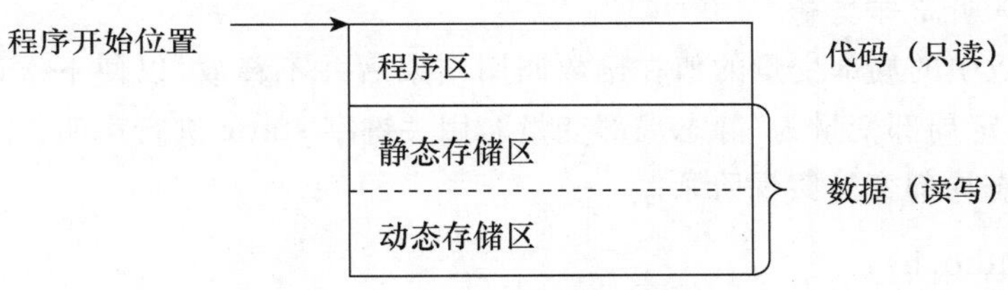

图 7-10　用户内存示意图

程序区存放的是程序的代码与程序中用到的字符常量,这个区在程序的执行过程中是只读的。变量只能存放在静态存储区或者动态存储区。静态存储区的变量在程序开始运行时分配,程序运行结束时收回,在程序运行期间始终占用固定的存储空间。动态存储区的变量是在程序运行期间动态进行分配和回收。

C 语言静态存储区定义的变量缺省值为 0,动态存储区定义的变量缺省值是随机的。存放在静态存储区的变量只有一次分配内存的过程,在程序结束之前一直占据相同地址的内存单元,所以每次访问的都是同一个内存地址。静态存储区的内存变量的生命周期是整个程序的执行期。动态存储区的内存变量的生命周期一般是一个函数的执行期。每次执行函数,动态存储区的变量都要创建和撤销。每次函数调用时再重新分配空间,动态存储区的内存变量所占的内存地址可能不相同。

全局变量都存放在静态存储区。在程序开始执行时给全局变量分配存储区,程序执行完毕才释放。

动态存储区存放以下数据:

(1)函数形式参数;

(2)自动变量(未加 static 声明的局部变量);

(3)函数调用时的现场保护与返回地址;

为了正确的描述变量的存储类型和变量的作用域,可以使用以下几种修饰符来修饰变量。

1. auto 变量

局部变量如不专门声明为 static 存储类别，都是动态地分配存储空间的。变量数据存储在动态存储区中。函数中的形参和在函数中定义的变量(包括在复合语句中定义的变量)都属此类。在调用该函数时系统会给它们分配存储空间，在函数调用结束时就自动释放这些存储空间，这类局部变量称为自动变量。自动变量可用关键字 auto 作存储类别的声明。

例如：

```
int f(int a)                /* 定义 f 函数,a 为参数 */
{
    auto int b,c=3;         /* 定义 b,c 自动变量 */
    ……
}
```

a、b、c 都是自动变量，执行完 f 函数后，自动释放 a,b,c 所占的存储单元。

关键字 auto 可以省略。即局部变量之前没有 auto，缺省属于动态存储方式。

2. 用 static 声明局部变量

有时希望函数中的局部变量的值在函数调用结束后并不释放，以便下次调用时能继续使用，这时就应该指定局部变量为“静态局部变量”，用关键字 static 进行声明。

例 7-11　静态局部变量实现阶乘。

```
#include <stdio.h>
int fstatic(int n)                          /* 函数 fstatic(int n)是求 n 的阶乘 */
{
    static int c=1;                         /* 定义静态局部变量 */
    if(n>0)
        c=c*n;
    return(c);
}
int main()
{
    int i;
    for(i=0;i<6;i++)
        printf("%d! =%d  \n",i,fstatic(i));  /* 调用 5 次函数 */
    return 0;
}
```

运行结果：

```
0! =1
1! =1
2! =2
```

```
3! =6
4! =24
5! =120
```

从这个例子可以发现，静态局部变量并不会随着函数的返回而释放。它在整个程序运行期间只初始化一次，之后每次函数调用都是在前一次静态局部变量值的基础上继续参与运算。

静态局部变量与自动局部变量有以下几点不同：

(1)静态局部变量在静态存储区内分配存储单元，在整个程序运行期间都不释放。自动变量(即动态局部变量)属于动态存储类别，存储在动态存储区，函数调用结束后即释放。

(2)静态局部变量在编译时赋初值，即只赋初值一次；自动变量赋初值是在函数调用时进行，每调用一次函数重新给一次初值，相当于执行一次赋值语句。

(3)如果在定义局部变量时不赋初值，对静态局部变量来说，编译时自动赋初值 0(对数值型变量)或空字符(对字符变量)。而对自动变量来说，如果不赋初值则它的值是一个不确定的值。

(4)静态局部变量的生命周期是随着程序执行开始，程序结束停止；自动局部变量的生命周期是随着函数调用而产生，函数执行结束而自动结束。不管是静态局部变量还是自动局部变量，其作用域均为局部，也就是只能在定义的函数内部使用，函数外部是不能使用的。

3.register 变量

C 语言允许将局部变量的值存放在 CPU 的寄存器中，这种变量称为“寄存器变量”，它是用关键字 register 作声明。由于寄存器的存取速度比内存快，可以把使用频率高的变量定义为 register 变量，以提高程序的执行效率。

例 7-12　使用寄存器变量求 0～5 的阶乘值。

```
#include <stdio.h>
int fac(int n)                        /*求阶乘*/
{
    register int i,f=1;
    for(i=1;i<=n;i++)
        f=f*i;
    return(f);
}
int main()
{
    int i;
    for(i=0;i<=5;i++)
        printf("%d! =%d\n",i,fac(i));
    return 0;
}
```

对于寄存器变量有几点说明：

(1)只有局部自动变量和形式参数可以声明为寄存器变量；

(2)一个计算机系统中的寄存器数目有限，不能定义任意多个寄存器变量；

(3)局部静态变量不能定义为寄存器变量；

(4)有些C语言编译器会自动根据变量使用频率选择为register变量；有些C语言编译器即使编程时指定为register变量，执行时根据当时情况仍可能为auto变量。

4. 用extern声明全局变量

全局变量是在函数的外部定义的，它的作用域为从变量定义处开始，到本源程序文件结束为止。如果在定义点之前的函数或者同一工程的其他源文件中想引用该外部变量，则应该在引用之前用关键字extern对该变量作“外部变量声明”。表示该变量是一个已经定义的外部变量。有了此声明，就可以从“声明”处开始到文件结束或者函数结束处，使用该外部变量，如例7-9的s变量。

5. 用static声明全局变量

如果用static修饰全局变量，则该全局变量只能在定义该变量的源文件中使用，不能被其他源文件使用。这相当于限定了该全局变量的作用域，从而将本文件的全局变量和外界隔离，使得在进行结构化程序设计时，不同文件即使使用了同名全局变量也不会相互影响。

7.3 汉诺塔

在印度，有一个古老的传说：在世界中心贝拿勒斯的圣庙里，一块黄铜板上插着三根宝石针。印度教的主神梵天在创造世界的时候，在其中一根针从下到上穿好了由大到小的64个金片，其他两根为空，这就是所谓的汉诺塔(简化模型如图7-11所示)，也叫梵塔。不论白天黑夜，总有一个僧侣在按照下面的规则移动这些金片：一次只移动一片，不管移动到哪根针上，小片必须在大片上面。梵天说，当把所有的金片从梵天穿好的那根针上移到另外一根针上时，世界将在一声霹雳中消失，而梵塔、庙宇和众生也都将同归于尽。

例7-13　试求出汉诺塔问题中的金片移动顺序。

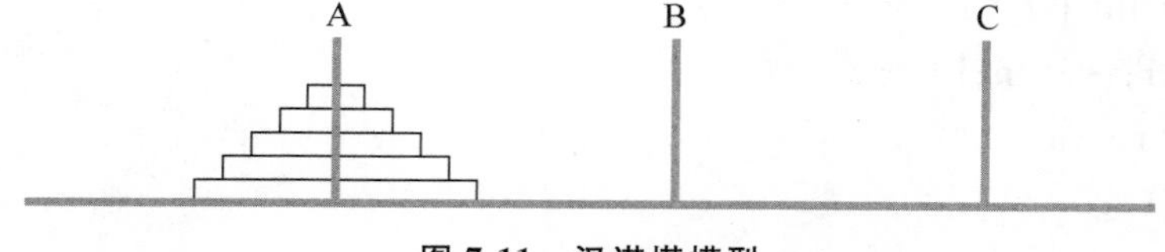

图7-11　汉诺塔模型

2000年春晚，宋丹丹与赵本山的小品《钟点工》有一段相声，说：要把大象装冰箱，总共分几步？答：总共三步，第一步打开冰箱门；第二步把大象装进去；第三步关上冰箱门。这个相声说出了解决这个问题的三个有效步骤，但同时留下两个难题。那么要将n个金片从A塔移动到C塔总共分几步？答：总共分三步，第一步将上面的n-1个金片移动到B塔；第二步将A塔上最后一个金片移动到C塔；第三步将已经移动到B塔上的n-1个金片再移动到C塔，如图7-12所示。但这三步也留下了两个难题，一是如何将A塔上的n-1个金片移动到B塔；二是如何将B塔的n-1个金片移动到C塔。这两个难题同样可以分三步解决，而且金片数减少了1。如此类推，当金片数减少到1时，所有的问题就都解决了。

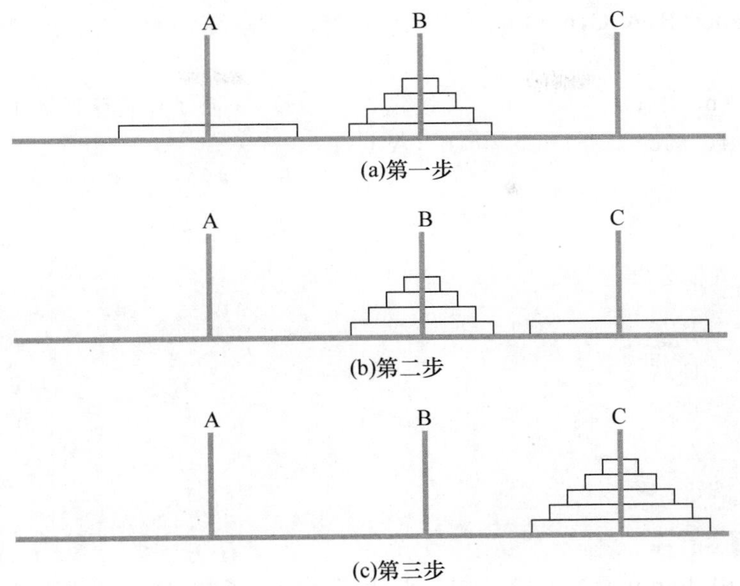

(a)第一步

(b)第二步

(c)第三步

图 7-12　汉诺塔三步解决法

A塔上的n个金片移动到C塔上需要三步。其中B塔是用来暂存A塔顶部的n-1个金片的。这样一个过程可以用函数hanoi(char A,char B,char C,int n)来描述,其中第一个参数表示A塔,第二个参数表示B塔,第三个参数表示C塔,第四个参数表示A塔上金片的个数。该函数的功能是将n个金片从A塔通过B塔移动到C塔。

那n-1个金片又是怎么从A塔移动到B塔的呢?可以通过调用函数hanoi(A,C,B,n-1)来实现,这样问题的规模就从n下降到了n-1了。当问题规模下降到1的时候,问题的解决方法就非常简单了,直接从A塔移动到C塔就可以。C语言把这种自己直接或间接调用自己的函数称为递归函数。

程序代码:

```
#include <stdio.h>
#define N 3                                  /*初始化为3个金片*/
int main(void)
{
    void hanoi(char A,char B,char C,int n);  /*函数说明*/
    hanoi('A','B','C',N);
    return 0;
}
void hanoi(char A,char B,char C,int n)
{
    if (n>1)
    {
        hanoi(A,C,B,n-1);                    /*第一步*/
        printf("%c---->%c\n",A,C);           /*第二步*/
```

```
        hanoi(B,A,C,n-1);                    /*第三步*/
    }
    else if (n==1)                           /*问题规模降低到1时*/
      printf("%c---->%c\n",A,C);
}
```

运行结果：

```
A---->C
A---->B
C---->B
A---->C
B---->A
B---->C
A---->C
```

在这个例子中，hanoi函数的定义中又调用了hanoi函数，这种调用形式称为递归调用，这样的函数称为递归函数。

C语言中不允许作嵌套的函数定义。但允许在一个函数的定义中出现对另一个函数的调用，这就是函数的嵌套调用。即在被调函数中又调用其他函数。其关系可表示如图7-13所示。

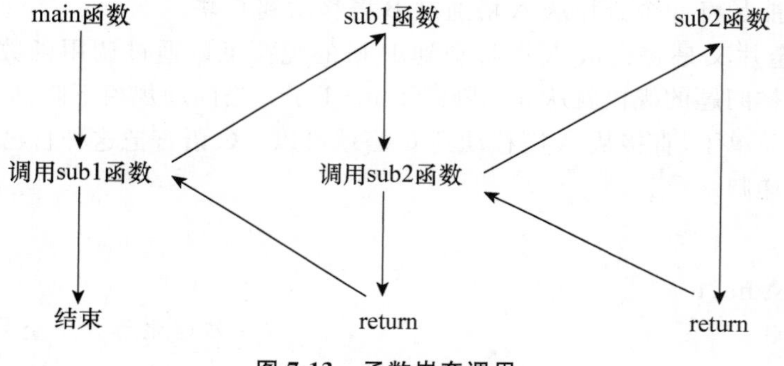

图7-13　函数嵌套调用

图7-13表示了两层嵌套的情形，箭头表示了程序执行的顺序。其执行过程是：main函数中执行到调用sub1函数的语句时，即转去执行sub1函数，在sub1函数中执行到调用sub2函数时，又转去执行sub2函数，sub2函数执行完毕返回sub1函数被中断的地方继续执行，sub1函数执行完毕返回main函数被中断的地方继续执行。

在汉诺塔案例中，函数调用时有一个特殊现象，被调函数与主调函数是同一个函数。在C语言中，把这种直接或间接调用自身的函数叫递归函数。递归调用有两种情况，如果在调用一个函数的过程中，函数的某些语句又直接调用函数本身，这就形成了函数的直接递归调用。如图7-14表示了直接递归调用。

如果在调用一个函数的过程中，函数的某些语句间接调用函数本身，这就形成了函数的间接递归调用。如图7-15表示了一种间接递归调用现象。

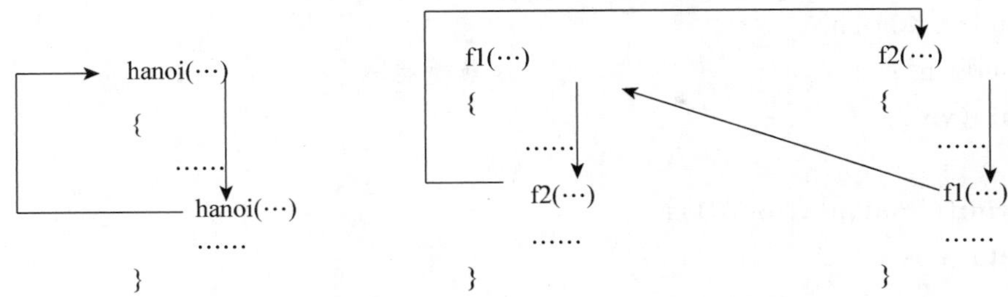

图 7-14　函数直接递归调用　　　　图 7-15　函数间接递归调用

f1 函数内部的某条语句调用了 f2，而 f2 函数的某条语句又调用了 f1，构成了间接递归调用。不论是直接递归调用还是间接调用，递归调用都形成了调用的回路，如果递归的过程没有一定的终止条件，程序就会陷入类似死循环的情况，这对程序来说是致命的。因此，在设计递归函数时，一定要保证递归过程在某种条件下可以结束。递归函数是嵌套调用函数的一种特例，递归函数一般有以下几个特征：

(1)必须有一个递归终止条件，例如在汉诺塔问题中，当 n＝1 时，直接移动金片而不用再递归了。一般来讲，在递归函数中，终止条件下的问题求解最简单。

(2)在求解问题规模为 n 的递归函数中，一定要将问题规模分解成若干步骤，每一步骤仅仅完成若干问题规模小于 n 的问题求解。

(3)上述两点一定分属于一个选择结构中的两个分支，否则不能逻辑终止。

例如在汉诺塔案例中，终止条件为 n＝＝1，在该条件下，问题求解非常简单：printf("%c---->%c\n",A,C)，输出移动结果即可；在求解问题规模为 n 的时候，求解步骤为：

```
hanoi(A,C,B,n-1);                  /* 将上方的 n-1 个金片移动到 B   */
printf("%c---->%c\n",A,C);         /* 最底下的金片移动到 C          */
hanoi(B,A,C,n-1);                  /* B 上的 n-1 个金片移动到 C     */
```

在以上三步中，每一步的问题规模都比 n 小；并且从逻辑上可以认为以上三步是在 n＞1 的情况下执行的。

递归算法虽然简单，但执行开销是比较大的。在汉诺塔问题中，如果 n＝64，假定每秒运行 10 亿次的计算机，要完成将 64 个金片从 A 柱移动到 C 柱的计算，至少需要 1623 年才能完成。

例 7-14　求斐波那契(Fibonacci)数列的第 10 项。

Fibonacci 数列的数学公式如下：

$$\text{Fibonacci 公式}:\begin{cases} fib(1)=1 & n=1\text{ 时} \\ fib(2)=1 & n=2\text{ 时} \\ fib(n)=fib(n-1)+fib(n-2) & n>2\text{ 时} \end{cases}$$

很明显，Fibonacci 公式为递归公式，其递归终止条件为 n＝1 和 n＝2，此时 Fibonacci 数为 1；当 $n\leqslant 0$ 时，不存在 Fibonacci 数，当 $n\geqslant 3$ 时，$fib(n)=fib(n-1)+fib(n-2)$；当 $n\geqslant 3$ 时，问题的求解规模 n 转化为两次更小的求解规模 n－1 和 n－2，可见该例题适合于用递归函数来实现。

程序代码：

```
#include <stdio.h>
int fib(int n);                          /* 函数说明 */
int main(void)
{
    printf("%d\n",fib(10));
    return 0;
}
int fib(int n)
{
    if (n>2)
        return fib(n-1)+fib(n-2);
    else if(n==1||n==2)
            return 1;
        else
            return -1;
}
```

程序结果

```
55
```

例 7-15 编程求 10! 的值。

解法 1:递归解法

阶乘可以用如下递归公式表示:

$$\text{Fact}(n)=\begin{cases}1 & 0\leqslant n\leqslant 1\text{ 时}\\ n*\text{Fact}(n-1) & n>1\text{ 时}\end{cases}$$

fact 递归函数其递归终止条件为 n<=1。程序代码如下:

```
#include <stdio.h>
long fact(int n)
{
    if (n<=1)
        return 1;
    else
        return (n*fact(n-1));
}
int main()
{
    long result = 0;
    result = fact(10);
    printf("%ld\n",result);
```

```
    return 0;
}
```

运行结果：

```
3628800
```

解法 2：非递归解法

n! =1×2×3×…×n，所以可以用一个 for 循环完成值的求解。

```
#include <stdio.h>
long fact(int n)
{
    int i,result=1;
    for (i=1;i<=n;i++)
        result = result * i;
    return result;
}
int main()
{
    long result = 0;
    result = fact(10);
    printf("%ld\n",result);
    return 0;
}
```

运行结果：

```
3628800
```

递归函数和循环结构存在着一定的联系。递归函数一般都能转化非递归的循环结构，递归函数是通过多次调用自身来实现循环的，这种函数的调用需要用到系统堆栈，故递归的效率会低于循环结构。递归的深度不应太深，以防堆栈溢出。下面以 fact(4)=4! 为例来说明递归的执行过程：

(1)进入函数 fact(4)，4 > 1，因此准备执行 4 * fact(3)，先调用 fact(3)；
(2)进入函数 fact(3)，3 > 1，因此准备执行 3 * fact(2)，先调用 fact(2)；
(3)进入函数 fact(2)，2 > 1，因此准备执行 2 * fact(1)，先调用 fact(1)；
(4)进入函数 fact(1)，这次 n==1，因此函数的返回值为 1；
(5)回到 fact(2)，计算 2 * 1，fact(2)调用结束并返回 2；
(6)回到 fact(3)，计算 3 * 2，fact(3)调用结束并返回 6；
(7)回到 fact(4)，计算 4 * 6，fact(4)调用结束并返回 24。

最终得出 fact(4)=24，如图 7-16 所示。

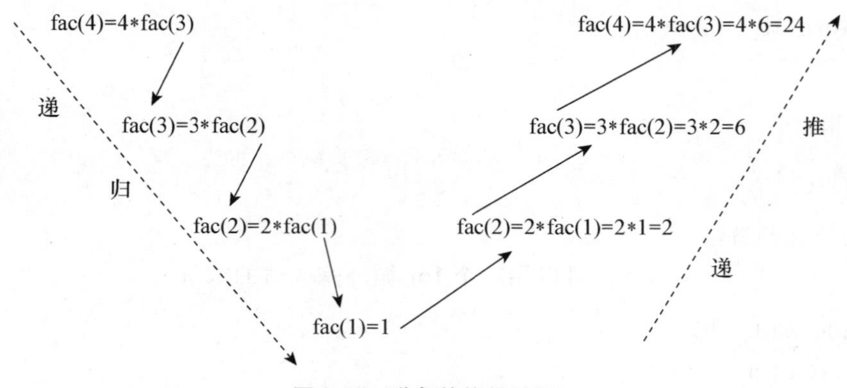

图 7-16 递归的执行过程

7.4 明文与密文

随着计算机和互联网络的迅猛发展和广泛应用,计算机系统安全、网络安全成了整个社会日益关注的重要问题。倘若计算机和网络中存在大量的安全隐患,不单单会导致机器无法正常工作,还将导致信息的泄密,从而影响国家的经济、金融和军事安全。信息加密和解密是重要的安全技术,也被公认为是解决计算机系统安全和网络安全问题的最好途径之一。

通常,将需要加密的信息称为明文,明文可以是文字、数字、可执行的程序或其他类型的信息。用某种方法重新组合数据以隐藏明文的内容,这个过程称为加密。加密后的信息称为密文,而把密文转变为明文的过程称为解密。传统的加密系统是以密钥为基础的一种对称加密,也就是说,用户使用同一个密钥来加密和解密,其过程如图 7-17 所示。

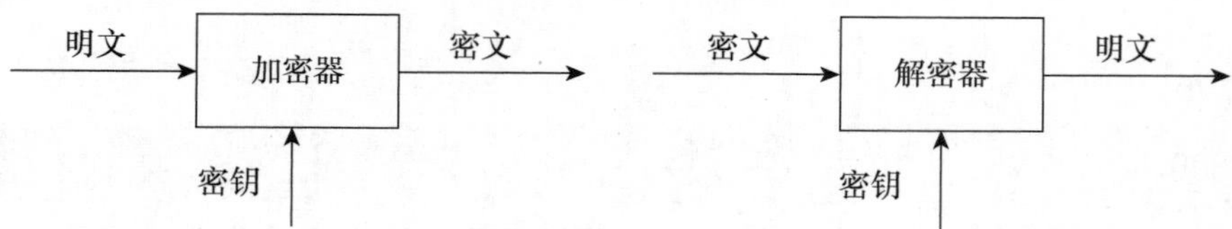

图 7-17 信息加密和解密过程

例 7-16 将一密码明文加密,并将该密文解密在屏幕上输出。

将密码明文字符串放入一个字符数组中,然后通过加密算法对其进行加密。将密码明文作为函数参数传递给加密函数进行加密,这样其他模块不能查看要加密的字符数组,保证信息的私秘性。在适当的时候在再用解密函数将密文解密成明文输出。本案例加密算法采用简单的异或运算实现每个字符的加密处理。

程序代码:

```
#include <stdio.h>
#include <string.h>
/* 加密解密函数 */
void coding(char str[], char k)    /* str 是明文或密文的字符串,k 是密钥 */
{
```

```
    int i, num;
    num = strlen(str);              /* num 是字符串的长度 */
    for( i=0; i<num; i++ )
        str[i] = str[i] ^ k;        /* 异或运算 */
}
int main()
{
    char key=(char)0xFA;
    char password[] = "C program!";
    printf("明文是:\n");             /* 显示 str 存储的明文 */
    printf("%s\n", password);
    coding(password, key);  /* 对 str 用 key 加密,得到密文保存在 str,显示密文 */
    printf("加密后密文是:\n");
    printf("%s\n", password);
    coding(password, key);      /* 对 str 用 key 解密,得到明文保存在 str,显示解密
                                   的明文 */
    printf("解密后明文是:\n");
    printf("%s\n", password);
    return 0;
}
```

加密和解密采用同一个字节的密钥,都是对字节数组进行按位异或运算,所以加密和解密可以使用同一个函数。主函数中,首先显示明文字符串,加密后再显示密文,通常密文显示的是乱码信息,最后密文解密显示还原的明文信息。解密后的字符串与原来的明文对比是相同的。这三步证实了加密解密的两个过程的正确性。

运行结果:

```
明文是:
C program!
加密后密文是:
冠姟瞻垱樟
解密后明文是:
C program!
```

通过上面的例子可知,采用数组名作为参数可以使数组元素的值在函数内部发生改变,而且这种改变是能带回给主调函数。

数组可以作为函数的参数使用,进行数据传送。数组用作函数参数有两种形式,一种是把数组元素(下标变量)作为实参使用;另一种是把数组名作为函数的形参和实参使用。

1.数组元素作函数实参

数组元素就是下标变量,它与普通变量并无区别。如果它作为函数实参与普通变量是完全相同的。在函数被调用时,把作为实参的数组元素的值传送给形参,实现单向的值传送。

例 7-17 数组中存有一个班学生的成绩，请编程打印该班的等级成绩。A:90 分及以上，B:80 分及以上，C:60 分及以上，D:60 分以下。

程序代码：

```
#include <stdio.h>
int score[10] = {98,89,78,67,45,67,78,98,87,68};
void printdata(int v)            /* 形参的定义为普通整型数据 */
{
    if(v<60)
        v = 'D';
    else if(v<80)
            v = 'C';
        else if(v<90)
                v = 'B';
            else
                v = 'A';
    printf("%3c",v);

}
int main()
{
    int i;
    printf("score is:\n");
    for(i=0;i<10;i++)
      printf("%3d",score[i]);
    printf("\n");
    for(i=0;i<10;i++)
      printdata(score[i]);      /* 将数组元素 score[i]作为参数 */
    printf("\n");
    for(i=0;i<10;i++)
      printf("%3d",score[i]);
    printf("\n");
    return 0;
}
```

运行结果：

```
score is:
98  89  78  67  45  67  78  98  87  68
A  B  C  C  D  C  C  A  B  C
98  89  78  67  45  67  78  98  87  68
```

本程序中首先定义一个无返回值函数 printdata,并说明其形参 v 为整型变量。在函数体中根据 v 值将 v 改写为等级成绩并打印出来。在 main 函数中有三个 for 语句,第一个与第三个 for 语句都是将全局变量数组打印出来,第二个 for 语句是调用 printdata 将成绩改为等级成绩输出。从运行结果可以发现,虽然在 printdata 函数中将形参 v 改写成等级成绩了,但函数执行完后数组 score 的元素并没有改变,这就是函数参数的单向值传递,形参的改变是不会影响实参的。

2.数组名作为函数参数

在例 7-17 中,用数组元素作实参时,虽然函数内部改变了该值,但数组元素的值并未发生改变。这符合函数的参数传递是"实参到形参的单向值传递"的规则。但在例 7-16 中,用数组名作为实参时,在函数内部改变形参数组的元素,实参数组中元素也发生了改变。这说明用数组名作参数时产生了新的特性。

数组名作函数参数时,并不是把实参数组的每一个元素的值都赋予形参数组的各个元素。实际上形参数组并不存在,编译系统不为整个形参数组分配内存,只为形参分配一个内存用来存放该数组的地址。那么,数据的传送是如何实现的呢? 前面曾介绍,数组名就是数组的首地址,它是一个地址常量。因此在数组名作函数参数时所进行的传送是将数组的首地址传送给形参。其实它也遵守单向值传递的规则,也就是说把实参数组的首地址赋予形参数组名。形参数组名取得该首地址之后,也就等于有了该数组。实际上是形参数组和实参数组为同一数组,共同拥有一段内存空间。所以形参数组元素的改变也是实参数组元素的改变。但在整个函数内部,实参只是数组的首地址,是常量,形参是存放数组首地址的变量,可以在函数内部接受其他数组的首地址,可以发生改变。

例 7-18　数组 a 中存放了一个学生 5 门课程的成绩,设计函数求学生的平均成绩。

程序代码:

```
#include <stdio.h>
float aver(float a[],int n)
{
    int i;
    float av,s=0;
    for(i=0; i<n; i++)
      s=s+a[i];
    av=s/n;
    return av;
}
int main()
{
    float sco[5],av;
    int i;
    printf("input 5 scores:\n");
    for(i=0; i<5; i++)
```

```
    scanf("%f",&sco[i]);
  av=aver(sco,5);                    /* 数组名做实参 */
  printf("average score is %.2f\n",av);
  return 0;
}
```

本程序首先定义了一个实型函数 aver，形参为实型数组 a 和整数 n。在函数 aver 中，把各元素值相加求出平均值并返回给调用函数。主函数 main 中首先完成数组 sco 各元素的输入，然后以 sco 5(表示数组长度)作为实参调用 aver 函数，将函数返回平均成绩赋值给变量 av，最后输出 av 值。从运行情况可以看出，程序实现了所要求的功能。调用函数时参数传递的过程如图 7-18 所示。

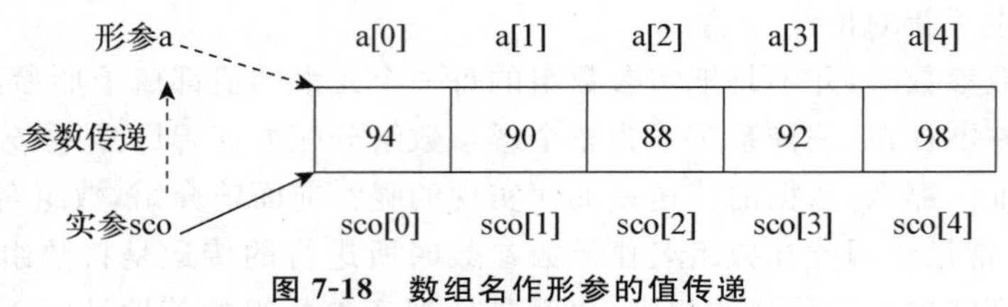

图 7-18　数组名作形参的值传递

图 7-18 说明了数组名做参数时产生的新情况。图中设 sco 为实参数组，数组类型为实型。a 为形参数组名。当函数被调用时，sco 的值传送给 a，即把实参数组 sco 的首地址传送给形参数组名 a，于是 a 也取得数组 sco 的首地址，从而 sco 与 a 两数组共同占有同一段连续内存单元。从图中还可以看出 sco 和 a 下标相同的元素占有相同的内存单元，这就是形参数组元素改变使得实参数组元素的值也改变的原因。

前面已经讨论，在变量作函数参数时，所进行的值传送是单向的，即只能从实参传向形参，不能从形参传回实参。而形参的值发生改变后，实参并不改变。使用数组名作函数参数时，由于形参指向的数组与实参数组共享了同一段内存，因此当形参数组发生变化时，实参数组也随之变化，其实此时的形参 a 地址并没有变。这种情况不能理解为发生了“双向”的值传递。

用数组名作为函数参数时还应注意以下几点：

① 形参数组和实参数组的类型必须一致，否则将引起错误。

② 实参虽然能把数组首地址传给形参，但不能告知数组的长度。当形参数组的长度与实参数组不一致时，程序执行结果将与实际不符并且隐藏着风险。所以通常另外设计一个参数用来表示数组的长度。

例如：

```
void f(int a[], int n)        /* 参数 n 用来接收数组 a 的长度 */
```

在例 7-16 中，coding 函数虽然没有传递实际字符数组的长度，但是它对参数的要求是字符串，是根据字符串的结束标志'\0'，来判断数组是否结束的。

③ 多维数组也可以作为函数的参数。在函数定义时对形参数组可以指定每一维的长度，或省略去第一维的长度。因此，以下写法都是合法的。

```
int max(int a[3][10])
```

或

```
int max(int a[][10],int n)
```

7.5 内部函数和外部函数

随着软件规模的不断增长，软件的开发通常需要团队的通力合作才能完成，软件所包含的源文件数也变得越来越多。一个源文件中的某些函数可以被同一工程中的所有源文件共享；而某些函数仅仅在其源文件内部使用。限制函数的使用范围可以避免函数名的冲突，保证了该函数的私用性。根据一个函数能否被其他源文件的函数调用，函数可以分为内部函数与外部函数两类。它们是通过函数定义时，函数数据类型前面是否有 static 关键字来区分的；如果有 static 则是内部函数，没有则是外部函数。

例 7-19　file1.c，file2.c，file3.c，file4.c 四个源代码文件协同完成从键盘输入一个字符串，将字符串中指定的字符删去，然后输出修改后的字符串。

file1.c 文件定义一个主函数 main，调用其他文件中实现的函数来完成本程序的功能。file2.c 文件定义 enter_string 函数，采用 gets 函数从键盘接受一个字符串。file3.c 文件定义 delete_string 函数，遍历字符串，把指定的字符删除，并把后面的字符向前移动一位。file4.c 文件定义 print_string 函数，把字符串输出到显示器。

程序代码：

```
/* file1.c(文件 1) */
#include <stdio.h>
#include <conio.h>
extern void enter_string(char str[]);
extern void delete_string(char str[], char ch);
extern void print_string(char str[]);
int main()
{
    char c;
    char str[80];
    printf("请输入字符串\n");
    enter_string(str);
    printf("请输入要删除的字符\n");
    scanf("%c",&c);
    delete_string(str,c);
    printf("删除后的字符串\n");
    print_string(str);
    getch();            /* 中断程序执行，等待用户敲入任意键再执行，让用户看清字符
                           界面的信息 */
```

```
    return 0;
}
/* file2.c(文件 2) */
#include <stdio.h>
void enter_string(char str[80])
{
    gets(str);
}
/* file3.c(文件 3) */
#include <stdio.h>
void delete_string(char str[],char ch)
{
    int i, j;
    for(i=j=0; str[i]!='\0'; i++)
        if(str[i]!=ch)
            str[j++]= str[i];
    str[j] = '\0';
}

/* file4.c(文件 4) */
#include <stdio.h>
void print_string (char str[])
{
    printf("%s\n",str);
}
```

程序执行结果:

```
请输入字符串
www.zhku.edu.con
请输入要删除的字符
o
删除后的字符串
www.zhku.edu.cn
```

在例 7-19 中,四个文件同属于一个工程,如图 7-19 所示,例 7-19 的结构如图 7-20 所示。

在本例中,各个函数之间的调用关系如图 7-21 所示。enter_string,delete_string 及 print_string 函数均不在 file1.c 文件中定义,且在 file1.c 源文件中不用使用宏命令把其他文件包含进来,而是通过 extern 关键字的函数说明,指示该函数已经在工程的其他文件或库目标文件中实现,使四个文件协同完成工作。

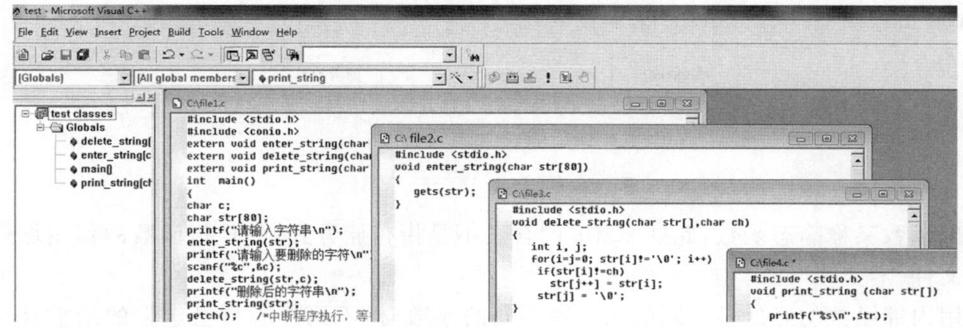

图 7-19　多文件项目

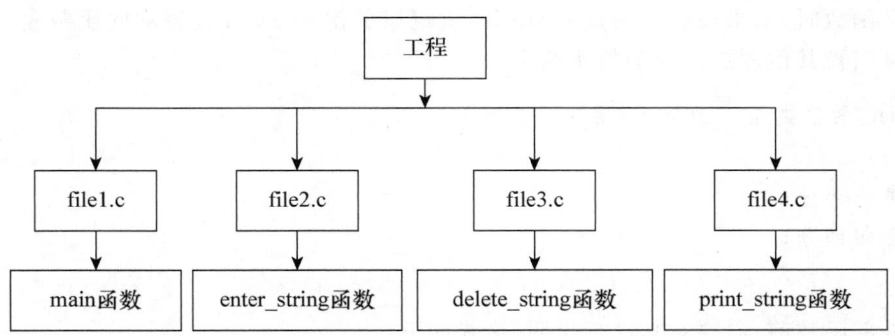

图 7-20　工程框架

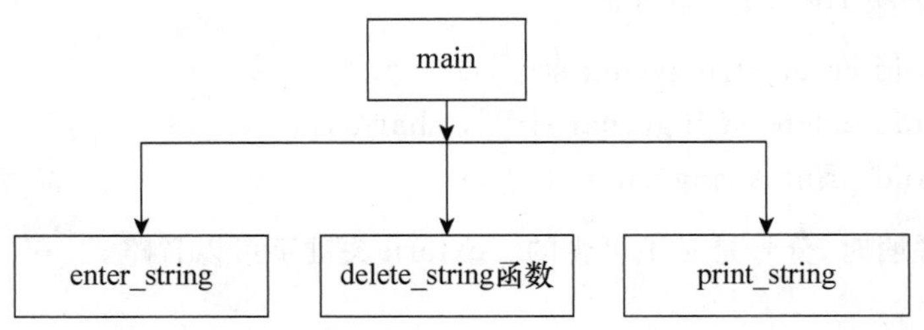

图 7-21　函数调用关系

在 C 语言中，设计一个函数的目的就是为了能被其他函数调用，所以函数基本都是全局函数，但也可以限定函数仅能在定义的源文件中使用。当一个源程序由多个源文件组成时，C 语言根据函数能否被其他源文件中的函数调用，将函数分为内部函数和外部函数两类。

1. 内部函数

如果函数只能被本源文件中的函数调用，而不能被其他源文件中定义的函数调用，这种函数称为内部函数。

在定义一个函数时，如果在函数类型前再加一个 static 关键字，那么这个函数就被指定为内部函数，如下：

```
static 函数类型  函数名(函数参数表)
{
    声明部分;
    语句部分;
}
```

内部函数又称静态函数,此处 static 的含义不是指存储方式,而是指函数的作用域仅局限于本源文件。

使用内部函数的好处是不同的人编写不同的函数时,不用担心自己定义的函数是否会与其他文件中的函数同名。

2.外部函数

在定义函数时,如果没有加关键字 static,或冠以关键字 extern,表示此函数是外部函数,这类函数可以被其他源文件的函数所调用。

```
[extern]函数类型  函数名(函数参数表)
{
    声明部分;
    语句部分;
}
```

调用外部函数前,需要对其进行说明,格式如下:

```
[extern]函数类型  函数名(参数类型表);
```

例如案例 7-19 中 file1.c 文件中的:

```
extern void enter_string(char str[]);
extern void delete_string(char str[], char ch);
extern void print_string(char str[]);
```

在函数原型说明时,分号是必不可少的。extern 关键字可以省略。

习题七

1.函数原型的作用是什么?

2.什么是函数形式参数?什么是函数实际参数?形式参数与实际参数之间有什么关系?

3.传递一个数组为什么需要两个参数?

4.使用全局变量有什么好处?有什么坏处?

5.数组名作参数时,为什么在函数内部修改形参数组的元素实参数组元素也被修改?

6.设计一个函数,使用以下无穷级数计算 $\sin x$ 的值。$\sin x = \frac{x}{1!} - \frac{x^3}{3!} + \frac{x^5}{5!} - \frac{x^7}{7!} + \cdots\cdots$。舍去的绝对值应小于 ε,ε 的值由用户选择。

7.写一个函数实现整数数组的冒泡排序。

8.设计一个函数求两个正整数的最大公约数。

9.编写一个求 x 的 y 次幂的函数，x 为 double 型，y 为 int 型，要求递归方式实现求 x^y 的值。

10.编写一个函数实现在一个字符串中查找最长的单词的位置，假定字符串中只有字母与空格，空格用来隔开单词。

第 8 章　预处理命令

本章学习目标

- 掌握宏定义与宏替换使用的一般方法
- 掌握文件包含的处理方法
- 了解条件编译的使用方法
- 获得运用预处理命令解决问题的能力

预处理是指编译器在进行编译之前对源文件进行的处理。几乎每个 C 语言源程序都会有若干预处理命令,它由预处理程序负责完成。预处理命令包括宏定义、文件包含及条件编译等。合理使用预处理功能编写的程序便于阅读、修改、移植和调试,也有利于模块化程序设计。预处理命令不是 C 语言的一部分,不是语句,仅仅是编译器进行编译之前的预编译处理。

8.1　宏

在 C 语言源程序中,允许用一个标识符来代表一个字符串,该标识符称为“宏名”,简称为宏。在编译预处理时,对程序中所有出现的“宏名”,都用相应的字符串去代替,这称为“宏替换”或“宏展开”。

宏是由源程序中的宏定义命令完成的。宏替换是由预处理程序自动完成的。

例 8-1　定义一个宏,求出在 100 m 高空一个实心铁球自由落体的时间。

在物理上,有自由落体公式:$h=1/2gt^2$,其 g 为地球重力加速度,它是一个常量,可以用宏的方式来计算自由落体的时间。

程序代码:

```
#include <stdio.h>
#include <math.h>
#define G 9.8                           /*宏定义*/
#define T(h) sqrt(2*h/G)
int main()
{
    int h;
```

```
    h = 100;
    printf("自由落体时间 t = %f\n",T(h));
    return 0;
}
```

运行结果：

```
自由落体时间 t = 4.517540
```

在这个例子中，定义了两个宏 G 和 T(h)，其中 G 为重力加速度，T(h)求自由落体时间。宏名可以使一个字符串变得有意义，使程序变得更加容易理解。另外，仅仅更改宏定义的字符串，就能使所有出现宏名的地方修改，维护起来更容易，还能提高编程的效率和可移植性。用一个短小的宏名代替一个长字符串，可以在编程中减少重复输入某些字符串的工作量，进一步减少出错的概率。

预处理命令是在编译前执行的，以上两个宏在编译前会进行宏的展开，上面的 main 函数会变成如下代码：

```
int main()
{
    int h;
    h = 100;
    printf("自由落体时间 t = %f\n", sqrt(2 * h/9.8));
    return 0;
}
```

宏定义使“9.8”变得有意义，代表地球重力加速度。如果想提高求解的精确度，仅仅需要在宏定义处修改 G 的字符串代表的精度即可。

宏有两种方式，即无参宏与有参宏，例 8-1 中，G 是无参宏；T 为有参宏。宏的两种方式的定义都是以 #define 指令开始。为了与变量名、函数名等区别，宏名通常由大写字母组成。对程序中反复使用的表达式、字符串等进行宏定义可以使程序的输入更简单、程序代码更精炼、维护更方便。

1. 无参宏定义

#define 指令定义一个标示符代表一个字符串，在预处理时，源程序中出现该标示符的地方都用字符串替换，这就是无参宏定义。其中标示符为宏名，代表的字符串称为宏体，并以回车键结束。宏体不能用分号结束字符串。宏体可以是常数、表达式及格式串等。

无参宏定义的一般形式为：

```
#define 宏名　字符串
```

这样的例子有很多，例如：

```
#define PI 3.14
#define MAXSIZE 1000
```

```
#define N 100
```

为了提高程序的适应性，很多情况下会将程序中的一些常量用宏实现，这样便于修改维护。

2.有参宏定义

有参宏是指宏定义时带有参数，带参宏可以适应更为灵活情况，因为它有类似于函数的形式，有时称为类函数宏。

带参宏定义的一般形式为：

```
#define 宏名(形参表)  字符串
```

在宏定义中的参数称为形式参数，形参列表中只有参数名称，没有参数的数据类型，用逗号分隔开。宏体为包括各个参数的字符串。在宏调用中的参数称为实际参数。在预处理时，不仅要宏展开，而且要进行参数替换，用实参去代换形参。即带参宏的替换过程首先将实参替代宏体中的形参，形成一个无参宏，然后再用字符串进行宏替换。

例 8-2 用宏来交换两个变量的值。

```
#include <stdio.h>
#define SWAP(x,y) x=x^y;y=x^y;x=x^y
int main()
{
    int i=3, j=6;
    printf("i=%d,j=%d\n", i, j);
    SWAP(i,j);
    printf("i=%d,j=%d\n", i, j);
    return 0;
}
```

运行结果：

```
i=3,j=6
i=6,j=3
```

带参宏对参数是不做类型检查的，它只是用参数原始替换。这可能会带来一些好处，例如上例的SWAP宏，它可以用来交换任意两个类型相同的变量之间的数据。如果使用函数来实现，则需要设计多个函数。

对于宏定义还要说明以下几点：

(1)宏在注释、字符串或者作为另一个长标示符中的一部分时，它就不会被替换。

```
#define PI  3.14
/*  PI:圆周长  */
printf("PI\n");
float PI_len;
```

虽有 PI 的宏定义，但在以上这三种情况下是不会被替换的。

(2)C 语言中，宏名通常由大写字母组成，以便与其他标示符进行区别。

(3)宏定义是用宏名来表示一个字符串，在宏展开时又以该字符串取代宏名。如果为带参宏，则用宏的实参代替宏的形参，这只是一种简单的代换。字符串中可以含任何字符，可以是常数，也可以是表达式，预处理程序对它不做任何检查。如有错误，只能在编译已被宏展开的源程序时发现。

(4)宏定义必须写在函数之外，其作用域为宏定义命令起到源程序结束。如要终止其作用域可使用#undef 命令。

例如：

```
#define G 9.8
#define T(h) sqrt(2 * h/G)
int main()
{
……
}
#undef G
f1()
{
……
}
```

因为#undef G 的存在，G 只在 main 函数中有效，在 f1 函数中无效。

(5)宏定义允许嵌套，在宏定义的字符串中可以使用已经定义的宏名。在宏展开时由预处理程序层层代换。

例如：

```
#define G   9.8
#define T(h)    sqrt(2 * h/G)
```

(6)带参宏定义中，宏名和形参表之间不能有空格出现，否则会当成无参宏定义。

```
#define T (h)   sqrt(2 * h/G)
```

上述定义会当作无参宏 T，此宏要用"(h)　sqrt(2 * h/G)"来代替。

由于宏的展开仅仅是一种简单的替换，所以经常会出现一种出乎意料的结果，请看如下例子所示：

```
#define   MULT(x,y)   x * y
```

result = MULT(2 + 3,5 + 5)，result 的值不是 50，而是 result = 2 + 3 * 5 + 5 = 22。

```
#define   N   x + y
```

result = N * N，result 不是 N 的平方而是 result = x + y * x + y。

从以上替换结果可以看出，宏在进行算术运算时，非常容易出现问题，为了避免这类问题通常将宏体中参数用括号括起来。

```
#define  MULT(x,y)((x)*(y))
#define  N  (x+y)
则 MULT(2+3,5+5)=((2+3)*(5+5))
  N*N=(x+y)*(x+y)
```

对于宏要注意以下几个问题：

(1)#define PI 3.14 与 const float pi=3.14 的区别

PI与pi都代表常量3.14，但PI是在编译预处理时，用3.14字符串来替换，编译之后PI就不存在了，对PI是不分配存储单元的。常变量pi要占用存储单元，有变量值，只是该值不能改变，在运行时它的值固定为实型3.14，在整个常变量的生命周期都可以使用。从使用的角度看，常变量具有宏的优点，而且使用方便。

(2)#define INTEGER int 与 typedef int integer 的区别

integer是整型数据类型的别名，而INTEGER不是数据类型标示符，是用户定义的一个标示符，需要进行宏展开，然后再进行数据类型的定义。

(3)#define CIRLEN(r) 3.14*(r)*2 与 float cirlen(float r){ return 3.14*r*2; }的区别

前一种CIRLEN(r)是一个有参宏，编译时在每一个调用的地方都是简单替换；而后一种是一个函数，在程序中通过函数调用来执行相应的代码。

8.2 文件包含

文件包含是在C源程序中通过#include<文件1>预处理命令将“文件1”全部内容插入到当前位置，也就是把另外一个文件包含进来。

文件包含命令行的一般形式为：

```
#include "文件名"    (或者 #include〈文件名〉)
```

在前面已多次使用文件包含命令。例如：

```
#include "stdio.h"    (或者 #include〈 stdio.h 〉)
#include "math.h"     (或者 #include〈 math.h 〉)
```

文件包含命令的功能是把指定的源文件插入到该命令行位置，并取代该命令行，即把指定的文件复制到当前的源程序文件指定的位置。例如file1.c文件中有一个#include<file2.c>，其内容如图8-1所示，进行编译预处理后，file1.c的内容包含了file2.c。

在程序设计中，文件包含有许多用途。一个大的程序可能由多个文件组成，用文件包含命令可以将多个文件组织起来。符号常量、结构体定义、宏定义等内容可单独组成一个文件，在其他文件的开头用文件包含命令包含该文件即可共同使用其内容，从而可避免在每个文件开头书写这些内容，从而节省时间，并减少错误。

对文件包含命令还要说明以下几点：

(1)包含命令中的文件名可以用双引号括起来，也可以用尖括号括起来。例如以下写法都

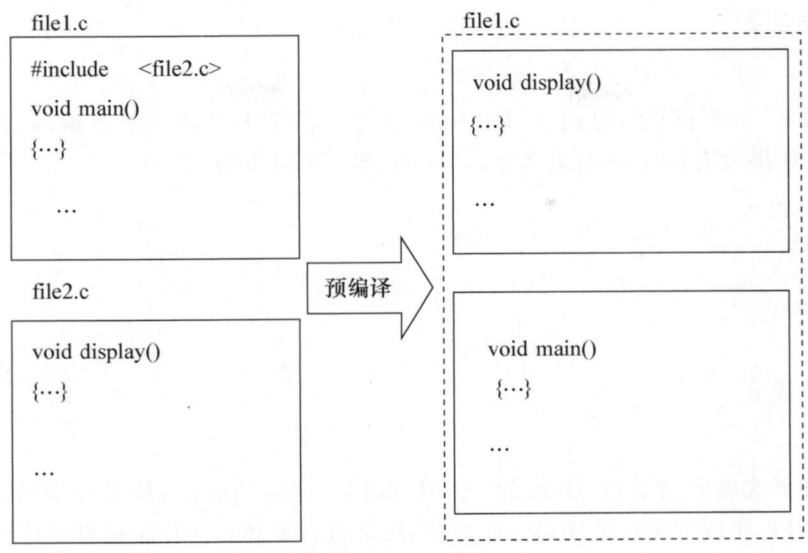

图 8-1　文件包含

是允许的。

```
#include "stdio.h"
#include 〈math.h〉
```

但是这两种形式是有区别的：使用尖括号表示编译器只在系统目录中去查找指定的文件(系统目录是由用户在设置环境时设置的)；使用双引号则表示首先在当前源文件目录中查找，若未找到再到系统目录中查找。用户编程时可根据自己文件所在的目录选择某一种命令形式。

(2)一个 include 命令只能指定一个被包含文件，若有多个文件要包含，则需用多个 include 命令。

(3)文件包含允许嵌套，即在一个被包含的文件中又可以包含另一个文件。但是在包含的过程中，要注意变量不要重复定义。

8.3　条件编译

预处理程序还提供了条件编译的功能，可以根据不同的条件来编译不同的程序部分，从而可以在不同的条件下产生不同的目标代码文件。这有利于程序的移植和调试。善于利用条件编译，可以减少被编译的语句，减少目标代码的长度，减少运行时间，提高程序效率。

条件编译有三种形式，下面分别介绍：

1. 第一种形式

```
#ifdef 标识符
    程序段 1
[#else
```

```
    程序段 2]
#endif
```

它的功能是：如果标识符已被 #define 命令定义，则对程序段 1 进行编译；否则对程序段 2 进行编译。如果没有程序段 2(它为空)，#else 部分可以省略。

2. 第二种形式

```
#ifndef 标识符
    程序段 1
[#else
    程序段 2]
#endif
```

与第一种形式的区别是将"ifdef"改为"ifndef"。它的功能是：如果标识符未被 #define 命令定义，则对程序段 1 进行编译，否则对程序段 2 进行编译。同样若没有程序段 2，#else 部分可以省略。

3. 第三种形式

```
#if 常量表达式
    程序段 1
[#else
    程序段 2]
#endif
```

它的功能是：如常量表达式的值为真(非 0)，则对程序段 1 进行编译，否则对程序段 2 进行编译。因此可以使程序在不同条件下，完成不同的功能。

例 8-3 在程序调试时，使用条件编译控制编译器编译调试代码，显示某些调试信息。

```
#include <stdio.h>
#define DEBUG 1
int max(int a,int b)
{
    int result;
    #if DEBUG ==1
        printf("形参 a=%d\n",a);
        printf("形参 b=%d\n",b);
    #endif
        result= (a>b)? a:b;
    #if (DEBUG ==1)
        printf("result=%d\n",result);
    #endif
    return result;
```

```
}
int main()
{
    int a,b;
    printf("请输入 a b:\n");
    scanf("%d%d",&a,&b);
    printf("最大值:%d\n",max(a,b));
    return 0;
}
```

运行结果：

```
请输入 a b:5   6
形参 a=5
形参 b=6
result=6
最大值:6
```

为了在调试时能看到某些调试信息，在函数中加入了条件编译指令，当调试正确后，可以将 DEBUG 的值改为 0，重新编译后，则这些调试信息不会显示。如果 DEBUG 的值为 0，经过预处理后程序代码为：

```
#include <stdio.h>
int max(int a,int b)
{
    int result;
    result= (a>b)? a:b;
    return result;
}
void main()
{
    int a,b;
    printf("请输入 a b:\n");
    scanf("%d%d",&a,&b);
    printf("最大值:%d\n",max(a,b));
}
```

显然上面介绍的条件编译也可以用条件语句来实现。但是用条件语句将会对整个源程序进行编译，生成的目标代码程序较长，而采用条件编译，则根据条件只编译其中的程序段 1 或程序段 2，生成的目标程序较短。如果条件选择的程序段比较长，采用条件编译的方法是十分必要的。

习题八

1.用 const 定义的常量与＃define 定义的常量宏有何区别?
2.预处理命令有哪几种类型?
3.有参数宏与函数有什么区别?
4.试定义一个宏,实现求两个表达式 x 与 y 的最大值。
5.使用文件包含命令的哪种格式容易找到所指定的文件?为什么?
6.试定义一个宏,求一个数的绝对值。
7.试定义一个宏,使得三个数 a,b,c 递增排列。
8.宏的使用过程有哪几个步骤?
9.条件编译有哪几种类型?
10.如何避免一个源文件被重复编译?

第 9 章　指针

本章学习目标

- 掌握指针的定义与引用
- 掌握数组与指针的关系
- 掌握参数为指针的函数的用法
- 掌握动态内存分配和释放的方法
- 了解多维数组的指针运算
- 获得运用指针解决复杂问题的能力

指针是 C 语言中广泛使用的一种数据类型。指针是 C 语言的重要手段之一。利用指针变量可以很方便地使用数组和字符串;能够使函数得到多个返回值;与汇编语言一样处理内存地址,从而编出精练而高效的程序。指针是学习 C 语言中最重要的一环,正确理解和使用指针是精通 C 语言的一个标志。指针也是学习 C 语言最为困难的一部分。要掌握指针不仅要正确理解基本概念,还要多编程,多上机调试。

9.1　动态数组

例 9-1　从键盘输入数组的大小 n,并输入 n 个整数值,打印输出该 n 个数值的平均值。

通过第 6 章数组的学习,大家知道在 C 语言中是不能通过如下方式来创建数组的。

```
int n;
int data[n];
```

在 C 语言中,实现根据键盘输入值确定数组的大小,需要用到内存申请函数创建数组。这种按照用户的需要在程序运行过程中,才确定元素个数的数组,被称为动态数组。

程序代码:

```
#include <stdio.h>
#include <stdlib.h>          /* 头文件 stdlib.h 有 calloc 函数说明 */
int main()
{
    int n,i,s=0;
    int *p;                  /* p 为指向一个整型数据的指针变量 */
```

```
    printf("请输入数组的大小 n:");
    scanf("%d",&n);
    p=(int *)calloc(n,sizeof(int));  /* 申请 n 个元素的存储空间,每个大小为 si-
                                        zeof(int)  */
    if (p! =NULL)                    /* 如果申请成功,则 p 不为 0  */
    {
        for (i=0; i<n; i++)
        {
            scanf("%d",&p[i]);
            s=s+p[i];
        }
        printf("平均值=%f  ",(float)s/n);
        printf("\n");
        free(p);                     /*  申请的动态内存空间用完之后,需要释放*/
    }
    return 0;
}
```

程序通过库函数 calloc 向系统申请存放 n 个整数的连续存储空间,并将该存储空间的首地址保存在指针变量 p 中。如果申请成功,p 可以像数组一样被使用。

采用这种动态申请的方法创建数组具有更好的灵活性,可以在程序运行期间动态地申请存储空间,需要保存多少数据,就申请多大的存储空间,使用结束就把该存储空间归还给系统,从而可以有效地利用存储空间。动态数组是 C 语言指针提供的一种典型的应用。通过学习指针,还可以进一步利用指针,编写出效率更高的程序。

9.1.1 指针的概念

在计算机中,为方便管理,存储空间通常划分为一个个基本存储单元,每个基本存储单元存放一个字节的数据。计算机系统给每个字节存储单元一个唯一的编号,该编号称为地址。在 Visual C++ 中,为整型变量分配四个字节存储单元,变量以 32 位补码的方式存放到这个存储单元中,变量的地址为起始字节的地址。例如一个整型变量 i,其值为 0x00000102,保存在以 6000 地址开始的存储单元中,则称变量 i 的地址为 6000,如图 9-1 所示。

在 C 语言中,任何一个变量都有三要素:名称、值与地址。每一个变量都有一个名称,在初始化、赋值之后都会有一个值,即便没有赋值,变量也会有一个缺省的值(零或者随机数)。变量的地址亦是与生俱来。只要给变量分配了内存单元,变量就有了地址。在 C 语言中,变量的地址就是指针,指针就是变量所分配存储单元的起始地址。

变量的三要素是"三位一体"的,是一个统一的整体。访问内存单元的值有两种访问方式,一种是通过变量名的方式来访问,另外一种是通过地址的方式来访问。在第 7 章,大家已经知道数组名作函数实参时,会把数组的首地址传给形参,从而使得形参与实参共用同一个内存区域。这也是访问内存既可以用变量名也可以用变量地址的一个实证。

如图 9-2 所示,有一个指针变量 p 和一个整型变量 i。i 变量分配了 4 个字节存储空间,起

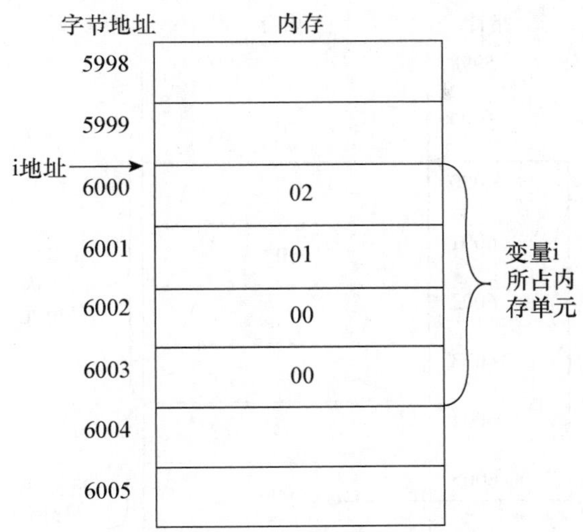

图 9-1　变量 i 的内存分配情况

始的地址为 6000(地址用十进数表示)。指针变量 p 的值为 6000,p 变量分配了 4 个字节存储空间,起始地址为 6004。p 的值为 i 的地址,即变量 p 存储了变量 i 的地址,则称 p 指向变量 i,或说 p 是指向 i 的指针变量。

指针变量是一种特殊的变量,它的值是一个地址。指针变量和其指向的变量的关系,可以用带方向的线把它们连接起来表示(像一只射出的箭,有起始,有目标),如图 9-2 所示。为了简化表示,仅用带箭头的线表示指针变量的关系。箭头线的起始点变量为指针变量。存储的地址是箭头线的目标,即指向的变量的地址,如图 9-3 所示。有的时候可以把指针变量的值去掉,也可以明白地表示指针变量与其指向的变量的关系。

严格地说,一个已经定义的变量占有固定的存储空间,其地址(指针)是不变的,是一个常量。一个指针变量自身亦占有固定的存储空间,如图 9-2 中的指针变量 p。它占有的存储空间是 6004－6007 四个字节。这四个字节的地址在变量 p 的生存期内也是不变的。在变量的三要素中,可变的是值,其他两项是不可变的。指针变量的值是可以改变的,说明指针可以指向不同的内存单元,从而通过指针可以更加灵活的访问内存。指针变量通常简称为指针。定义指针变量的目的是为了有效地访问指定的存储空间。

既然指针变量的值是一个地址,那么指针变量中存放的地址可以是普通变量的地址、另外一个指针变量的地址、字符串的地址、数组的地址、结构体的地址,也可以是某个函数的地址。根据地址类型的不同,指针可以分为:变量的指针、指针变量的指针、字符串的指针、数组元素的指针、数组的指针、结构体的指针和函数的指针等多种。在一个指针变量中存放一个数组或一个函数的首地址有何意义呢？因为数组和函数代码都是连续存放的,通过访问指针变量取得了数组或函数的首地址,就可以找到该数组或函数。这样,数组或函数就可以用一个指针变量来表示,只需要将该指针变量赋予数组或函数的首地址即可。在 C 语言中,一个变量往往占有一片连续的存储空间。用“地址”这个概念并不能很好地描述变量,而指针变量的值虽然是一个地址,但它却是一个变量的首地址。它含有指向存储空间中若干字节的信息,使概念更为清楚,表示更为明确。这也是引入“指针变量”概念的一个重要原因。

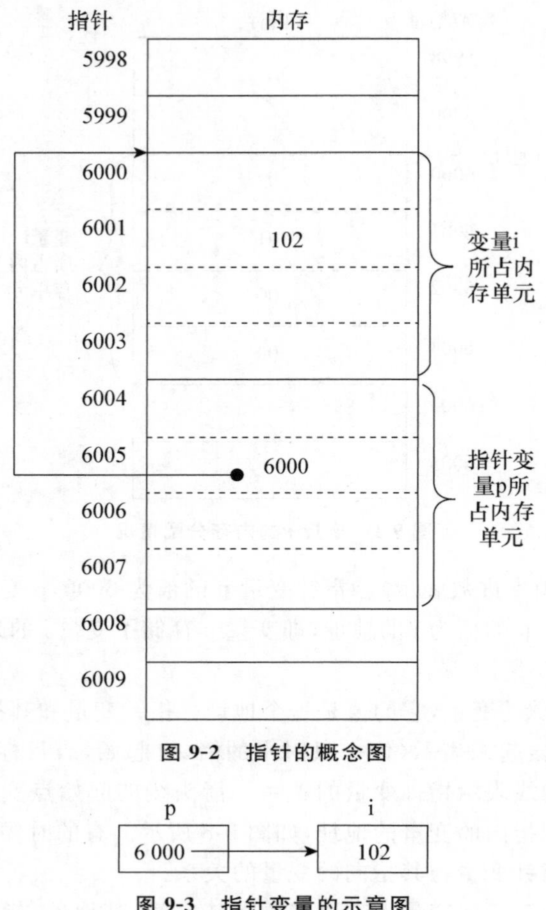

图 9-2 指针的概念图

图 9-3 指针变量的示意图

9.1.2 指针变量的定义

指针变量的定义格式为：

数据类型符 *变量名；

数据类型符是指针变量所指向的变量的数据类型。它决定了该指针指向的内存单元有多少个字节，它给出了指针确切的含义。符号 * 表示其后定义的变量是一个指针变量，它可以与指针变量名连在一起，也可以分开，甚至连接到数据类型符后面。

例如：

```
int *p1;
```

表示 p1 是一个指针变量，它只能指向某个整型变量，指向的内存区间包含 4 个字节。该变量只能存储整型变量的地址。至于 p1 究竟指向哪个整型变量，应由向 p1 赋予的地址来决定。

```
int* p2, i;
```

表示 p2 是指向 int 类型的指针变量，i 是 int 普遍变量。如果想定义两个同一类型的指针变量，需要在每个变量名前都加上 * 符号，如定义指向 float 的指针变量 p3 和指针变量 p4。

```
float *p3, *p4;
```

指针变量也有作用域，分为全局指针变量和局部指针变量。对于局部指针变量，也可以用 static 修饰，表示该指针变量分配到静态存储区，可以在整个程序执行期间保存地址值，例如：

```
static char *p5;
```

9.1.3　指针变量的赋值

指针变量定义后，指针变量的值是不确定的，在早期的操作系统，如果使用可能造成系统的混乱，甚至系统的崩溃。现代的操作系统安全性更高，访问非法地址时会被操作系统中止。指针变量在使用之前必须赋值。通过指针可以直接操控内存，如果不能精确使用，会带来问题，很多系统的问题都是因为使用指针带来的。在使用指针时，必须遵守一些如下原则。

1. 指针变量使用前必须保证其指向了一个正确的地址

任何变量在定义的时候都会有一个初始值。如果该变量是动态区内的变量，其初始值是随机的；如果该变量是静态区内的变量，其初始值是 0。

使用指针访问内存或者对内存赋值时，要特别注意指针内的地址是用户空间内的正确地址，不能是系统空间的地址，也不能是其他程序空间的地址。早期的操作系统安全性不高，这种操作可能会带来系统崩溃，现代操作系统则会中止这种操作，如图 9-4 所示。

```
#include <stdio.h>
int main()
{
    int *ip;
    printf("%d", *ip);
    return 0;
}
```

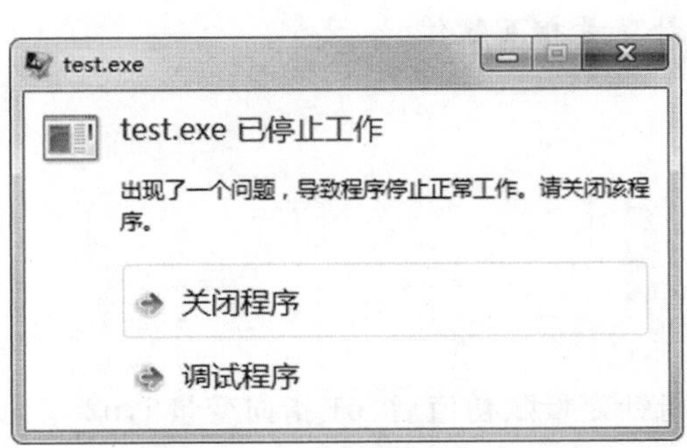

图 9-4　指针变量访问非法

因为 ip 指针没有初始化，故其值是随机的。用一个随机的地址去访问内存，这不符合操作系统的安全性要求。就算对 ip 进行初始化：ip = NULL，访问 *ip 还是会出现这个错误的，因为 NULL 地址并非用户空间。所以对指针访问时要确保该指针指向了一个正确的地址。

指针变量赋值为 0 或 NULL，表示指针不指向任何对象，称为空指针或零指针。NULL 是在 stdio.h 中定义的符号常量。空指针通常有两种用途：一是避免指针变量的随意指向，二是在链表中表示空链或者已经到链表的尾部。但要记住：不能用空指针去访问内存。

2. 变量的地址赋值给指针变量

指针变量可以由变量的地址赋值，要求该变量的数据类型必须与指针变量的数据类型相同。变量定义后编译器为它分配唯一存储单元，而且存储单元的地址在变量的整个生存周期是不变的。从第 3 章可以知道，在高级程序设计语言中，变量名就是变量所分配存储单元的地址，变量名在编译之后就转换为相应的变量地址。但是在高级语言中变量名的引用是引用该变量的值，而不是变量的地址。为了区分获取的是变量值还是变量的地址，C 语言提供了取变量地址运算符 &(在 scanf 函数中已经使用过)。地址运算符的操作数必须是变量，不能是常量和表达式。

```
int i = 200;
int *ip;
ip = &i;      /* 变量 i 的数据类型和指针变量 ip 所指向的数据类型相同，可以赋值 */
```

把 i 的地址赋值给指针变量 ip 之后，ip 就指向了变量 i。假设变量 i 的地址为 0x1800，这个赋值可形象理解为图 9-5(a)所示的联系。在 C 语言中，变量的地址是由编译系统分配的，用户不知道变量的具体地址。只有使用取地址运算符才可以获取变量的地址，所以可以将图 9-5(a)简化为图 9-5(b)。

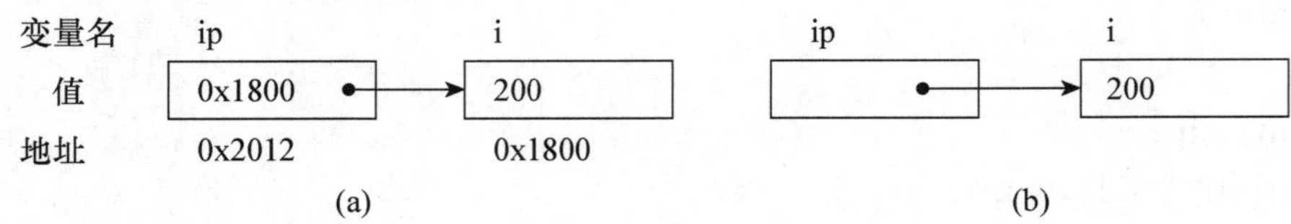

图 9-5 指针指向图

3. 相同数据类型的指针变量相互赋值

例如，

```
int i = 10, j = 20;
int *p1, *p2;
p1 = &i;
p2 = &j;
```

经过给 p1 和 p2 两个指针变量赋初值后，p1 指向变量 i，p2 指向变量 j，如图 9-6 所示。

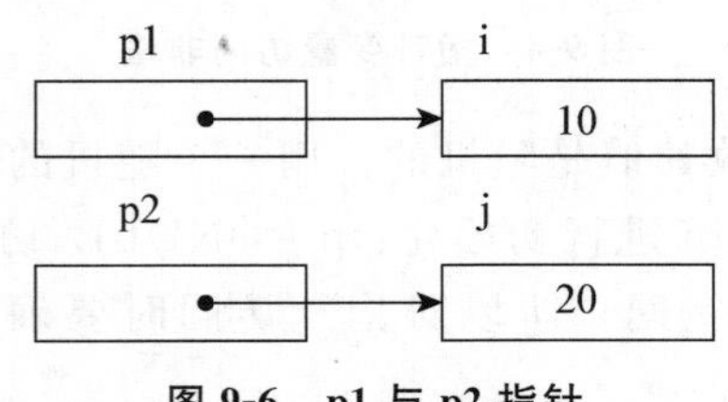

图 9-6 p1 与 p2 指针

由于 p1 和 p2 都是指向整型的指针变量，所以它们可以相互赋值，如：

```
p2 = p1;
```

经过 p1 赋值给 p2 后，两个指针变量都指向了变量 i，如图 9-7 所示。

如果是 ＊p2 = ＊p1 会是什么效果呢？是将 p1 指向的内存单元的值取出来，存放到 p2 指向的内存单元中去。如图 9-8 所示。

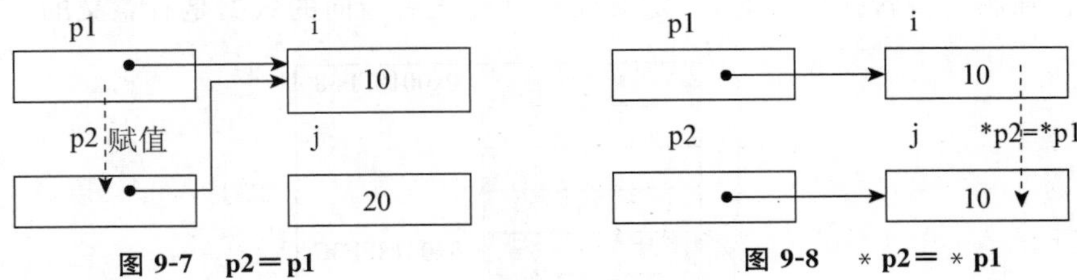

图 9-7　p2＝p1　　**图 9-8　＊p2＝＊p1**

4. 指针变量的强制类型转换

原则上不要去使用强制类型转化一个指针，除非你能确定内存中数据经过强制类型转化还是有意义的。指针变量只能指向同类型的变量，C 语言语法允许通过强制类型转换实现不同数据类型之间的赋值。在指针变量的强制类型转换时，虽然可以消除类型转化时的警告，但这种操作可能带来隐患。在使用指针变量强制类型转换时，要注意以下两点：

(1)强制类型转换的指针应该指向一个合法的地址。

(2)强制类型转换后，要确定指针是指向内存中的一个有意义的数据。

```
char *pc;
pc = (char *)2000;
```

这虽然没有语法错误，但难以保证地址 2000 是程序自己用户空间，因此，通过 pc 去修改内存变得不可控制。

```
#include <stdio.h>
int main()
{
    double *p,d=655350000;
    int a=0;
    p=(double *)&a;
    printf("d=%lf,a=%d\n",d,a);
    printf("*p=%lf\n",*p);
    return 0;
}
```

在 Visual C++ 该程序执行时，变量 p,d,a 在内存中的分配如图 9-9。p 指针强制赋值为 a 的地址，由于 p 是指向 double 型数据，使得 p 指向的内存为 a 的四个字节加上 d 的低位四个字节。系统会将这样 8 个字节作为一个 double 数据。

其运行结果如下：

```
d = 655350000.000000,a = 0
*p = 105658906227133050000000000000000000000000000000000000000000000000
000000000000000000000000000000000000000000000000000000000000000000000
000000000000000000000000000000000000000000000000000000000000000000000
0000000000000000000000000000000000000000000000000000000000000.000000
```

故在进行强制类型转换指针时,一定要注意其转化后指向的数据是有意义的。

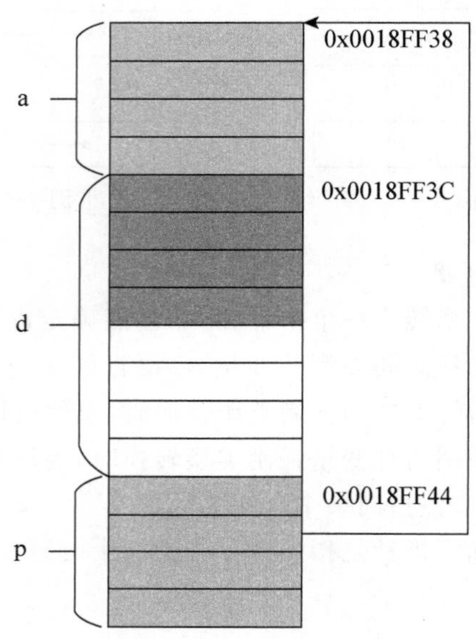

图 9-9　变量在内存中的分配

9.1.4　指针变量的引用

当一个指针变量指向一个变量后,程序就可以通过这个指针变量间接引用指向变量的值,或者通过指针变量对指向的变量赋值。C语言提供了指针运算符 *,用来访问指针变量所指向的变量。指针运算符是单目运算符,具有右结合性,优先级与++及--相同。

C语言中符号'*'有三种主要的用途,一是算术的乘法运算符,为二目运算符;二是指针运算符,为单目运算符;三是定义指针变量的类型说明符。

```
int price;
int *p;                    /*定义了指针变量p*/
p = &price;                /*p指向了变量price*/
*p = 2999;                 /*向p指向的存储单元赋值2999,相当于price=2999*/
```

例 9-2　输出指针变量的值与地址。

```
#include <stdio.h>
int main()
{
    int fridgePrice,washinPrice;
```

```
    int *p;
    fridgePrice = 1999;
    washinPrice = 2399;
    p = &fridgePrice;
    printf("指针变量 p=&fridgePrice 后的情况：\n");
    printf("fridgePrice 变量的地址：%p\n", &fridgePrice);
    printf("指针变量 p 的地址：%p\n", &p);
    printf("指针变量 p 的值 %p\n", p);
    printf("指针变量 p 指向的内存单元地址：%p\n", &*p);
    printf("指针变量 p 指向的内存单元的值：%d\n", *p);
    printf("\n");
    p = &washinPrice;
    printf("指针变量 p=&washinPrice 后的情况：\n");
    printf("washinPrice 变量的地址：%p\n", &washinPrice);
    printf("指针变量 p 的地址：%p\n", &p);
    printf("指针变量 p 的值 %p\n", p);
    printf("指针变量 p 指向的内存单元地址：%p\n", &*p);
    printf("指针变量 p 指向的内存单元的值：%d\n", *p);
    return 0;
}
```

运行结果：

```
指针变量 p=&fridgePrice 后的情况：
fridgePrice 变量的地址：0018FF44
指针变量 p 的地址：0018FF3C
指针变量 p 的值 0018FF44
指针变量 p 指向的内存单元地址：0018FF44
指针变量 p 指向的内存单元的值：1999

指针变量 p=&washinPrice 后的情况：
washinPrice 变量的地址：0018FF40
指针变量 p 的地址：0018FF3C
指针变量 p 的值 0018FF40
指针变量 p 指向的内存单元地址：0018FF40
指针变量 p 指向的内存单元的值：2399
```

从运行结果来看，可以总结出以下几个特点：

(1)指针变量本身的地址在运行过程中是不变的。

(2)指针变量的值就是该指针指向的变量的地址，在运行过程中，指针变量的值是可以变的。

(3) * 指针运算符是求指针指向的变量的值。

(4)运算符 & 和 * 是相互反向，* &washinPrice 就是 washinPrice；& * p 就是 p，但此时 p 应该是指针，如果不是指针，则是语法错误。

给指针变量 p 赋变量 fridgePrice 的地址后，* p 和 fridgePrice 是等价的，在使用上有各自的优缺点。普通变量定义后，变量名和地址以及变量的数据类型是确定的。使用变量名对其存储单元的操作是方便的、安全的，但是该变量名不能代表其他的存储单元。指针变量的优势是，在程序执行期间可以指向不同的变量，是可以变化的，使用上比较灵活。但是，指针变量指向的存储单元需要赋值才能使用，需要指针运算符才能访问指向存储单元的值。

9.1.5 指针变量作为函数参数

函数的参数不仅可以是整型、实型及字符型等数据类型，还可以是指针类型。当用指针作为函数的参数时，实参向形参传递的就是指针的值。

例 9-3 从键盘输入两个整数 a 和 b，试设计一个函数实现 a 和 b 的值交换。

C 语言中，函数形参与实参之间是采用值传递的方式进行数据传送的。如果采用普通变量作为函数的参数，函数执行结束后，形参改变而实参的值并不会发生改变，因为实参与形参占据不同的内存单元。要想在函数内部改变实参的值，就必须把实参的地址传送给形参，使实参与形参共享一段存储空间，故需要用地址作为参数才可以达到这个效果。

程序代码：

```
#include <stdio.h>
void swap(int *pa,int *pb)
{
    int temp;
    temp= *pa;
    *pa= *pb;
    *pb=temp;
}
int main()
{
    int a,b;
    int *pointer_1,*pointer_2;
    printf("请输入两个数 a b:\n");
    scanf("%d%d",&a,&b);
    pointer_1=&a;
    pointer_2=&b;
    swap(pointer_1,pointer_2);
    printf("\n%d,%d\n",a,b);
    return 0;
}
```

运行结果：

```
请输入两个数 a b：
43 67
67,43
```

从程序的运行结果来看，调用 swap 函数之后，a 与 b 的值互换了。

swap 是用户定义的函数，它的形参 pa，pb 是指针变量，也就是说在程序运行时，swap 函数的实参传过来的值必须是地址。

```
temp = *pa;
*pa = *pb;
*pb = temp;
```

以上三条语句使得这两个地址单元内的值相互交换，从而使得实参地址内的值相互交换。调用 swap 函数的过程如图 9-10 所示

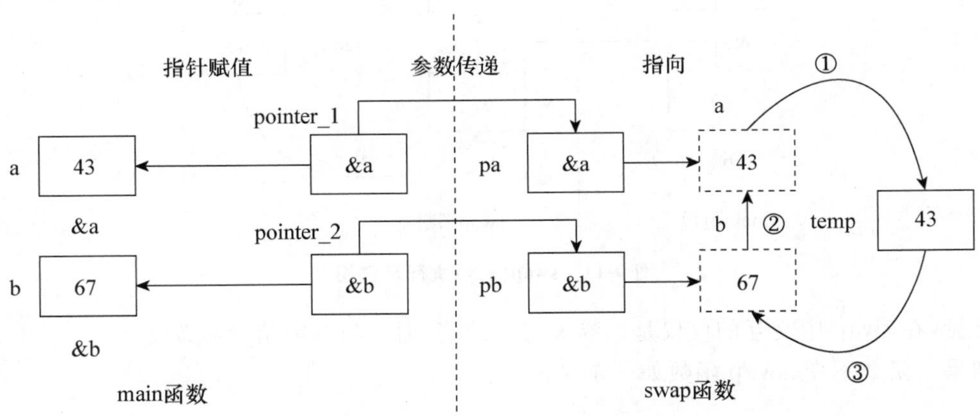

图 9-10　调用 swap 函数执行示意图

从图 9-10 可以看出，在 swap 函数中经过①②③步之后，a 和 b 的值交换了。

如果 swap 的实现如下：

```
void swap(int *pa,int *pb)
{
    int *temp;
    *temp = *pa;   /*temp 没有初始化，那该赋值语句是对未知的内存单元赋值*/
    *pa = *pb;
    *pb = *temp;
}
```

该代码中 temp 指针没有经过初始化就加以使用了，在现代的操作系统中将会被中止，出现图 9-4 的错误。在早期的操作系统中可能完成这种功能，但 temp 没有初始化就开始访问隐藏着极大的隐患。

如果 swap 不采用指针为参数，swap 的实现如下：

```
void swap(int x,int y)
{
    int temp;
    temp = x;
    x = y;
    y = temp;
}
```

在 main 函数中调用 swap(a,b)函数,不会实现 a,b 值互换。swap 函数执行过程如图 9-11 所示。

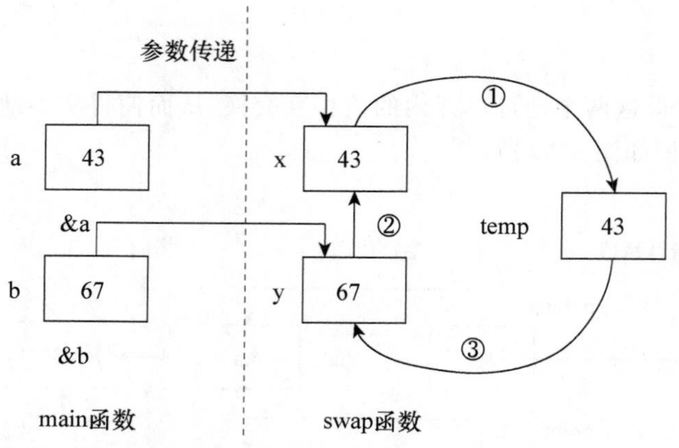

图 9-11 swap(x,y)执行示意图

可见,在 swap 中交互的仅仅是形参 x 与 y 的值,而 a 与 b 的值没有改变。

如果主函数不变,swap 函数如下定义:

```
void swap(int *pa,int *pb)
{
    int *p;
    p = pa;
    pa = pb;
    pb = p;
}
```

这种函数亦不能实现实参值的交换,函数执行过程如图 9-12 所示。

从图 9-12 可以知,swap 函数是不能让 a 与 b 交换值,因为在 swap 函数中仅仅交换了形参 pa 与 pb 的值。

例 9-4 某同学在设计学生成绩管理系统的时候,为了测试的方便,需要随机产生一个班的成绩。该同学设计一个数组用来存放成绩,每个班的学生人数为 N。请你帮该同学设计一个函数 produce(int *p,int n)实现随机产生 n 个成绩,存放在 p 指向的数组中。

程序代码:

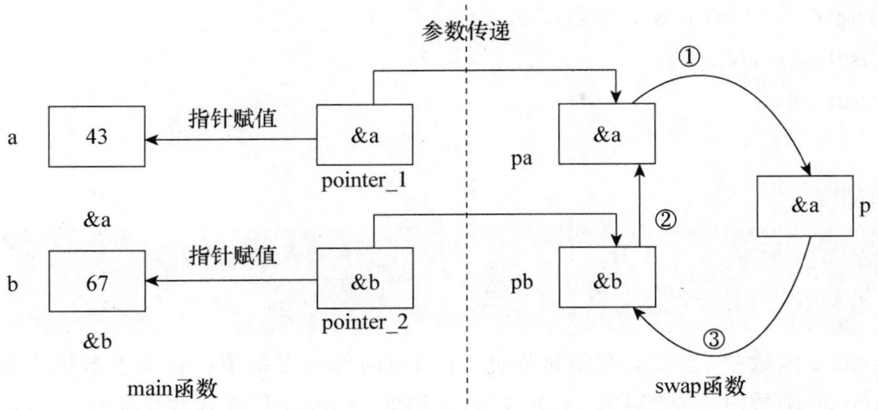

图 9-12　另外一种 swap 函数的执行过程

```
#include <stdio.h>
#include <stdlib.h>              /* 用到了 srand、rand 函数 */
#include <time.h>                /* 用到了 time 函数 */
#define N 5
void produce(int *p,int n)
{
    int i,score;
    srand((unsigned)time(NULL));
    for (i=0;i<n;i++)
    {
        score=rand()%61+40;  /* 产生 40-100 分的成绩 */
        p[i]=score;
    }
}
void display(int *p,int n)
{
    int i;
    for (i=0;i<n;i++)
    {
        printf("%5d",p[i]);
    }
    printf("\n");
}
int main()
{
    int sc[N];
    produce(sc,N);
```

```
    printf("产生的分数如下:\n");
    display(sc,N);
    return 0;
}
```

运行结果:

```
产生的分数如下:
58  97  73  74  83
```

在 produce 函数中,参数的类型是指针,在函数内部可以把该指针当作数组来使用。主程序调用 produce 函数时,用数组名 sc 作实参,使得实参 sc 与形参 p 共享了同一段内存。所以 produce 调用完之后,主函数中的 sc 数组就已经随机产生了成绩。同样的道理,display 函数中形参 p 与调用时的实参 sc 也共享了一段内存,它的功能是显示了 produce 函数随机产生的成绩。

9.1.6 动态存储管理

动态存储管理是指程序在执行过程中,根据程序的需要来分配一定大小的连续存储单元,用指针变量指向所分配存储单元的起始地址,并通过指针进行管理。常用的动态分配函数有两种 calloc 和 malloc;释放指针指向的动态分配的存储单元函数为 free,这三个函数的函数原型都在 stdlib.h 头文件中。使用这些函数需要把头文件包含到源程序内。

1. 函数 calloc

calloc 函数用于给若干个同类型的数据项分配连续的存储空间,函数的原型为:

```
void *calloc(unsigned int num, unsigned int size);
```

如果函数能够成功申请到 num 项长度为 size 大小的连续存储空间,则函数的返回值为该存储空间的起始地址;如果申请失败,则函数返回 NULL 空指针。

例 9-5 从键盘输入一个班的人数 n,动态申请 n 个整数类型的存储空间用来存放 n 个同学的成绩,并显示其存储单元的缺省值。

程序代码:

```
#include <stdio.h>
#include <stdlib.h>
int main()
{
    int i, *a,n;
    printf("请输入 n:\n");
    scanf("%d",&n);
    a = (int *)calloc(n, sizeof(int));
    if( a! =NULL)
    {
```

```
        printf("动态数组 a[%d]中的缺省值为:\n",n);
        for(i=0; i<n; i++)
            printf("a[%d]=%d\n", i, a[i]);
        free(a);
    }
    else
        {
            printf("内存不足\n");
             return 1;
        }
    return 0;
}
```

运行结果：

```
请输入 n:
5
动态数组 a[5]中的缺省值为:
a[0]=0
a[1]=0
a[2]=0
a[3]=0
a[4]=0
```

由于 calloc 函数的返回值类型为 void 指针类型，要赋值给整型指针变量时，需要(int *)类型的转换。calloc 函数申请的空间初始值全部为 0。

2. 函数 malloc

malloc 函数用于向系统申请若干字节的存储空间，函数的原型为：

```
void *malloc(unsigned int size);
```

如果函数能够成功申请到字节数为 size 大小的连续存储空间，则函数的返回值为该存储空间的起始地址；如果申请失败，则函数返回 NULL 空指针。

用 malloc 函数重新实现例 9-5。

```
#include <stdio.h>
#include <stdlib.h>
int main()
{
    int i, *a,n;
    printf("请输入 n:\n");
    scanf("%d",&n);
    a = (int *)malloc(n * sizeof(int));
```

```
    if( a! =NULL)
    {
        printf("动态数组 a[%d]中的缺省值为:\n",n);
        for(i=0; i<n; i++)
            printf("a[%d]=%d\n", i, a[i]);
        free(a);
    }
    else
    {
        printf("内存不足\n");
        return 1;
    }
    return 0;
}
```

运行结果：

```
请输入 n:
6
动态数组 a[6]中的缺省值为:
a[0]=-842150451
a[1]=-842150451
a[2]=-842150451
a[3]=-842150451
a[4]=-842150451
a[5]=-842150451
```

calloc 和 malloc 函数的功能基本相同，区别是 calloc 动态申请的存储区域用 0 初始化，而 malloc 动态申请的存储空间的值是随机的。

3. 函数 free

在 C 语言中，动态申请的存储空间，在程序执行结束后不会自动归还给系统。所以，C 语言提供了一个 free 函数，用来释放动态申请的存储空间。

free 函数原型为：

```
void free(void * ptr);
```

执行该函数后，将释放指针变量 ptr 所指向的存储空间，将其归还给系统。ptr 是一个任意类型的指针变量，它指向被释放区域的首地址。被释放存储空间必须是 malloc、calloc 或其他函数所动态申请到的存储区域。

执行完 free(ptr)函数后，仅仅是释放了 ptr 指向的动态存储区域，该区域就成了自由区域，又可以分配给其他指针或其他程序。但是 ptr 指针变量的值没有改变，虽然还可以继续访问，但已毫无意义。为了避免错误，函数 free(ptr)调用结束后，要把 NULL 赋值给 ptr，使之变为空指针。

9.2 查找单科成绩状元

例 9-6　编写函数实现某班一门课程的成绩输入，找出最高分并输出状元的学号和成绩。

班级人数通常是不确定的，可以采用动态数组的方式来保存学号与分数。动态数组的地址分别保存在指针变量 num 和 score 中。同一个学生的学号和成绩分别存储在下标相同的两个数组中。

(1)设计输入函数

为了避免在程序运行过程中手工输入大量数据，设计一个初始化函数 init，专门用来自动填入该班所有学生的学号与成绩。本处采用学号用自然数序列依次填入，成绩用随机生成的数值填入。

(2)设计函数 findmax，求出数组 score 中的最大值所在的下标。

(3)设计函数 display，依次显示每位同学的学号与成绩。

(4)在主程序中打印出单科状元的学号与成绩。

程序代码：

```
#include <stdio.h>
#include <stdlib.h>
#include <time.h>
int main()
{
    void init(int *num,float *score,int n);             /*声明初始化函数*/
    void display(int *num,float *score, int n);         /*声明显示每位同学的学号与
                                                          成绩的函数*/
    int findmax(float score[],int n);                   /*声明找出最高成绩的函数*/
    int *num, n, k;
    float *score;
    printf("请输入该班的学生人数:");
    scanf("%d",&n);
    num = (int*)malloc(n*sizeof(int));
    score = (float*)malloc(n*sizeof(float));
    init(num, score, n);
    display(num,score,n);
    k = findmax(score,n);                               /* k 为成绩最高分所在的下标*/
    printf("最高分数学号:%d,成绩:%5.1f\n",num[k],score[k]);
    free(num);
    free(score);
    return 0;
```

```
}
void display(int *num,float *score, int n)
{
    int i;
    printf("学号 成绩\n");
    for (i=0;i<n;i++)
    {
        printf("%d %5.1f\n",num[i],score[i]);
    }
}
void init(int *num,float *score, int n)
{
    int i;
    srand((unsigned int)time(NULL));
    for (i=0;i<n;i++)
    {
        num[i]=i+1;                                    /*初始化学号*/
        score[i] = (float)(rand()%51+50.0);            /*随机生成成绩*/
    }
}
int findmax(float score[], int n)
{
    int i,k=0;
    for (i=1;i<n;i++)                                  /*找到最高成绩的下标*/
        if(score[k]<score[i])
            k=i;
    return k;
}
```

运行结果：

```
请输入该班的学生人数:10
学号      成绩
1         90.0
2         70.0
3         100.0
4         72.0
5         66.0
6         85.0
7         59.0
```

```
8        56.0
9        59.0
10       64.0
最高分数学号:3,成绩:100.0
```

在本例中,findmax 函数采用数组作为参数,display 函数与 init 函数采用指针作为参数。主函数调用这些函数时,实参向形参传递的是动态数组的首地址。调用函数后,形参的值是动态数组的首地址,即实参与形参共享了数组空间。在定义函数时,形参既可以用数组的方式,也可以用指针的方式,它们都是接收实参传给来的地址,效果是一样的。但要注意的是函数在声明时要与定义时采用的方式一致。

一个变量有一个地址;一个数组包含若干元素,每个数组元素占有相应的存储单元,它们都有相应的地址。所谓数组的指针是指数组的起始地址,数组元素的指针是数组元素的起始地址。

9.2.1　数组指针

在 C 语言中,数组占据一段连续的存储空间,所占存储空间的大小为数组元素个数与每个数组元素所占存储空间大小之积。数组名是该存储区域的首地址,也可以称为常指针。数组名也就是一维数组的第一个元素的地址。指针的数据类型就是数据元素的数据类型,数组指针就是数组第一个元素的地址。

例如:

```
int score[]={91,93,85,97,79};    /* 定义数组 score 为包含 5 个成绩的数组 */
int *p;                           /* 定义 p 为指向整型变量的指针 */
```

指针变量 p 指向 int 型数据,成绩数组为 int 型数组,所以可以把数组的第一元素地址赋给指针变量 p。

```
p=&score [0];
```

p 指向 score 数组的第 0 号元素。由于 score 是一个常指针,数据类型也是 int,所以它也可以赋值给指针变量 p。

```
p= score;
```

p 和 score 都指向数组所占存储区域的首地址,实际上为指向数组首个元素的指针。通过指针 p 和 score 都可以访问数组的所有元素,常常称指向数组首个元素的指针为数组指针。

从图 9-13 中可以直接看出以下关系:

p,score,&score[0]均指向同一单元,它们是数组 score 的首地址,也是 0 号元素 score [0]的首地址,但 p 是变量,而 score,&a[0]都是常量,这在编程时应予以注意。

对于一维数组,数组指针变量说明的一般形式为:

```
类型说明符　*指针变量名;
```

从一般形式可以看出,指向数组的指针变量和指向普通变量的指针变量定义形式是相同

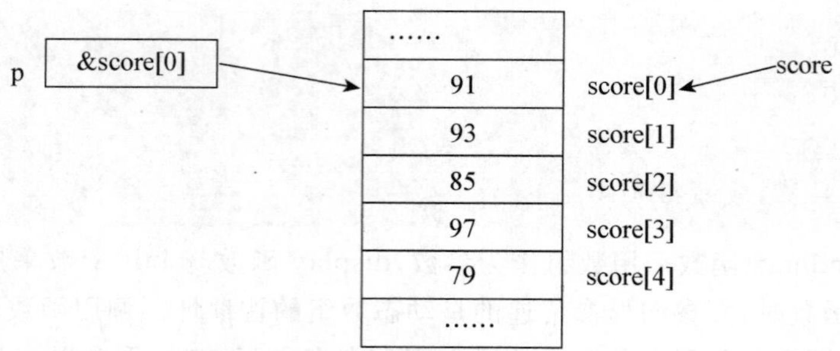

图 9-13 数组首地址

的,但是指向数组指针变量可以进行指针的加减运算,而指向普通变量的指针变量的加减运算就变得没有意义且不安全了。

9.2.2 指针和地址运算

1.指针变量的加减运算

指针变量的值是地址,在 Visual C++ 中地址是一个长度为4个字节的无符号整数。指针可以参与有限的加减运算,但不能参与乘除运算。

指针的加减运算不是算术上的加减运算,而是针对地址的特殊运算。对于指针变量 p 和整数 n 的运算来讲,p±n 运算后的值为 p±n∗sizeof(∗p)的无符号整数的算术运算结果。其含义是指针指向的存储单元上下的第 n 个变量,而指针乘除运算是没有任何意义的。

例 9-7 利用指针运算的方式输出成绩数组中的所有成绩。

```
#include <stdio.h>
#define N 5
int main()
{
    int score[N]={91,93,85,97,79};
    int *p,i;
    p=score;
    printf("成绩如下:\n");
    for (i=0;i<N;i++)
    {
        printf("%5d", *p);
        p++;
    }
    printf("\n");
    return 0;
}
```

运行结果:

```
成绩如下：
91  93  85  97  79
```

在 Visual C++ 中，int 数据所占字节数为 4。本例中，指针变量 p 指向了成绩数组 score，在 for 语句中，输出一个成绩后，进行 p++ 操作，此时 p 将会指向下一个成绩，循环 N 次，数组中所有成绩就输出完毕。

按照指针变量的加减运算的含义，指针变量的 ++ 运算为指针指向下一个元素，指针变量的 -- 运算为指针指向上一个元素。

指针变量或者地址的加减运算只有在数组中使用才有明确的含义，这也说明指针变量与数组的关系非常密切。

2. 指针变量的关系运算

两个指针变量进行关系运算，可以表示它们所指向的存储单元之间的关系。假设定义了相同数据类型的两个指针变量 p1 和 p2，它们的关系运算经常有四种：

(1) p1==p2 用于判断两个指针是否指向同一个存储单元；如果 p1 与 NULL 作相等比较，表示 p1 是否为空指针；

(2) p1!=p2 用于判断两个指针是否指向不同的存储单元；如果 p1 与 NULL 作不相等比较，表示 p1 是否不是空指针；

(3) p1>p2 用于判断 p1 是否比 p2 地址大，如果在数组中，是否为高地址位置；

(4) p1<p2 用于判断 p1 是否比 p2 地址小，如果在数组中，是否为低地址位置。

在 C 语言中，经常使用的指针运算是相等和不相等的两种比较运算，大于和小于比较运算使用得较少。

9.2.3 通过指针引用数组元素

C 语言规定：如果指针变量 p 已指向数组中的一个元素，则 p+1 指向数组中的下一个元素。p 为指向数组 score 的指针变量时，p+i 的含义如图 9-14 所示。

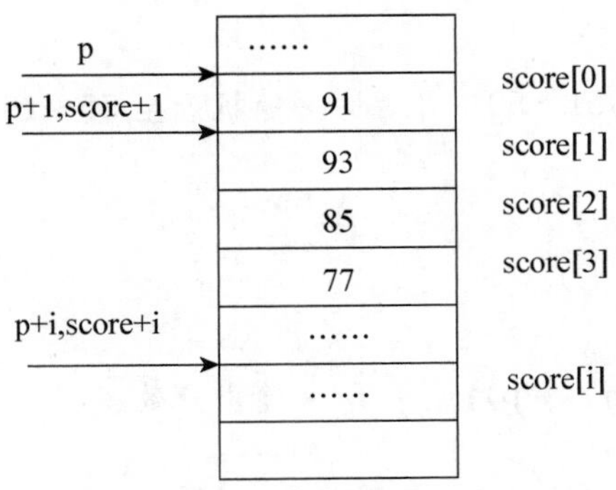

图 9-14　数组中元素的地址表示

对数组元素的访问可通过数组名和下标来实现。引入数组指针变量后，可以用不同的方法来访问数组元素。如果 p 的初值为 &score[0]，则：

(1) p+i 和 score+i 就是 score[i] 的地址，或者说它们指向 score 数组的第 i 个元素；

(2) ∗(p+i)或∗(score +i)就是p+i或score+i所指向的数组元素，即score[i]，例如，∗(p+3)或∗(score+3)就是score[3]；

(3)指向数组的指针变量也可以带下标，如p[i]与∗(p+i)等价。

根据以上叙述，一个数组元素可以用两种方法来访问：

(1)下标法，即用score[i]或者p[i]的形式访问数组元素。

(2)指针法，即采用∗(score+i)或∗(p+i)形式，用间接访问的方法访问数组元素，其中score是数组名，p是指向数组的指针变量，其初值为score。

需要注意的是，数组名是常量，指针是变量。

```
int score[5];
int *p=socre;
```

p++是合法的，而score++是错误的。因为score是数组名，它是数组的首地址，是地址常量，不能自加式自减。

例9-8 找出如下程序中的错误。

```
#include <stdio.h>
#include <stdlib.h>
#include <time.h>
#define N 5
int main()
{
    int score[N];
    int *p,i;
    p=score;
    srand((unsigned int)time(NULL));
    printf("成绩如下:\n");
    for (i=0;i<N;i++)
    {
        *p=rand()%51+50;          /*随机产生50～100的分数*/
        p++;
    }
    for (i=0;i<N;i++)
    {
        printf("%5d\n",*p);        /*输出分数*/
        p++;
    }
    printf("\n");
    return 0;
}
```

例9-8的代码执行时并不能正确输出随机产生的50～100的成绩。这是因为在第一个循环结束后,p 指向数组后面的存储单元,第二个循环是从 score[N]开始的。

改正:

```
#include <stdio.h>
#include <stdlib.h>
#include <time.h>
int main()
{
    int score[5];
    int *p,i;
    p=score;
    srand((unsigned int)time(NULL));
    printf("成绩如下:\n");
    for (i=0;i<5;i++)
    {
        *p=rand()%51+50;            /*随机产生 50~100 的分数*/
        p++;
    }
    p=score;                        /*指针归位*/
    for (i=0;i<5;i++)
    {
        printf("%5d\n",*p);         /*输出分数*/
        p++;
    }
    printf("\n");
    return 0;
}
```

从上例可以看出,虽然定义数组的长度为 5,但指针变量可以指向数组以外的存储单元,系统并不认为非法。指针变量指向越界的存储空间是逻辑错误,隐藏着巨大的风险,编程时要避免这种情况。

使用数组指针变量时要注意运算符的优先级:

(1) *p++,由于++和*同优先级,结合方向自右而左,等价于*(p++)。

(2) *(p++)与*(++p)执行之后虽然 p 都是指向下一个元素,但表达式的取值是不一样的。若 p 的初值为 score,则*(p++)等价 score [0],*(++p)等价 score [1]。

(3)(*p)++表示 p 所指向的元素值加 1,指针的值不发生变化,即仍然指向同一个元素。

(4)如果 p 当前指向 score 数组中的第 i 个元素,则

*(p--)相当于 score[i--];

*(++p)相当于 score[++i];

*(--p)相当于 score[--i]。

9.2.4 数组指针作函数参数

在第7章中，大家已经学会用数组名作函数参数。数组名就是数组的首地址，实参向形参传送数组名，实际上就是传送数组的首地址，形参得到该地址后也指向同一数组。而当一个指针指向数组的地址后，也可以将该指针变量当作数组名一样来使用。例如在单科成绩状元案例中的 init 函数与 display 函数的参数中就使用了指针变量作为函数参数，在其函数体中对学号与成绩的访问又是以数组的方式访问的。

```
void init(int *num,float *score,int n);
void display(int *num,float *score, int n);
```

例 9-9 假定有10门课，设计一个函数，用来修改第n门课的成绩，n在主函数中从键盘输入。

```
#include <stdio.h>
#include <stdlib.h>
#include <time.h>
#define N 10
int main()
{
    void init(float *score,int n);
    void display(float *score, int n);
    void modify(float *score,int n,float k);
    int n;
    float k;
    float *score;
    score = (float*)malloc(N*sizeof(float));
    init(score, N);
    display(score,N);
    printf("请输入你要修改第几门课的成绩:");
    scanf("%d",&n);
    printf("输入课程的新成绩:");
    scanf("%f",&k);
    modify(score,n,k);
    display(score,N);
    free(score);
    return 0;
}
void display(float *score, int n)          /*显示所有课程的成绩*/
{
    int i;
```

```
    for(i=0;i<n;i++)
        printf("课程%d\t",i+1);
    printf("\n");
    for (i=0;i<n;i++)
        printf("%5.1f\t",*(score+i));
    printf("\n");
}
void init(float *score, int n)               /*用随机数生成成绩*/
{
    int i;
    srand((unsigned int)time(NULL));
    for (i=0;i<n;i++)
        *(score+i)= (float)(rand()%51+50.0);          /*随机生成成绩*/
}
void modify(float *score,int n,float k)   /*修改第 n 门课的成绩为 k*/
{
    if (n>N)                                  /*课程号超出范围*/
    {
        printf("课程号超出范围!");
        return;
    }
    if (k>100 || k<0)                         /*分数不合法*/
    {
        printf("分数错误!");
        return;
    }
    *(score+n-1)=k;
}
```

上述主函数是一个顺序结构，它的功能是生成一个含 10 门课成绩的动态数组，显示所有成绩，然后输入需要修改的课程与成绩，调用 modify 函数来修改成绩，修改后显示结果。在该例的三个子函数中，都使用了一个指针作为形参。调用的时候都用动态数组的首地址传给形参，从而使得形参都可以访问动态数组。由此可见，用一个存放数组首地址的指针变量作参数与用数组名作参数的效果是一样的。

在上述程序中，有以下几个地方需要注意：

①确定函数形参数组的长度。在该例中，为了避免访问出界，在 init 函数与 display 函数中设置了一个表示动态数组元素个数的参数 n。这也是一种常见的处理方法，通过这种方法，使得函数知道形参指针指向的数组长度。

②在一维数组中，数组的首地址与第一个元素的地址是一样的。

③在使用指针变量作实际参数时，要确保指针变量具有合法初值。

例 9-10 将数组 a 中的 n 个元素按反序存放。

反序即将 a[0]与 a[n-1]对换，a[1]与 a[n-2] 对换……直到将 a[(n-1)/2]与 a[n-(n-1)/2]对换。解决此问题，需设两个“位置指示变量”i 和 j，i 的初值为 0，j 的初值为 n-1。将 a[i]与 a[j]交换，然后使 i 的值加 1，j 的值减 1，再将 a[i]与 a[j]交换，直到 i>=j 为止，如图 9-15 所示。

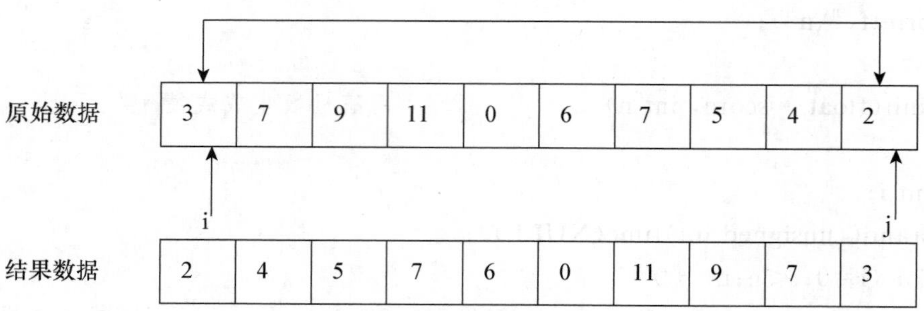

图 9-15 反序处理示意图

程序代码：

```
#include <stdio.h>
#include <stdlib.h>
#include <time.h>
#define N 10
void inv(int x[],int n)                    /* 形参 x 是数组名 */
{
    int temp,i,j;
    for(i=0,j=n-1;i<j;i++,j--)
    {
      temp=x[i];x[i]=x[j];x[j]=temp;
    }
}
void display(int *data, int n)             /* 显示所有数据 */
{
    int i;
    for (i=0;i<n;i++)
        printf("%3d\t", *(data+i));
    printf("\n");
}
void init(int *data, int n)                /* 用随机数生成数据 */
{
    int i;
    srand((unsigned int)time(NULL));
    for (i=0;i<n;i++)
```

```
        {
            *(data+i)= rand()%100;       /*随机生成数据*/
        }
}

int main()
{
    int a[N];
    init(a, N);                          /*用随机数初始化数组*/
    printf("原序数组:\n");
    display(a, N);                       /*显示数组*/
    printf("\n");
    inv(a, N);                           /*数组反序*/
    printf("反序数组:\n");
    display(a, N);                       /*显示反序后的数组*/
    printf("\n");
    return 0;
}
```

在此程序中，inv 函数的形参是数组名。如用指针格式来定义形参，可对 inv 函数可做如下修改：

```
void inv(int *x,int n)              /*形参 x 是指针*/
{
    int temp, *i, *j;
    for(i=x,j=x+n-1;i<j;i++,j--)
    {
        temp= *i; *i= *j; *j=temp;
    }
}
```

运行结果：

```
原序数组：
69  60  24  90  60  9  14  91  64  28

反序数组：
28  64  91  14  9  60  90  24  60  69
```

运行情况与前一程序相同。

在函数中改变实参数组元素的值，实参与形参的对应关系有以下 4 种：

①形参和实参都是数组名；

②实参为数组,形参为指针变量;

③实参和形参都为指针变量;

④实参为指针变量,形参为数组名。

总结成一句话:实参传给形参的值是一个地址。

9.3 查找班级总分第一名

例 9-11 设计函数,将某班全体学生的4门功课的成绩输入到二维数组中,求出该班总成绩最高的学生并输出该生4门功课的成绩。

通常一个班的人数不会超过40,假定N表示该班的学生人数,则班级学生成绩表可用N×4二维数组来存储。在二维数组中,一行就是某一个学生的成绩记录。由于二维数组中并没有总成绩,所以需要在二维数组中对每一行进行求和,比较所有的行才能找出总成绩最高的记录。通过分析,设计下列函数:

①初始化函数 init。因为全体学生的多门功课数据涉及较多数据,可用随机产生数据的方式产生所有学生的成绩。

②显示一行数据函数 displayOne。总成绩最高分的记录就是一行数据,并且在显示全部同学成绩的时候,也可以调用该函数依次显示所有行就可以了。

③显示所有数据函数 display。

④在全班成绩中找到最高分的函数 findmax。

程序代码:

```
#include <stdio.h>
#include <stdlib.h>
#include <time.h>
#define MAX 40
#define M 4
int main()
{
    int n,k;
    void init(float score[][M],int n);          /*初始化函数声明*/
    void display(float score[][M],int n);       /*显示所有成绩函数的声明*/
    int findmax(float score[][M],int n);        /*查找最高分函数的声明*/
    void displayOne(float score[][M],int n);    /*显示一行记录的函数声明*/
    float score[MAX][M];                        /*存放全班成绩的数组定义*/
    printf("请输入班里人数 n:");
    scanf("%d",&n);
    if (n>0 && n<MAX)
    {
        init(score,n);
        display(score,n);
```

```
        k = findmax(score,n);
        printf("最好成绩:");
        displayOne(score,k);
    }
    return 0;
}
void displayOne(float score[][M],int n)/*显示数组 score[][M]中的第 n 行成绩*/
{
    int i;
    for (i=0;i<M;i++)                   /*显示 M 门成绩,即一行记录*/
        printf("%3.1f\t",score[n][i]);
    printf("\n");                       /*显示一行记录后换行*/
}
void display(float score[][M],int n)    /*显示数组 score[][M]中的 n 行成绩*/
{
    int i;
    for (i=0;i<M;i++)                   /*显示成绩的表头*/
        printf("课程%d\t",i+1);
    printf("\n");
    for (i=0; i<n; i++)                 /*显示 n 行数据,即全班同学的成绩*/
        displayOne(score,i);
}
void init(float score[][M],int n)       /*产生数组 score[][4]中的 n 行成绩*/
{
    int i,j;
    srand((unsigned int)time(NULL));
    for (i=0; i<n; i++)                 /*为每一位同学随机产生成绩*/
        for(j=0;j<M;j++)
            score[i][j]=(float)(rand()%55+46);  /*随机产生 M 门课程成绩*/
}
int findmax(float score[][M],int n)     /*寻找最高成绩,返回其下标*/
{
    int i,j,k;
    float sum;
    float max=0;
    for (i=0;i<n;i++)
    {
        sum=0;
        for(j=0;j<M;j++)
```

```
            sum + = score[i][j];
        if(max<sum)
        {
            max = sum;
            k = i;
        }
    }
    return k;
}
```

运行结果：

```
请输入数组的大小 n:5
课程 1        课程 2        课程 3        课程 4
48.0          65.0          67.0          50.0
66.0          53.0          80.0          100.0
91.0          98.0          48.0          71.0
48.0          72.0          81.0          69.0
62.0          94.0          79.0          48.0

最好成绩:91.0     98.0     48.0     71.0
```

在上述代码中，定义了四个子函数 init，dispalyOne，display 和 findmax。在子函数的定义中，用了一个二维数组 score[][M]作形参，其中 M 是定义的一个常量宏，其值为 4，在主程序调用子函数时，实参用二维数组名，从而使得形参与实参共用了二维数组。在这个例子中，形参与实参都用到了多维数组。

9.3.1 多维数组的地址

设有 3×4 矩阵如下：

$$\begin{Bmatrix} 1 & 2 & 3 & 4 \\ 5 & 6 & 7 & 8 \\ 9 & 10 & 11 & 12 \end{Bmatrix}$$

它可以用一个二维数组来表示，其定义为：

int a[3][4] = {{1,2,3,4},{5,6,7,8},{9,10,11,12}};

设数组 a 的首地址为 1000，由于在 Visual C++ 中，一个整型变量占有 4 个字节的存储空间，所以各下标变量的首地址及其值如图 9-16 所示。

C 语言存储二维数组是以行为主序存储的，也就是先存放第 0 行，然后存放第 1 行，依此类推。我们可以把二维数组当作一个特殊的一维数组，特殊之处就是这个一维数组的每一个元素是一个“行数组”。即数组 a 有三个元素，即 a[0]，a[1]，a[2]。而每一个元素是一个含有

1000	1004	1008	1012
1	2	3	4
1016	1020	1024	1028
5	6	7	8
1032	1036	1040	1044
9	10	11	12

(a) 数组表示

地址	值
1000	1
1004	2
1008	3
1012	4
1016	5
1020	6
1024	7
1028	8
1032	9
1036	10
1040	11
1044	12

(b) 内存表示

图 9-16　二维数组存储示意图

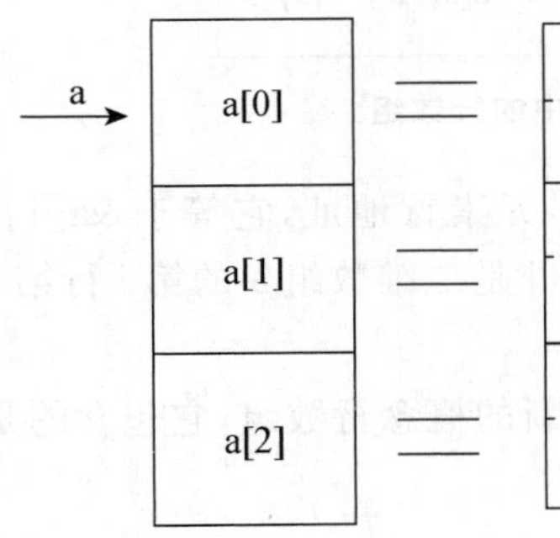

1000	1004	1008	1012
1	2	3	4
1016	1020	1024	1028
5	6	7	8
1032	1036	1040	1044
9	10	11	12

(a)数据表示

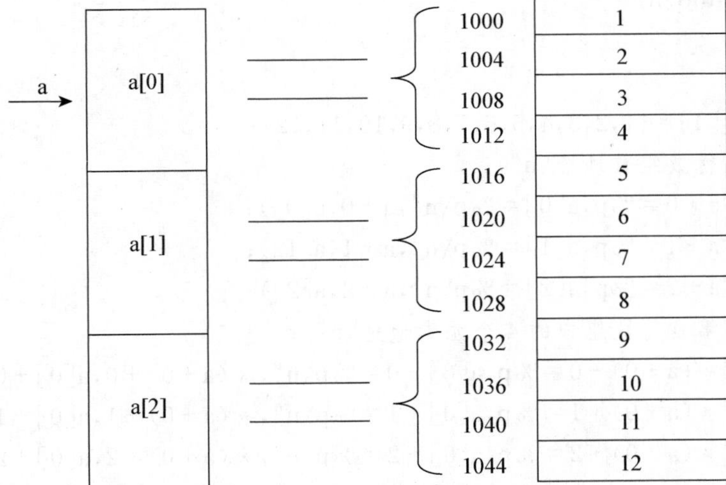

(b)内存表示

图 9-17　二维数组的分解

四个元素的行数组,可以认为 a[0]是第 0 个“行数组”的数组名,即第 0 个“行数组”的首地址;a[1]是第 1 个“行数组”的数组名,即第 1 个“行数组”的首地址;a[2]是第 2 个“行数组”的数组名,即第 2 个“行数组”的首地址

例如:a[0]行数组,含有 a[0][0],a[0][1],a[0][2],a[0][3]四个元素。

a[1]行数组,含有 a[1][0],a[1][1],a[1][2],a[1][3]四个元素。

a[2]行数组,含有 a[2][0],a[2][1],a[2][2],a[2][3]四个元素。

从二维数组的角度来看,a 是二维数组名,a 代表整个二维数组的首地址。当我们将它看成是特殊的一维数组时,a+0 是第 0 行数组的首地址 a[0],等于 1000;a+1 是第 1 行数组的首地址 a[1],等于 1016;a+2 是第 2 行数组的首地址 a[2],等于 1032。如图 9-18 所示:

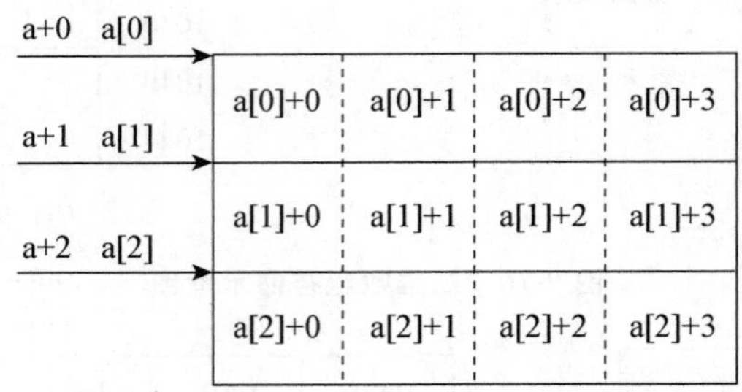

图 9-18 二维数组中的行数组

由此可得出,a[i]+j 则是一维数组 a[i]的 j 号元素首地址,它等于 &a[i][j]。由 a[i]=*(a+i)得 a[i]+j=*(a+i)+j。由于*(a+i)+j 是二维数组 a 的第 i 行第 j 列元素的首地址,所以,该元素的值等于*(*(a+i)+j)。

在这里为了更好地理解二维数组,引入了一个新的概念行数组,它包含的是二维数组中的一行数据。指向行数组的指针就称为行指针。

例 9-12 二维数组中的地址对比。

```
#include <stdio.h>
int main()
{
    int a[3][4]={1,2,3,4,5,6,7,8,9,10,11,12};
    printf("行数组首地址\n");
    printf("a+0=%p,a[0]=%p\n",a+0,a[0]);
    printf("a+1=%p,a[1]=%p\n",a+1,a[1]);
    printf("a+2=%p,a[2]=%p\n",a+2,a[2]);
    printf("第 0 行数组中的 4 个元素地址\n");
    printf("*(a+0)+0=%p,a[0]+0=%p\n",*(a+0)+0,a[0]+0);
    printf("*(a+0)+1=%p,a[0]+1=%p\n",*(a+0)+1,a[0]+1);
    printf("*(a+0)+2=%p,a[0]+2=%p\n",*(a+0)+2,a[0]+2);
    printf("*(a+0)+3=%p,a[0]+3=%p\n",*(a+0)+3,a[0]+3);
    printf("第 0 行数组中的 4 个元素值\n");
    printf("*(*(a+0)+0)=%d,a[0][0]=%d\n",*(*(a+0)+0),a[0][0]);
```

```
    printf("*(*(a+0)+1)=%d,a[0][1]=%d\n",*(*(a+0)+1),a[0][1]);
    printf("*(*(a+0)+2)=%d,a[0][2]=%d\n",*(*(a+0)+2),a[0][2]);
    printf("*(*(a+0)+3)=%d,a[0][3]=%d\n",*(*(a+0)+3),a[0][3]);
    return 0;
}
```

运行结果：

```
行数组首地址
a+0=0018FF18, a[0]=0018FF18
a+1=0018FF28, a[1]=0018FF28
a+2=0018FF38, a[2]=0018FF38
第 0 行数组中的 4 个元素地址
*(a+0)+0=0018FF18, a[0]+0=0018FF18
*(a+0)+1=0018FF1C, a[0]+1=0018FF1C
*(a+0)+2=0018FF20, a[0]+2=0018FF20
*(a+0)+3=0018FF24, a[0]+3=0018FF24
第 0 行数组中的 4 个元素值
*(*(a+0)+0)=1, a[0][0]=1
*(*(a+0)+1)=2, a[0][1]=2
*(*(a+0)+2)=3, a[0][2]=3
*(*(a+0)+3)=4, a[0][3]=4
```

该运行结果与图 9-18 的推导是一致的。也证明 C 语言中的二维数组可以当做一个特殊的一维数组，这个特殊的一维数组中的元素是一行数组。

9.3.2 指向多维数组的指针变量

把二维数组 a[3][4]分解为一维数组 a[0],a[1],a[2]之后，设 p 为指向二维数组的指针变量。可定义为：

```
int (*p)[4];
```

p 是一个指针变量，它指向包含 4 个元素的一维数组。若指向第一个一维数组 a[0]，其值等于 a[0]等。而 p+i 则指向一维数组 a[i]。从前面的分析可得出 *(p+i)+j 是二维数组第 i 行第 j 列的元素的地址，而 *(*(p+i)+j)则是第 i 行第 j 列元素的值。

二维数组指针变量说明的一般形式为：

类型说明符 (*指针变量名)[长度]

其中“类型说明符”为所指数组的数据类型。*表示其后的变量是指针类型。“长度”表示二维数组分解为多个一维数组时，一维数组的长度，也就是二维数组的列数。

例 9-13 请将例 9-11 的程序代码中的子函数参数改用指向二维数组的指针来实现。

```
#include <stdio.h>
```

```
#include <stdlib.h>
#include <time.h>
#define MAX 40
#define M 4
int main()
{
    int n,k;
    void init(float (*score)[M],int n);             /*初始化函数声明*/
    void display(float (*score)[M],int n);          /*显示所有成绩函数的声明*/
    int findmax(float (*score)[M],int n);           /*查找最高分函数的声明*/
    void displayOne(float (*score)[M],int n);       /*显示一行记录的函数声明*/
    float score[MAX][M];                            /*存放全班成绩的数组定义*/
    printf("请输入班里人数 n:");
    scanf("%d",&n);
    if (n>0 && n<MAX)
    {
        init(score,n);
        display(score,n);
        k=findmax(score,n);
        printf("最好成绩:");
        displayOne(score,k);
    }
    return 0;
}
void displayOne(float (*score)[M],int n) /*显示数组 score[][M]中的第 n 行成绩*/
{
    int i;
    for (i=0;i<M;i++)                 /*显示 M 门成绩,即一行记录*/
        printf("%3.1f\t",*(*(score+n)+i));
    printf("\n");                     /*显示一行记录后换行*/
}
void display(float (*score)[M],int n)  /*显示数组 score[][M]中的 n 行成绩*/
{
    int i;
    for (i=0;i<M;i++)                 /*显示成绩的表头*/
        printf("课程%d\t",i+1);
    printf("\n");
    for (i=0; i<n; i++)               /*显示 n 行数据,即全班同学的成绩*/
        displayOne(score,i);
```

```
}
void init(float (*score)[M],int n)        /*产生数组score[][4]中的n行成绩*/
{
    int i,j;
    srand((unsigned int)time(NULL));
    for (i=0; i<n; i++)                   /*为每一位同学随机产生成绩*/
      for(j=0;j<M;j++)
        *(*(score+i)+j)=(float)(rand()%55+46);  /*随机产生M门课程成绩*/
}
int findmax(float (*score)[M],int n)  /*寻找最高成绩,返回其下标*/
{
    int i,j,k;
    float sum;
    float max=0;
    for (i=0;i<n;i++)
    {
        sum=0;
        for(j=0;j<M;j++)
            sum+=*(*(score+i)+j);
        if(max<sum)
        {
            max=sum;
            k=i;
        }
    }
    return k;
}
```

9.4 演讲稿的保存

例 9-14　在 10 人的会议上,有人需要发言,试编程存储每一个人的姓名与发言内容。

姓名与发言内容都是字符串型数据,需要分配存储空间存储字符串。一般来讲,姓名的长度不会太长,可以考虑用字符数组来存放姓名。但是发言内容的大小变化太大,如果也用字符数组来存放,将会造成很大的浪费,可以考虑采用动态存储分配。从而可以用一个二维数组存放每一个人的姓名与发言内容的地址。

程序代码:

```
#include <stdio.h>
#include <string.h>
```

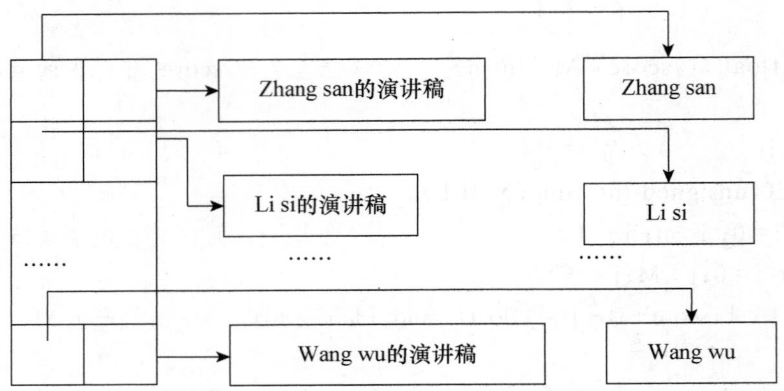

图 9-19 演讲稿保存的存储示意图

```
#include <stdlib.h>
#define MAX 10
void input(char *name[2]);
void output(char *(*name)[2],int n);
int main()
{
    int n,i;
    char *name[MAX][2];
    printf("请输入发言的人数 n:");
    scanf("%d",&n);
    if(n>0 && n<MAX)                /*输入的人数是合法的*/
    {
        for (i=0;i<n;i++)
          input(name[i]);
        output(name, n);
    }
    return 0;
}
void input(char *name[2])
{
    char str[256], *p;
    int len;
    fflush(stdin);                  /*清除键盘缓冲*/
    gets(str);                      /*输入姓名*/
    len=strlen(str);
    p=(char *)calloc(len+1,sizeof(char));
    strcpy(p,str);
    name[0]=p;
```

```
    gets(str);                          /* 输入演讲稿 */
    len = strlen(str);
    p = (char *)calloc(len,sizeof(char));
    strcpy(p,str);
    name[1] = p;
}
void output(char *(*name)[2],int n)
{
    int i;
    for (i = 0;i<n;i++)
        printf("姓名:%s, 发言:%s\n",name[i][0],name[i][1]);
}
```

在本案例中设计了一个二维指针数组。该二维数组的每一行存放了两个指针，这两个指针分别指向发言者的名字与其发言稿。在输入函数 input 中，动态申请了两块存储区域，一块用来存放名字，另一块存放发言稿，采用这种方式可以灵活的分配存储空间。

9.4.1 字符串指针

C 语言中没有字符串数据类型，字符串存储在字符型数组中并以'\0'结尾，指向这种数组的指针称为字符串指针。定义字符串指针的一般格式为：

```
char *字符指针变量名;
```

在字符函数中，很多参数或者函数返回值都是字符串指针(或称为字符串名)，可以将一个字符串常量赋值给字符指针变量，这时指针变量称为字符串指针。

(1)定义指针变量的同时赋值

```
char *pstr = "C Language";
```

字符串常量"C Language"是存储在程序区，取其地址给指针变量 pstr，此时可以通过 pstr 引用字符串，但是不能修改字符串的某个字符，比如把字符数组下标 2 的元素'L'修改'l':

```
pstr[2] = 'l';
```

编译没有问题，在执行时会被操作系统中止。因为该操作对只读内存区域进行了修改，是非法操作。这也是字符串常量的由来。

(2)字符串赋值给指针变量

```
char *pstr;
pstr = "C Language";
```

因为字符串常量是存储在程序区，字符串赋值给指针变量，就是取字符串首地址赋值给字符指针变量，所以没有问题。如果定义字符数组，在运行时，用字符串赋值是错误的，因为字符数组名是常量，不能更改为指向程序区的地址，例如下列代码是错误的：

```
char str[30];
```

```
str = "C Language";            /* str 为常量不能赋值 */
```

可采用 strcpy 函数实现字符串常量赋值字符数组，其代码如下：

```
char str[30];
strcpy(str, "C Language");
str[2] = 'l';                  /* 修改 Language 的第一个字母为小写 */
```

(3)字符数组赋值给指针变量

```
char str[6];
char * pstr;
pstr = str;                    /* 或者 pstr = &str[0]; */
```

字符指针变量指向字符数组，但是该变量不一定是字符串指针，因为字符数组可能没有存储'\0'结尾的字符。

例 9-15 使用字符指针变量引用字符数组。

```
#include <stdio.h>
int main()
{
    char str1[20];
    char str2[20] = "Hello the world";
    char * pstr1, * pstr2;
    int i;
    for(i = 0; i < 20; i++)
        str1[i] = 'A' + i;
    pstr1 = str1;
    pstr2 = str2;
    printf("string2 = %s\n", pstr2);
    printf("string1 = %s\n", pstr1);
    printf("string1 = %.20s\n", str1);
    return 0;
}
```

程序执行结果：

```
string2 = Hello the world
string1 = ABCDEFGHIJKLMNOPQRST?
string1 = ABCDEFGHIJKLMNOPQRST
```

对于字符数组 str2 的输出没有问题，因为 str2 存储了字符串，所以 pstr2 是字符串指针，能够正常输出。然而对于字符数组 str1 赋值 20 个字母从'A'～'T'，如果采用%s 输出，则认为 pstr1 是字符串，从地址 pstr1 开始输出字符，直到遇到'\0'为止，所以会多输出若干字符。如果采用%.20s 输出，即把字符数组 str1 中前 20 个字符都输出，不会出现问题。

9.4.2 指针数组

一个指针数组是一组指针的集合，其中每个元素都是地址，指针数组的所有元素都是指向同一数据类型的指针变量。

指针数组说明的一般形式为：

类型说明符 *数组名[数组长度]

其中类型说明符为数组元素所指向的变量的类型。例如：

int *pa[3]

表示pa是一个指针数组，它有三个数组元素，每个元素都是一个指针变量，指向整型变量。

应该注意，指针数组和指向二维数组的指针变量的区别。指向二维数组的指针变量（即行指针）是单个的变量。而指针数组类型表示的是多个指针（一组指针）。

例如：

int (*p)[3];

括号中*表示p是一个指针，它指向一个数组，数组类型为int[3]，又称p是一个指向二维数组的指针变量。该二维数组的列数为3。

int *p[3]

表示p是一个指针数组，有三个下标变量p[0]，p[1]，p[2]均为指针变量。

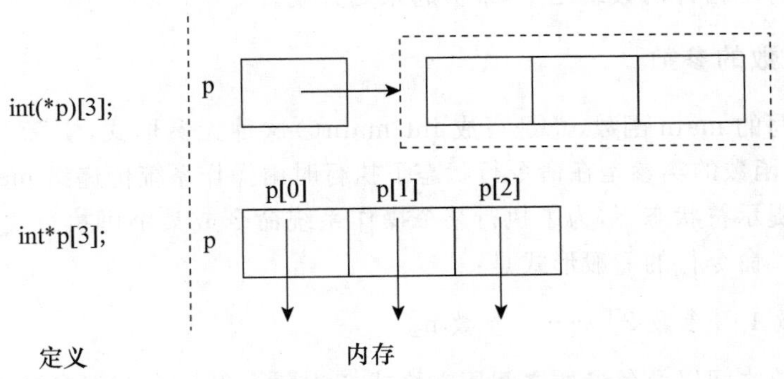

图9-20 二维数组指针与指针数组的区别

指针数组也常用来表示一组字符串，这时指针数组的每个元素被赋予一个字符串的首地址。指向字符串的指针数组的初始化更为简单。例如在例9-14中即采用指针数组来表示一组字符串，分别存放姓名与演讲稿。

例9-16 设计个菜单，菜单显示内容存放在一个字符指针数组中，并设计一个显示菜单的函数menu。

程序代码：

```
#include <stdio.h>
void menu(char *bar[],int n)
{
```

```
        int i;
        for (i=0;i<n;i++)
            printf("\t%s\n",bar[i]);
    }
    int main()
    {
        char *menubar[]={"欢迎使用学生成绩管理系统",
                         "1.录入学生成绩",
                         "2.查询学生成绩",
                         "3.修改学生成绩",
                         "4.删除学生成绩",
                         "5.备份学生成绩",
                         "6.初始化系统",
                         "7.退出系统"
                         };
        menu(menubar,8);
        return 0;
    }
```

在例7-6中,我们用printf函数输出字符串的方式设计过菜单。现在这种方式是将字符串保存在一个字符串指针的数组之中,维护起来更方便。

9.4.3　main函数的参数

在此之前编写的main函数,总是写成int main()这种无参形式,实际上main函数也可以有参数。main函数的实参是在命令行状态下执行时由操作系统传递给main函数的。

在操作系统提示符状态下,为了执行某个操作系统命令或某个可执行文件而键入的一行字符称为命令行。命令行的一般形式是:

命令名 [参数1] [参数2] …… [参数n]

命令名与参数之间以及各参数之间用空格或Tab键分开。命令行参数本身若含有空格,则要用英文状态下的双引号把该参数括起来。

例如:C:\> copy　file1.c　file2.c

上述命令行中,copy是命令名,file1.c是参数1,file2.c是参数2。

在操作系统下运行一个C程序,实际上是操作系统调用该程序的main函数。对于C程序来说,命令行参数就是main函数的参数。在运行C程序时,把命令行参数传递给main函数的形参,并开始执行main函数。

main函数的形参有两个,例如:

```
int main(int argc ,char *argv[])
{
    ……
```

```
}
```

第一个参数是 int 型的，习惯上记作 argc，表示命令行中参数的个数（包括命令名本身在内），该参数在运行 C 程序时由系统自动计算出来；第二个参数是指向字符型的指针数组，习惯上记作 argv，用来存放命令行中的各个参数（包括命令名本身在内）的首地址。由于 * argv[]与 * * argv 是可以达到相同效果的，因此第二个参数还可以定义为 char * * argv。

例 9-17　显示 main 函数参数。

```
#include <stdio.h>
int main(int argc, char *argv[])
{
    int i;
    printf("argc = %d\n",argc);
    for (i = 0;i<argc;i++)
        printf("argc[%d] = %s\n",i,argv[i]);
    return 0;
}
```

```
D:\>ex0919   test   file   〈回车〉
argc = 3
argv[0] = ex0919
argv[1] = test
argv[2] = file
```

9.4.4　指向指针的指针

如果一个指针变量存放的是另一个指针变量的地址，则称这个指针变量为指向指针的指针变量。

在前面已经介绍过，通过指针访问变量称为间接访问。指针变量直接指向普通变量，称为“单级间址”，这种指针称为一级指针。而通过指向指针的指针变量来访问变量，则称为“二级间址”，这种指针称为二级指针，如图 9-21 所示的指针变量 2。依此类推可以定义三级间址、多级间址，以及三级指针、多级指针。

一般 C 程序中使用的多级指针为二级指针，也称为指向指针的指针，很少使用二级以上的指针。只要掌握了指向指针的指针的用法，多级指针的使用也变得比较简单。

定义一个指向指针的指针变量的一般形式为：

数据类型　* * 变量名；

例如：

```
char **p;
```

p 前面有两个 * 号，相当于 *（* p）。显然 * p 是指针变量的定义形式，如果没有最前面的 *，那就定义了一个指向字符数据的指针变量。现在它前面又有一个 * 号，表示指针变量 p

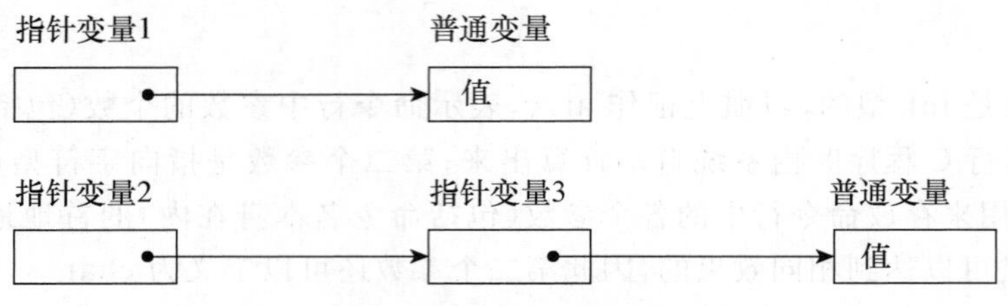

图 9-21　指针与指向指针的指针

是指向一个字符指针型变量的。 ＊p就是p所指向的另一个指针变量。

假如有name数组如图9-22所示，name是一个指针数组，它的元素都是指针型数据，其值为地址。数组名name代表该指针数组的首地址。name＋i是name[i]的地址。name＋i就是指向指针型数据的指针(地址)。还可以设置一个二级指针变量p，使它指向指针数组元素。p就是指向指针型数据的指针变量。

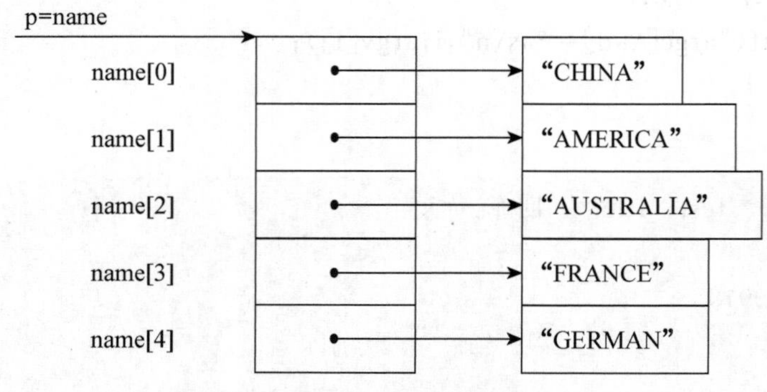

图 9-22　指向指针的指针

如果有：

```
p = name + 2;
printf("%x\n", *p);
printf("%s\n", *p);
```

则第一个printf函数语句输出name[2]的值(它是一个地址)，第二个printf函数语句以字符串形式(%s)输出字符串"AUSTRALIA"。

例 9-18　三级指针变量的使用

```
#include <stdio.h>
int main()
{
    int i;
    int *p1;
    int **p2;
    int ***p3;
    p1 = &i;
    p2 = &p1;
```

```
    p3 = &p2;
    ***p3 = 100;
    printf("i=%d\n", i);
    printf("i=%d\n", *p1);
    printf("i=%d\n", **p2);
    printf("i=%d\n", ***p3);
    return 0
}
```

程序执行结果：

```
i=100
i=100
i=100
i=100
```

多级指针赋值时一定要按照级数逐次进行。三级指针都赋值后＊＊＊p3 就是对普通整型变量的引用，对其赋值 100。第一个 printf 输出的为整型变量的直接引用；第二个 printf 输出的为通过一级指针对整型变量的间接引用；第三个 printf 输出的为通过指向指针的指针（二级指针）对整型变量的引用；第四个 printf 输出的为通过三级指针对整型变量的引用。

9.5　函数指针和指针函数

9.5.1　函数指针

在 C 语言中，一个函数占用一段连续的存储区域，函数名就是该函数所占存储区域的首地址。可以把函数的这个首地址（或称入口地址）赋予一个指针变量，使该指针变量指向该函数，通过该指针变量就可以找到并调用这个函数。C 语言中把这种指向函数的指针称为函数指针。

函数指针定义的一般形式为：

函数类型　（＊指针变量名）（参数列表）；

其中“函数类型”表示被指函数的返回值的类型。“（＊指针变量名）”表示“＊”之后标示符为定义的指针变量，括号表示指针变量所指的是一个函数，参数列表为该指针变量指向的函数的参数。

例如：

```
int (*pf)(int,int );
```

表示 pf 是一个指向函数的指针变量，该函数有两个整型参数，函数的返回值（函数值）是整型。

例 9-19　通过指针实现对函数调用。

```
#include <stdio.h>
```

```
int add(int a,int b)
{
    return a+b;
}
int main()
{
    int(*pf)(int,int);
    int x,y,z;
    pf=add;
    printf("input two numbers:\n");
    scanf("%d%d",&x,&y);
    z=(*pf)(x,y);
    printf("sum=%d\n",z);
    return 0;
}
```

从上述程序可以看出,函数指针调用函数的步骤如下:

①定义函数指针变量,如 int (*pf)(int,int);

②把被调函数的入口地址(函数名)赋予该函数指针变量,如程序中 pf=add;

③用函数指针变量调用函数,如语句 z=(*pf)(x,y)。

调用函数的一般形式为:

(*指针变量名)(实参表)

使用函数指针变量应注意以下两点:

①与数组指针变量不同的,函数指针变量不能进行算术运算。数组指针变量加减一个整数可使指针指向后面或前面的数组元素,而函数指针的移动是毫无意义的。

②函数调用中(*指针变量名)的两边的括号不可少,其中的*不应该理解为求值运算,在此处它只是一种表示符号。

例 9-20　设计一个小程序,让幼儿园的小朋友练习个位数的加法与减法,直到做对为止。

```
#include <stdio.h>
#include <stdlib.h>
#include <time.h>
int add(int a,int b)
{
    return a+b;
}
int sub(int a,int b)
{
    return a-b;
}
```

```
int main()
{
  int( * pf)(int,int);
  int a,b,result,temp;
  char op;
  srand((unsigned int)time(NULL));          /* 初始化随机种子 */
  while(1)
  {
    a = rand()%10;                          /* 随机生成 a,b,与操作码 */
    b = rand()%10;
    op = rand()&1? '+':'-';
    if (op = ='-')                          /* 如果是做减法,保证 a>b */
      if(a<b)                               /* 如果 a<b,则交换 ab */
      {
        temp = a;
        a = b;
        b = temp;
      }
    printf("\n%d%c%d = ",a,op,b);           /* 列出式子,等待输入答案 */
    scanf("%d",&reslut);
    pf = (op = ='+')'? add:sub;        /* 根据操作,用函数指针指向不同的函数 */
    if(( * pf)(a,b) = = reslut)        /* 调用函数的结果与用户输入的相同,则显示
                                              win,并退出 */
    {
      printf("\nYou win!");
      break;
    }
    else
      printf("You Lose! Once again!");   /* 用户输入结果错,则显示 lose,并继续下
                                              一题 */
    }
    return 0;
}
```

程序执行结果:

```
7 + 4 = 5
You Lose !
6 - 4 = 2
You win !
```

因为 add,sub 两个函数的功能不同,但是它们的参数列表和返回值相同,所以可以定义一个函数指针指向它们。函数指针还可以作为函数的参数使用,这样可以采用相同的方式,根据情况处理不同的函数,提高程序的运行效率。

9.5.2 指针函数

在 C 语言中允许一个函数的返回值是一个指针(即地址),这种返回指针值的函数称为指针型函数,简称指针函数。

定义指针函数的一般形式为:

```
函数类型 *函数名(形参表)
{
    ……                    /*函数体*/
}
```

其中函数名之前加了"*"号表明这是一个指针型函数,即返回值是一个指针。函数类型表示了返回的指针值所指向的数据类型。

如:

```
int *ap(int x,int y)
{
    ……                    /*函数体*/
}
```

表示 ap 是一个返回指针值的指针型函数,它返回的指针指向一个整型变量。

例 9-21 输入一个日期,输出对应的星期名。

```
#include <stdio.h>
#include <math.h>
char *weekday(int n);
int daysPass(int year,int month,int day)        /*计算距 1900 年 1 月 1 日的天数*/
{
    int i,total=0,leap=0;
    int months[13]={0,31,28,31,30,31,30,31,31,30,31,30,31};
    if (year%4==0&&year%100!=0||year%400==0)/*判断是否为闰年*/
        leap=1;
    for (i=0;i<month;i++)                      /*计算前面月份天数总和*/
        total += months[i];
    total = month>2? total+leap+day:total+day;
                                /*前面月份天数+当月天数=当年已过的天数*/
    for (i=1900;i<year;i++)                    /*累计 1900 年至去年的天数*/
        total =total +365 +(i%4==0&&i%100!=0||i%400==0);
    return total-1;                            /*距 1900 年 1 月 1 日的天数*/
```

```
}

int main()
{
    int year,month,day;
    printf("Enter the Date:(yyyy-mm-dd)\n");
    scanf("%d-%d-%d",&year,&month,&day);
    printf("\nThe day:%4d-%2d-%2d",year,month,day);
    printf(" is :%s\n",weekday(daysPass(year,month,day)));
    return 0;
}
char * weekday(intdays){
    static char *name[]={"Monday",
                        "Tuesday",
                        "Wednesday",
                        "Thursday",
                        "Friday",
                        "Saturday",
                        "Sunday"};
    return(name[days %7]);
}
```

程序中定义了一个指针型函数 weekday,它的返回值为一个字符串指针。该函数中定义了一个静态指针数组 name。name 数组初始化为七个字符串,分别表示各个星期名。形参 n 表示距离 1900 年 1 月 1 日的天数。在主函数中,输入要查看的日期,在 printf 语句中调用 weekday 函数并把 i 值传送给形参 days。weekday 函数返回 days%7 位置的字符串地址。因为 1900 年 1 月 1 日是星期一,所以该表达是能返回对应的星期名。

应该特别注意,函数指针变量和指针函数这两者在写法和意义上的区别。如 int(* p)() 和 int * p()是两个完全不同的量。

int (* p)()是一个变量说明,说明 p 是一个指向函数的指针变量,该函数的返回值是整型量,(* p)的两边的括号不能少。

int * p()则不是变量说明而是函数说明,说明 p 是一个指针函数,其返回值是一个指向整型量的指针, * p 两边没有括号。

对于指针函数定义,int * p()只是函数头部分,一般还应该有函数体部分。

习题九

1. 下面的语句定义的变量类型是什么?

```
double *p1,p2;
```

2.如果 arr 被定义为一个一维数组，描述 arr[2]和 arr + 2 两个表达式之间的区别。

3.假设 double 类型的变量在计算机系统中占 8 个字节。如果 double array[10]中的 array 基地址为 1000，那么 array + 5 的值为多少？

4.定义 int array[10]，* p = array；后，可以用 p[i]访问 array[i]，这是否意味着数组和指针是等同的？

5.字符串是用字符数组来存储的，为什么传递一个数组需要用两个参数(数组名和数组长度)，而传递字符串只要一个参数(字符数组名)？

6.设计一组字符串处理函数，用动态内存分配的方法实现常用的字符串操作，包括字符串复制，字符串的拼接，字符串的比较，求字符串的长度。

7.编写一个函数，判断作为参数传入的一个整型数组是否对称(若数组元素值为 10，5，30，67，30，5，10 即为对称)。

8.用一维数组表示集合(其元素互不相同)，求两个集合的交集。以一维整型数组为例编写函数。

9.根据指针变量的定义，写出其含义：

a)int * p；

b)char * s[6]；

c)int (*)[10]；

d)float (* f)()；

e)double (* p[4])()；

f)void * f()；

10.打印月历。输入公元的年月，输出该月的星期日历，格式如下：

```
            2008-08 Calendar
Sun     Mon     Tue     Wed     Thu     Fri     Sat
                                        1       2
3       4       5       6       7       8       9
10      11      12      13      14      15      16
17      18      19      20      21      22      23
24      25      26      27      28      29      30
31
```

第 10 章　结构体与共用体

本章学习目标

- 掌握结构体的定义与使用
- 掌握结构体指针和数组的定义与使用
- 了解链表的概念、特点及链表的基本操作
- 掌握共用体的定义与使用
- 了解枚举和类型定义符的定义和使用
- 获得运用结构体和共用体解决实际问题的能力

C 语言不仅提供字符型、整型、实型等基本数据类型，还提供了用于批量数据管理类型——数组。但数组要求所有元素都是相同类型的数据。在实际应用中，经常将有相互联系的数据放在一起，使数据处理起来更加自然、直观、方便。为此，C 语言引入了用户自定义的数据类型——结构体，用来把一组不同类型数据组织一起管理，表示这些数据之间的内在联系。另外，C 语言允许用户自定义数据类型还有共用体、枚举等。这些类型都能提高 C 语言的数据处理、表达能力。

10.1　图书信息管理

随着计算机的发展和计算机应用的深入，计算机的处理对象从科学计算、工程计算领域扩展到事务处理、文档处理、Web 数据处理及图像数据处理等非数值计算领域，其中事务处理所占的比重越来越大。事务处理的数据大多可用二维表格来表示，如表 10-1 所示。表 10-1 列出了一个图书馆馆藏的 6 种书的信息，包括书号 ISBN、书名、作者、出版社、定价(元)及馆藏数(本)等。表 10-1 中除了表头，每行是一种图书的数据，所以一行也称为一条记录(Record)。从表格可以看出，每条记录都是由若干数据项组成；每个数据项提供关于图书某个方面的信息；所有数据项组合起来形成了一条完整的图书信息。

表 10-1　图书信息示例

书号(ISBN)	书名	作者	出版社	定价(元)	馆藏数(本)
9787536692930	三体	刘慈欣	重庆出版社	23.00	8
9787109173408	C 语言程序设计基础	石玉强	中国农业出版社	34.00	11
9787566815286	行走世界之巅	刘冰	暨南大学出版社	39.80	3
9787100124744	双城记	[英]狄更斯	商务印书馆	26.80	6

续表

书号(ISBN)	书名	作者	出版社	定价(元)	馆藏数(本)
9787302224464	C 语言程序设计	谭浩强	清华大学出版社	29.00	17
9787040272994	C 语言程序设计	张磊	高等教育出版社	28.00	9

例 10-1 编写一个图书信息管理系统，从键盘录入图书的信息，并将图书信息存储到数组中，然后按照录入顺序把图书信息显示出来。

表 10-1 中，列通常称为字段(Field)，或数据项(Data Item)，或数据成员(Member)，其名字为列名，每列具有相同的数据类型。图书记录由 6 个字段组成，其中书号(isbn)、书名(title)、作者(author)及出版社(pub)4 个字段为字符串，定价(price)字段为单精度实数，馆藏数(nums)字段为整数。

如果按照已经学的数组来管理图书信息，就需要定义 6 个数组，相同位序的信息才是同一本书的信息，这样一种图书的信息分散到多个数组之中，使得管理非常复杂，而且经常会出错。采用 C 语言提供的构造数据类型——结构体来描述图书信息，可以通过一个结构体类型描述图书的完整信息管理。用一个记录保持图书信息整体的含义，使图书数据处理和管理更加简洁高效。

定义图书结构体，相当于定义了一个新的数据类型。

```
struct Book{
    char isbn[14];              /* 书号 */
    char title[30];             /* 书名 */
    char author[12];            /* 作者 */
    char pub[15];               /* 出版社 */
    float price;                /* 定价(元) */
    int nums;                   /* 馆藏数(本) */
};
```

使用已经定义图书结构体定义一个数组，即可实现多本图书的信息输入、信息处理和信息输出。

```
#include<stdio.h>
int main()
{
    struct Book books[6];  /* 定义了一个长度 6 的图书结构体数组 */
    printf("输入第 1 本书的书号:");
    gets(books[0].isbn);  /* 使用成员运算符,如同使用字符串数组一样使用结构体
                             元素的成员变量 */
    printf("第 1 本书的书号值:%s\n",books[0].isbn);
    return 0;
}
```

结果如下：

```
输入第 1 本书的书号:9787536692930
第 1 本书的书号值:9787536692930
```

上面代码通过 gets 函数获取第一本图书《三体》的书号，然后显示输入的值。在编程中只需要使用结构体变量的成员运算符“.”，就可与访问基本类型变量一样使用结构体的成员了。使用相同的方法，读者不难实现其他的字段值的输入、显示的功能。

10.2　结构体类型及其变量

结构体类型属于用户自定义的数据类型，所以必须先定义结构体类型，才能使用该结构体类型定义变量、指针及数组等。

10.2.1　结构体类型的定义

结构体是根据程序设计的需要定义的数据类型，能够把不同数据类型但数目固定的数据组织成一个整体，用于描述复杂的数据信息。定义一个结构体类型的一般形式为：

```
struct [结构体类型名]
{ 成员列表 };
```

结构体类型的定义由三个部分组成：

(1)struct 是 C 语言关键字，表示定义一个结构体数据类型，不能省略；

(2)结构体类型名必须是合法的用户标识符，可以省略；

(3)成员列表由若干个成员组成，每个成员由成员名和该成员的数据类型说明组成，并以分号结束。

成员列表形式如下所示：

```
数据类型名 1　成员名 1;
数据类型名 2　成员名 2;
……
数据类型名 n　成员名 n;
```

相同数据类型的成员，可以定义在一起，通过逗号分隔开。

结构体类型定义的最后分号不能省略，很多初学者经常忘记最后的分号；

如果按照结构体变量成员名访问结构体成员，定义成员的先后顺序没有要求，例 10-1 的图书结构体定义可以修改如下：

```
struct Book1{
    char isbn[14], title[30], author[12], pub[15];   /* 书号、书名、作者、出版社 */
    float price;                                      /* 定价(元) */
    int nums;                                         /* 馆藏数(本) */
};
```

虽然 struct Book1 的定义比较紧凑，其实作用与功能和 struct Book 完全一样。相对而言 struct Book 定义的可读性更强。建议读者每个结构体成员一行定义，后面紧跟本成员的注释。

结构体定义中成员的数量和类型没有限制，数据类型可以是C语言提供的基本类型，也可以是已经定义过的结构体类型。例如在图书 struct Book 的结构体类型定义中，增加一个日期结构体类型 struct Date 成员描述图书出版的日期。必须先定义 struct Date，然后才能定义图书 struct Book 的结构体类型：

```
struct Date{
    int year;                          /*年*/
    int month;                         /*月*/
};
struct Book{
    char isbn[14];                     /*书号*/
    char title[30];                    /*书名*/
    char author[12];                   /*作者*/
    char pub[15];                      /*出版社*/
    struct Date pubDate;               /*出版日期*/
    float price;                       /*定价(元)*/
    int nums;                          /*馆藏数(本)*/
};
```

如果日期结构体类型 struct Date 在整个程序中，仅仅在图书 struct Book 的结构体类型定义中使用，那么可以采用嵌套定义，其格式为：

```
struct Book{
    char isbn[14];                     /*书号*/
    char title[30];                    /*书名*/
    char author[12];                   /*作者*/
    char pub[15];                      /*出版社*/
    struct Date{                       /*结构体的嵌套定义*/
        int year;                      /*年*/
        int month;                     /*月*/
    } pubDate;                         /*出版日期*/
    float price;                       /*定价(元)*/
    int nums;                          /*馆藏数(本)*/
};
```

嵌套定义的日期结构体类型 struct Date，可以省略掉结构体的名字 Date，不影响使用。这是结构体匿名定义。该结构体只能使用一次、只能使用在本处。匿名结构体的变量使用不受影响，使用多级成员访问符即可。例如，在通过键盘输入第1种图书的出版日期(格式 yyyy-mm)语句为：

```
scanf("%d-%d", &books[0].pubDate.year, &books[0].pubDate.month);
```

结构体类型的定义是由程序员根据解决实际问题的需要向系统声明,并说明新的结构体类型由哪些成员组成。结构体类型的定义通常称为“结构体的声明”。

10.2.2　结构体变量的定义

结构体类型声明仅仅是定义了一个新的数据类型,向编译系统声明了该数据类型的不同成员的信息。结构体类型定义相当于给一座楼房设计了图纸,还不是具体的楼房,所以编译系统不会为定义的结构体类型分配内存。只有定义了结构体类型的某个变量时,才会为变量分配内存,才能存放具体的数据。这个变量称之为结构体变量。定义结构体变量有三种方法。

1. 先声明结构体类型,再定义结构体变量

该方法定义的一般格式为:

```
struct 结构体类型名
{
    数据类型名 1   成员名 1;
    数据类型名 2   成员名 2;
    ……
    数据类型名 n   成员名 n;
};
struct 结构体类型名   变量名列表;
```

定义了结构体变量后,编译器将给结构体变量分配内存,且按照结构体成员定义的顺序来分配内存空间。

例如定义图书 struct Book 的结构体类型的一个结构体变量 book1:

```
struct Book book1;
```

其内存分配如图 10-1 所示,&book1 是取该结构体变量 book1 的首地址。在 Visual C++ 编译环境中,struct Book 的内存大小为 88 字节。结构体变量 book1 成员 isbn 占 14 个字节、title 占 30 个字节、author 占 12 个字节、pub 占 15 个字节、pubDate 占 8 个字节、price 和 nums 各占 4 个字节。book1 所有成员所占内存字节总数为 87,比结构体数据类型 struct Book 少一个字节。这是因为有的编译器为结构体变量分配空间时,还要考虑内存的对齐等因素,有时会超过所有成员字节数的总和。通常用 sizeof 可以准确地求出分配给结构体变量的字节数。在 Visual C++ 环境中,通过取结构体变量 book1 各个分量的地址,可以看到在 pub 和 pubDate 成员之间空了一个字节。

先声明结构体,再定义结构体变量,实现了声明类型和定义变量的分离,在声明类型后可以随时定义结构体变量,使用比较灵活。

2. 在声明结构体类型的同时定义结构变量

该方法定义的一般格式为:

```
struct 结构体类型名
{
    数据类型名 1   成员名 1;
```

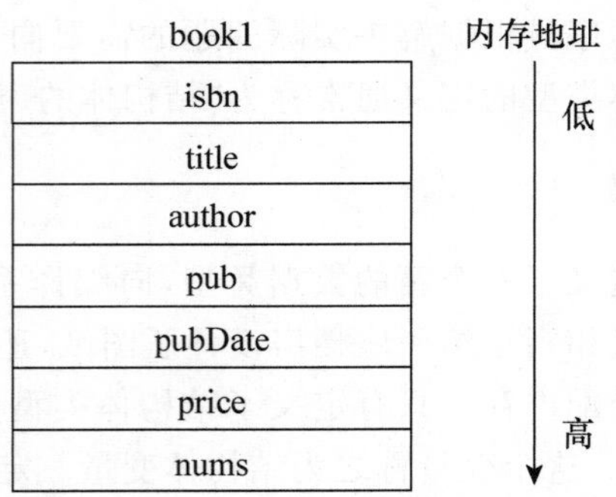

图 10-1 结构体变量内存分配布局

```
    数据类型名 2  成员名 2;
    ……
    数据类型名 n  成员名 n;
}变量名列表;
```

结构体类型声明与结构体变量定义是两个不同的概念，本方法无非是把二者合并在一起，简化了结构体变量的定义。其实二者区分是非常明显的，前面是类型声明，后面是结构变量定义。结构体类型声明后，还可以在其他地方定义该类型的结构体的其他变量。该方法的作用与第一种相同，但相对更加紧凑。图书 struct Book 的结构体类型的内嵌日期 struct Date 定义之后马上定义 pubDate 结构体变量就是采用本方法实现的。

结构体类型声明和定义结构体变量放在一起，程序员使用变量之前，能够直接看到结构体的成员组织，比较直观，对于规模较小的程序编程比较方便。对于大规模程序，往往把结构体声明、宏定义、全局变量定义等放到一个头文件（ *.h）实施集中管理。结构体类型声明和结构体变量定义分开，能够使程序结构清晰，提高源代码的可阅读性，便于维护。

3．*省略结构体类型名称，只定义结构体变量*

该方法定义的一般格式为：

```
struct
{
    数据类型名 1  成员名 1;
    数据类型名 2  成员名 2;
    ……
    数据类型名 n  成员名 n;
}变量名列表;
```

如果结构体声明仅仅使用一次，那么在结构体类型定义时，结构体类型的名称可以省略，这是一个无名或匿名的结构体类型。这种方式要求必须在结构体类型声明的同时定义结构体变量，而且只能在此处定义该结构体变量，其他地方不能再定义该结构体变量了。这种方式使用得不多。例如图书 struct Book 的结构体类型的内嵌日期只使用一次，就可以省略标识符 Date。

```
struct Book{
```

```
    char isbn[14];                  /* 书号 */
    char title[30];                 /* 书名 */
    char author[12];                /* 作者 */
    char pub[15];                   /* 出版社 */
    struct {
        int year;                   /* 年 */
        int month;                  /* 月 */
    } pubDate;                      /* 出版日期 */
    float price;                    /* 定价(元) */
    int nums;                       /* 馆藏数(本) */
};
```

10.2.3　结构体变量的初始化

结构体变量可以在定义时进行初始化，即对它赋初始值。这样就可以在程序中直接引用该变量了。结构体变量初始化的一般格式为：

struct 结构体类型名 变量名={成员 1 的常量值,成员 2 的常量值,…,成员 n 的常量值};

结构体变量的初始化表是以一对花括号括起来的，各成员值由逗号分隔的列表。初始化值列表的顺序必须与结构体类型定义的成员顺序完全一致，成员的数据类型必须和常量类型相同，初始化时不进行类型转换。

例如，定义一个 struct Book 的结构体变量 book1 并进行初始化：

```
struct Book book1 = {"9787536692930","三体","刘慈欣","重庆出版社", {2008,1},
23.00, 8};
```

通过初始化，结构体变量 book1 的成员 isbn 值为"9787536692930"，成员 title 值为"三体"，成员 author 值为"刘慈欣"，成员 pub 值为"重庆出版社"；成员 pubDate 又是一个结构体，所以又来一层花括号，对应着里面的两个内部成员，year 为 2008 年，month 为 1 月；外层花括号内还有成员 price 值 23.00，成员 nums 为 8。当然结构体初始化仅仅有数值，没有(元、本)数据单位。

对于嵌套定义的结构体成员的一对花括号可以省略，只要保证初始化常量列表中的常量依次和结构体定义的顺序相同即可，例如：

```
struct Book book2 = {"9787536692930","三体","刘慈欣","重庆出版社", 2008,1,
23.00, 8};
```

结构体变量 book2 和 book1 的结果相同。

如果中间某个成员不想初始化，及其后面的所有成员都不初始化，那么在初始化常量表中省略掉这些值。初始化后，没有给定常量值的成员初始值为 0，如果是字符类型成员被初始化为'\0'，如果是指针型成员被系统初始化为空指针 NULL。

例如定义一个 struct Book 的结构体变量 book3 并对前四个成员进行初始化：

```
struct Book book3 = {"9787536692930","三体","刘慈欣","重庆出版社"};
```

通过初始化，结构体变量 book3 的成员 isbn 书号值为"9787536692930"，成员 title 书名值为"三体"，成员 author 作者值为"刘慈欣"，成员 pub 出版社为"重庆出版社"；后面成员值全部为 0。如果初始化成员列表中某一个嵌套结构体成员的一个成员及后面成员的值还不确定，可以采用本成员常量值为空，其他成员常量值正常列出即可，这样省略的成员值初始值为 0，如果为字符类型成员被初始化为'\0'，指针型成员被系统初始化为空指针 NULL。

例如，定义一个 struct Book 的结构体变量 book4 并进行初始化，初始化时出版日期中暂时不知道月份，可以这样初始化：

```
struct Book book4 = {"9787536692930","三体","刘慈欣","重庆出版社",
{2008,  }, 23.00, 8};
```

例如表格 10-1 中第六本图书，只知道其出版年份为 2009 年，不知道出版月份，可以先空着月份，如下所示：

```
struct Book book6 = {"9787040272994","C 语言程序设计","张磊",
"高等教育出版社", {2009, },28.00, 9};
```

在 Visual C++ 中，缺省的部分用 0 替代。显示出版日期语句：

```
printf("出版日期:%d 年%d 月\n",book6.pubDate.year, book6.pubDate.month);
```

运行结果如下：

```
出版日期:2009 年 0 月
```

读者都知道没有零月，说明这个数据域是空的，可以在编程时不显示缺省数据成员信息，如下所示：

```
printf("出版日期:");
if (book6.pubDate.year != 0)
    printf("%d 年",book6.pubDate.year);
if (book6.pubDate.month != 0)
    printf("%d 月",book6.pubDate.month);
```

运行结果如下：

```
出版日期:2009 年
```

10.2.4 结构体变量的引用

结构体变量与普通变量一样，必须先定义，然后才能引用或使用。一般对结构体变量的使用(包括输入、输出、运算等)都必须通过结构变量的成员来实现。仅仅相同类型的结构体变量之间可以赋值。为此，C 语言提供了成员运算符“.”，通过“结构体变量名.成员名”形式访问结构体变量的成员。

例 10-2 定义一个长度为 6 的图书结构体数组 books，对前 5 个数据元素按照表 10-1

以及图书真正的出版日期，进行初始化。最后一个记录通过键盘输入。然后输出所有图书信息。

```
#include<stdio.h>
struct Book{
    char isbn[14];                      /*书号*/
    char title[30];                     /*书名*/
    char author[12];                    /*作者*/
    char pub[15];                       /*出版社*/
    struct Date{
        int year;                       /*年*/
        int month;                      /*月*/
    } pubDate;                          /*出版日期*/
    float price;                        /*定价(元)*/
    int nums;                           /*馆藏数(本)*/
};

int main()
{
    int i;
    struct Book books[6] = {
        {"9787536692930","三体","刘慈欣","重庆出版社",{2008,1},23.0,8},
        {"9787109173408","C语言程序设计基础","石玉强","中国农业出版社",
{2013,1},34.0,11},
        {"9787566815286","行走世界之巅","刘冰","暨南大学出版社",{2015,8},
39.8,3},
        {"9787100124744","双城记","[英]狄更斯","商务印书馆",{2016,9},26.8,
6},
        {"9787302224464","C语言程序设计","谭浩强","清华大学出版社",{2010,
6},29.0,17}
        };        /*定义一个结构体数组,并对前5个进行初始化*/
    struct Book book5;                  /*定义一个结构体变量*/
    printf("请依次输入书号、书名、作者、出版社、出版日期、定价(元)、馆藏数(本):\
n");
    scanf("%s %s %s %s", book5.isbn, book5.title, book5.author, book5.pub);
    scanf("%d %d %f %d",&book5.pubDate.year,&book5.pubDate.month,
&book5.price,&book5.nums);
    books[5] = book5;/*把结构体变量book5赋值给结构体数组的最后一个元素*/
    printf("\n书号---书名---作者---出版社---出版日期---定
价(元)---馆藏数(本)\n");
```

```
    for(i=0; i<6; i++)/*通过循环输出6本图书的信息,每个图书信息用—分隔开*/
    {
        printf("%s--%s--%s--%s--", books[i].isbn,books[i].title,books[i].author,books[i].pub);
        printf("%d年%d月--",books[i].pubDate.year,books[i].pubDate.month);
        printf("%.2f--%d\n",books[i].price,books[i].nums);
    }
    return 0;
}
```

结果如下:

```
请依次输入书号、书名、作者、出版社、出版日期、定价(元)、馆藏数(本):
9787040272994  C语言程序设计  张磊  高等教育出版社  2009  8  28.00  9

书号---书名---作者---出版社---出版日期---定价(元)---馆藏数(本)
9787536692930--三体--刘慈欣--重庆出版社--2008年1月--23.00--8
9787109173408--C语言程序设计基础--石玉强--中国农业出版社--2013年1月--34.00--11
9787566815286--行走世界之巅--刘冰--暨南大学出版社--2015年8月--39.80--3
9787100124744--双城记--[英]狄更斯--商务印书馆--2016年9月--26.80--6
9787302224464--C语言程序设计--谭浩强--清华大学出版社--2010年6月--29.00--17
9787040272994--C语言程序设计--张磊--高等教育出版社--2009年8月--28.00--9
```

成员运算符"."是所有运算符中优先级最高的,而且该运算符还是右结合,从而可以把"结构体变量名.成员名"作为一个整体来使用,即作为一个普通的变量来使用。除了可以直接赋值和引用外,也可以通过取地址运算符"&"来获取成员的内存地址。例如,取结构体变量book5的馆藏数nums成员的内存地址,其表达格式如下所示:

```
&book5.nums;/*图书结构体变量book5的馆藏数成员的地址*/
```

结构体类型是一个用户自己定义的类型,用于描述一个记录中成员的构成信息。C语言的编译器没有为它提供太多的功能。用户需按照自己的需要编程实现。结构体变量的引用要遵守以下的规则:

(1)只有相同类型的结构体变量才能相互赋值,例如books[5]、book5都属于struct Book

结构体类型,则可相互赋值,如:

```
books[5] = book5;
```

(2)结构体变量的输入和输出

结构体变量不能作为一个整体进行输入。在 scanf 函数的格式字符串中没有对应的格式字符,只能通过对每个成员的引用进行输入。“"9787040272994","C 语言程序设计","张磊","高等教育出版社",2009,8,28.00,9”输入到结构体变量 book5 的代码如下:

```
scanf("%s %s %s %s", book5.isbn,book5.title,book5.author,book5.pub);
scanf("%d %d %f %d",&book5.pubDate.year,&book5.pubDate.month,
&book5.price,&book5.nums);
```

结构体变量也不能作为一个整体进行输出。在函数 printf 的格式字符串中没有对应的格式字符,只能通过对每个成员的引用进行输出。对于 books 数组的信息,在一行中显示一种图书信息,并用 - - 隔开,其代码为:

```
printf("%s--%s--%s--%s--", books[i].isbn,books[i].title,books[i].au-
thor,books[i].pub);
printf("%d年%d月--",books[i].pubDate.year,books[i].pubDate.month);
printf("%.2f--%d\n",books[i].price,books[i].nums);
```

(3)结构体变量的结构体类型的成员引用

通过成员运算符“.”,结构体变量可以引用成员变量。结构体类型还允许成员为结构体类型。这样在成员引用上可以采用成员运算符一级一级地找到最低的成员。例如嵌套结构体类型定义的出版日期成员 pubDate 的成员引用方法如下:

```
scanf("%d %d %f %d",&book5.pubDate.year,&book5.pubDate.month,
&book5.price,&book5.nums);
printf("%d年%d月--",books[i].pubDate.year,books[i].pubDate.month);
```

其中 book5.pubDate.year 和 book5.pubDate.month 都是两级成员运算符的使用。

10.2.5 结构体指针变量

结构体指针变量说明的一般形式为:

```
struct 结构体类型名 *结构体指针变量名;
```

声明了结构体类型,相当于定义了一个新的数据类型,和基本数据类型一样,可以定义其指针变量,如下所示:

```
struct Book book5;
struct Book *pbook;
pbook = &book5;
```

一个指针变量指向一个结构体变量时,称之为结构体指针变量。结构指针变量的值是所指向的结构体变量所占内存的首地址,通过结构体指针即可访问该结构体变量。

结构体指针的使用与一般指针一样，通过 & 取变量地址，通过 * 取指针指向的内容。pbook 指向的结构体变量成员的赋值和运算过程，可以采用如下代码：

```
(*pbook).price = 28.0;
(*pbook).nums = 9;
```

因为成员运算符的优先级高于指针内容运算符，所以要通过括号才能把(*pbook)作为一个整体使用。为了简化结构体指针变量对成员的引用，C 语言定义了->运算符，指针变量在前面，结构体成员名在后面即可实现对结构体成员的引用。上面代码的简单使用方式如下所示：

```
pbook->price = 28.0;
pbook->nums = 9;
```

例 10-3 从键盘输入两种图的信息，按照馆藏价值(定价 * 馆藏数)从高到低输出。

```
#include<stdio.h>
struct Book{
    char isbn[14];              /*书号*/
    char title[30];             /*书名*/
    char author[12];            /*作者*/
    char pub[15];               /*出版社*/
    struct Date{
        int year;               /*年*/
        int month;              /*月*/
    } pubDate;
    float price;                /*定价(元)*/
    int nums;                   /*馆藏数(本)*/
};

int main()
{
    struct Book book1,book2;    /*定义2个图书结构体变量 */
    struct Book *pbook1, *pbook2;/*定义2个指向图书结构体的指针变量 */
    float book1total, book2total, total;/*定义3个浮点数,存储2本书的总价值 */
    pbook1 = &book1;            /*pbook1 指针指向 book1 结构体变量 */
    pbook2 = &book2;            /*pbook2 指针指向 book2 结构体变量 */
    printf("请依次输入书号、书名、作者、出版社、出版日期、定价(元)、馆藏数(本):\n");
    scanf("%s %s %s %s", book1.isbn,book1.title,book1.author,book1.pub);
    scanf("%d %d %f %d",&book1.pubDate.year,&book1.pubDate.month,
&book1.price,&book1.nums);
    scanf("%s %s %s %s", pbook2->isbn,pbook2->title,pbook2->author,
```

```
pbook2->pub);
        scanf("%d %d %f %d",&pbook2->pubDate.year,&pbook2->pubDate.
month,&pbook2->price,&pbook2->nums);
        book1total = pbook1->price * pbook1->nums;/* 计算 book1 的图书总价值    */
        book2total = pbook2->price * pbook2->nums;/* 计算 book2 的图书总价值    */
        if(book1total<book2total)    /* book1 图书总价值小于 book2,则互换,使 book1
                                        总价值高 */
        {
            pbook1 = &book2;     /* pbook1 指针指向价值大的结构体变量 book2   */
            pbook2 = &book1;     /* pbook2 指针指向价值小的结构体变量 book1   */
            total = book1total;      /* 交换 book1total 和 book2total 的值 */
            book1total = book2total;  /* book1total 保存总价值大的图书的总价值   */
            book2total = total;        /* book2total 保存总价值小的图书的总价值   */
        }
        /* pbook1 指向价值大结构体变量,pbook1 指向价值小结构体变量    */
        printf("\n 书号---书名---作者---出版社---出版日期---定
价(元)---馆藏数(本)---总价值(元)\n");
        printf("%s--%s--%s--%s--", pbook1->isbn,pbook1->title,
pbook1->author,pbook1->pub);
        printf("%d 年%d 月--",pbook1->pubDate.year,pbook1->pubDate.
month);
        printf("%.2f--%d--%.2f\n",pbook1->price,pbook1->nums,
book1total);
        printf("%s--%s--%s--%s--", pbook2->isbn,pbook2->title,
pbook2->author,pbook2->pub);
        printf("%d 年%d 月--",pbook2->pubDate.year,pbook2->pubDate.
month);
        printf("%.2f--%d--%.2f\n",pbook2->price,pbook2->nums,
book2total);
        return 0;
    }
```

在 Visual C++ 环境下编译、编译、执行,结果如下:

```
请依次输入书号、书名、作者、出版社、出版日期、定价(元)、馆藏数(本):
9787040272994  C 语言程序设计  张磊  高等教育出版社  2009  8  28.00  9
9787100124744 双城记  [英]狄更斯  商务印书馆  2016  9  26.8  6
书号---书名---作者---出版社---出版日期---定价(元)---馆藏
数(本)---总价值(元)
```

```
9787040272994--C语言程序设计--张磊--高等教育出版社--2009年8月--28.00--9--252.00
9787100124744--双城记--[英]狄更斯--商务印书馆--2016年9月--26.80--6--160.80
```

在ANSI C标准中,允许用结构变量作函数参数进行整体传送,但是这种传送要将实参结构体变量的全部成员逐个复制到形参中。如果结构体变量所占存储空间很大,特别是成员为数组时,将会使传送数据所占的时间和空间开销很大,这将大大降低程序的执行效率。最好的办法就是使用结构体指针,即用指针变量作函数参数进行传送。由于实参传向形参的只是地址,形参和实参都指向同一个结构体变量,从而减少了时间和空间的开销。

设计一个函数,完成图书馆一个图书的总价值计算,函数的实现如下:

```
float totalValue(struct Book *pbook)
{
    return (pbook->price) * (pbook->nums);
}
```

调用该函数时,仅仅需要把要处理的结构体变量的地址作为实参就可以了。返回值是本图书的总价值。这样就省略结构体变量的实参到形参的复制,提高了程序的执行效率。

10.3 用链表管理图书信息

10.3.1 链表的概念

在例10-1中,采用数组存放一个图书馆的图书信息。在C语言中数组的存储空间通常是静态分配的,即定义数组时,需要给出确切的数组长度。为了保证存储不同类型的图书馆所有图书的信息,需要取一个比较大的数,比如为120万。但是很多图书馆藏品种数都达不到2万,这样会大大浪费内存空间。为了解决这个问题,可以采用C语言库函数malloc动态分配存储空间的方法按照需要分配空间。有一种书就分配一个sizeof(结构体类型)大小的内存空间(称为结点)。输入多少种书,就分配多少空间。实现真正的按照需求分配空间。如果某种书下架,可释放其所占的内存空间,以节约内存资源。由于使用动态分配,这些结点的存储空间可能是不连续的,那么如何动态管理这些分散的内存空间?

为了管理一组动态分配的内存空间,可以通过指针建立多个内存区域之间的关系,对它们进行管理。为此,结构体类型定义时要增加一个成员,其类型为该结构体类型的指针(称为指针域),它用来指向下一个结点。第一个结点的指针域内存放第二个结点的首地址,第二个结点的指针域内存放第三个结点的首地址,如此串联下去,直到最后一个结点。通过这个指针成员就可以将各个结点连接起来。最后一个结点因无后续结点连接,其指针域可赋为空指针NULL(实际上就是0)。这样,所有的结点通过指针连接在一起形成了一个"链表"。指向第一个结点的结构体指针成为链表的头指针,通过头指针就可以管理整个链表,从而可以灵活管理动态存储结构。如图10-2为存放字符序列HONG的一个最简单链表的示意图。

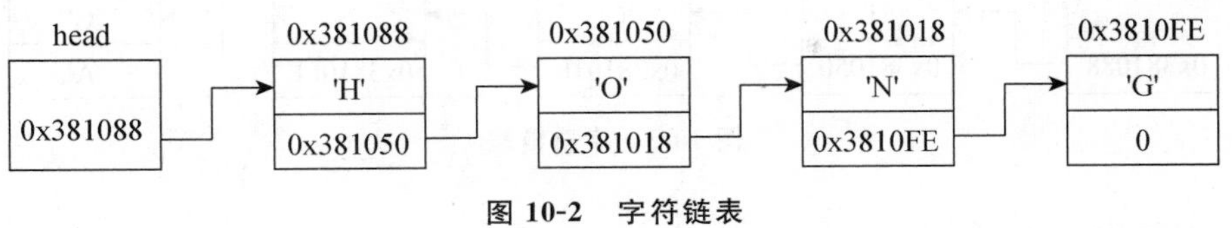

图 10-2　字符链表

图 10-2 中,head 为链表的头指针,它的值 0x381088 为链表的第一个结点的首地址,它仅仅是一个指针变量。其余的每个结点都由两部分组成:一个是数据域,存放结点的实际数据,比如字符;另一个域为指针域,存放下一结点的地址。链表中的结点都是同一种结构体数据类型。图 10-2 的链表逻辑上相邻的结点,在内存物理位置上不一定相邻,只要知道下一个结点的地址,就可以访问,这就是链表的特点。

数据域可以是整型、浮点型、字符类型、数组类型或用户已经定义的数据类型。指针域是一个指向本结构体类型的指针。图 10-2 的字符串链表的结点类型定义:

```
struct CharNode{
    char ch;                        /* 字符类型的数据域 */
    struct CharNode * next;         /* 指向下一个相同结构体类型结点的指针 */
};
```

例如,图书信息管理链表的结点应为以下结构:

```
struct BookNode{
    char isbn[14];                  /* 书号 */
    char title[30];                 /* 书名 */
    char author[12];                /* 作者 */
    char pub[15];                   /* 出版社 */
    struct Date{
        int year;                   /* 年 */
        int month;                  /* 月 */
    } pubDate;                      /* 出版日期 */
    float price;                    /* 定价(元) */
    int nums;                       /* 馆藏数(本) */
    struct BookNode * next;         /* 指向下一种图书结点的指针 */
};
```

在结构体 struct BookNode 中,前 7 个成员构成了数据域,最后一个成员 next 构成指针域,它是一个指向 struct BookNode 类型变量的指针。

为了简化链表的管理,可以为链表设置一个头结点,其中数据域不存储任何值,只是利用其指针域保存链表的第一个结点的首地址。如果链表为空,则头结点的指针域为空,其目的是使链表插入和删除操作变得更加方便。通常在链表的图示中,尾结点的指针域用 ∧ 表示空指针。图 10-2 可以更改为基于头结点链表,如图 10-3 所示。图 10-3 中 head 是一个结构体变量,图 10-2 是一个指向结构体的指针,这是两图的根本区别。

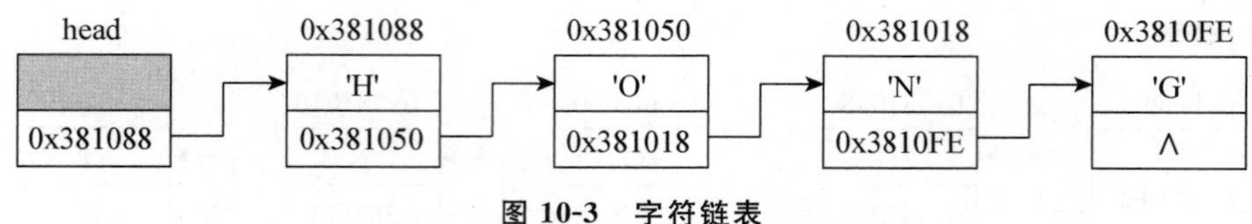

图 10-3 字符链表

10.3.2 基于线性链表的图书信息管理

以链表作为物理结构，不需要连续的内存块，当插入或删除一个元素时，不需要移动其他数据元素，实用性更广。链表是数据结构、面向对象程序设计、操作系统等课程的基础。

例 10-4 基于链表的图书信息管理。

程序首先定义全局指针变量 pListBooks，指向链表的头结点。然后从键盘顺序输入图书信息，重复创建新的结点，插入到头结点之后；直到输入的书号为 0，停止结点的创建。最后从头到尾访问链表，显示整个链表存储的图书信息。

```
#include<stdio.h>
#include<stdlib.h>
struct BookNode{
    char isbn[14];                    /*书号*/
    char title[30];                   /*书名*/
    char author[12];                  /*作者*/
    char pub[15];                     /*出版社*/
    struct Date{
        int year;                     /*年*/
        int month;                    /*月*/
    } pubDate;                        /*出版日期*/
    float price;                      /*定价(元)*/
    int nums;                         /*馆藏数(本)*/
    struct BookNode *next;            /* 指向下一个图书结点的指针 */
};
struct BookNode *pListBooks;          /*指向头结点的指针*/
int main()
{
    struct BookNode *p, *q;           /*临时结构体指针*/
    /*1.首先初始化链表,创建表头结点*/
    pListBooks =( struct BookNode *)malloc(sizeof(struct BookNode));
    pListBooks ->next=NULL;
    /*2.输入图书信息形成链表,链表的顺序与输入图书信息的顺序相反*/
    printf("请依次输入书号、书名、作者、出版社、出版日期、定价(元)、馆藏数(本):\n");
    while(1)
    {
```

```
        p = (struct BookNode *)malloc(sizeof(struct BookNode));
        scanf("%s", p->isbn);    /* 输入书号 */
        if (p->isbn[0]== '0')/* 当输入的书号为 0 开头的,则认为输入图书信息结束 */
        {
            free(p);
            break;
        }
        scanf("%s %s %s ", p->title , p->author , p->pub);
                                    /* 输入书名、作者和出版社 */
        scanf("%d %d ",&(p->pubDate.year), &(p->pubDate.month));
                                    /* 输入出版日期 */
        scanf("%f %d ", &(p->price), &(p->nums));
                                    /* 输入图书定价和馆藏数 */
        p->next = pListBooks->next;        /* 把新结点插入到头结点之后 */
        pListBooks->next = p;
    }
    /* 3.显示当前链表的图书内容 */
    p= pListBooks ->next;                /* 指针 p 指向第一个图书结点 */
    printf("\n 书号---书名---作者---出版社---出版日期---定
价(元)---馆藏数(本)---总价值(元)\n");
    while(p! =NULL)/* 沿着链表方向依次显示每个图书结点信息,直到表尾 */
    {
        printf("%s--%s--%s--%s--", p->isbn,p->title,p->author,
p->pub);/* 书号、书名、作者和出版社 */
        printf("%d 年%d 月--",p->pubDate.year,p->pubDate.month);/*
显示出版日期 */
        printf("%.2f--%d--%.2f\n",p->price,p->nums, (p->price*p
->nums));/* 定价、馆藏数和总价值 */
        p=p->next;        /* p 指向了下一个图书结点 */
    }
    return 0;
}
```

结果如下：

```
请依次输入书号、书名、作者、出版社、出版日期、定价(元)、馆藏数(本):
9787536692930   三体   刘慈欣   重庆出版社   2008   1   23.00   8
9787109173408   C语言程序设计基础   石玉强   中国农业出版社   2013   1   34.00   11
9787566815286   行走世界之巅   刘冰   暨南大学出版社   2015   8   39.80   3
9787100124744   双城记   [英]狄更斯   商务印书馆   2016   9   26.8   6
```

```
9787302224464   C语言程序设计   谭浩强   清华大学出版社   2010   6   29.00   17
9787040272994   C语言程序设计   张磊   高等教育出版社   2009   8   28.00   9
0
书号---书名---作者---出版社---出版日期---定价(元)---馆藏数(本)---总价值(元)
9787040272994--C语言程序设计--张磊--高等教育出版社--2009年8月--28.00--9--252.00
9787302224464--C语言程序设计--谭浩强--清华大学出版社--2010年6月--29.00--17--493.00
9787100124744--双城记--[英]狄更斯--商务印书馆--2016年9月--26.80--6--160.80
9787566815286--行走世界之巅--刘冰--暨南大学出版社--2015年8月--39.80--3--119.40
9787109173408--C语言程序设计基础--石玉强--中国农业出版社--2013年1月--34.00--11--374.00
9787536692930--三体--刘慈欣--重庆出版社--2008年1月--23.00--8--184.00
```

下面按照程序的执行过程，对链表增加结点的过程进行讲解。

(1)初始化链表：动态申请一个 struct BookNode 结点，使指针 pListBooks 指向它，数据域不赋值；对其指针域赋空指针。pListBooks 代表一个空链表，如图 10-4 所示。

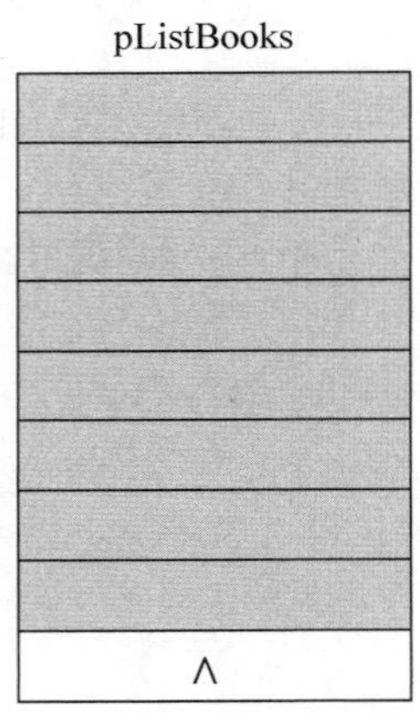

图 10-4 空链表

(2)创建第一条图书信息记录："“9787536692930”,“三体”,“刘慈欣”,“重庆出版社”,2008,1,23.00,8"。动态创建一个 struct BookNode 结点，保存其数据，指针 p 指向它，如图 10-5(a)所示。该图 10-5(a)中两个结点没有连接，也不是一个链表。p->next = pListBooks->next 语句和 pListBooks->next = p 语句执行后两个结点如图 10-5(b)所示，成为一个链表。链成一个链表后，指针 p 就没有用处了，仅仅使用指向表头结点 pListBooks 就可以访问整个链表。

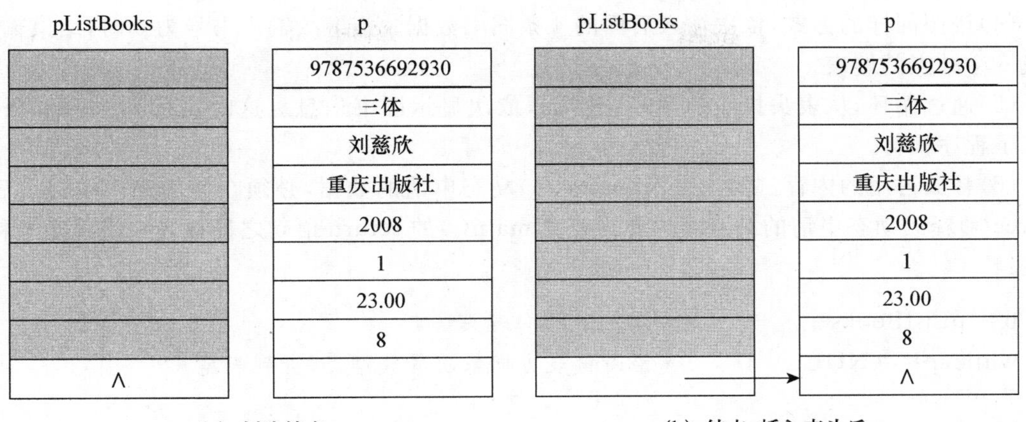

(a) 创建结点　　(b) 结点p插入表头后

图 10-5　创建一个新的结点

(3)创建第二条图书信息记录:""9787109173408"," C 语言程序设计基础","石玉强","中国农业出版社",2013,1,34.00,11"。同样创建一个 struct BookNode 结点,保存其数据,并使指针 p 指向它,数据域赋值为相应的数据,如图 10-6 所示。p 结点插入到头结点之后,如图 10-7 所示,从图中可以看出输入图书数据顺序,与链表从头到尾的顺序刚好相反。这也是例 10-4 的程序执行结果为逆序的原因。

图 10-6　创建第二个新的 p 结点

图 10-7　结点 p 插入表头结点之后

(4)按照同样的方式,依次输入后面的4条图书数据。当继续输入书号为0时,结束输入,形成6个结点的链表。

(5)通过循环,从表头指向的第一个结点,依次显示图书信息。这时执行到return语句,结束了程序执行。

(6)释放占用的内存。因为采用malloc( )动态申请的数据,必须在使用完毕单链表后要用free( )释放动态申请的结点。为此需要在main( )的return语句之前插入一段程序来释放链表:

```
p= pListBooks ;          /* 指针p指向表头结点 */
while(p! =NULL)          /* 沿着链表方向依次释放结点,直到表尾 */
{
    q=p->next;           /* 指针q指向p的下一个结点 */
    free(p);             /* free释放p指向的结点 */
    p=q;                 /* p指向链表的下一个图书结点 */
}
```

动态申请的结点不再使用时,必须把该结点释放,归还内存资源给计算机系统,否则该内存资源将一直被占用,即使程序退出也不会释放,这就是内存泄漏。内存泄漏将会影响计算机的性能。

10.4 共用体类型

10.4.1 共用体类型及共用体变量的定义

共用体是几种不同数据类型的成员共用一段连续内存单元的用户自定义数据类型,又称为共同体、联合体。这样做不是仅仅为了节省内存,主要是为了使程序处理数据的形式保持一致。例如,在Visual C++中,可把一个短整型变量(2个字节)、一个字符型变量(1个字节)、一个单精度实型变量(4个字节)形成一个共用体,放在一个以0xABCD0168地址开始的内存单元中,如图10-8所示。共用体类型使用了相同的内存空间存放不同数据类型的成员,所以在任意一个时刻只有一个成员是有效的。

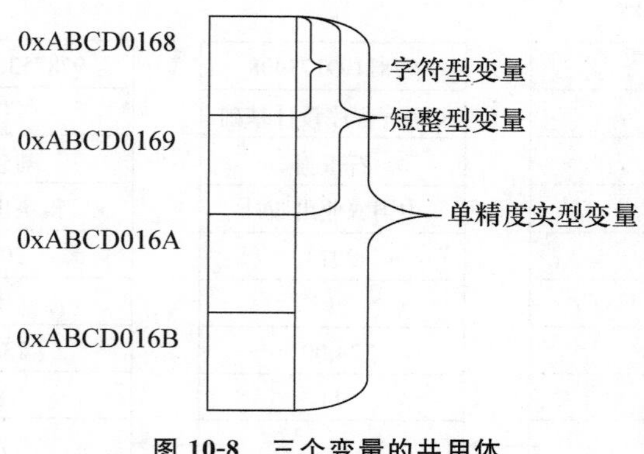

图10-8 三个变量的共用体

1. 声明共用体类型的一般形式

union［共用体类型名］

{ 成员列表 }；

共用体类型的声明由三个部分组成：

①union 是 C 语言关键字，表示这是一个共用体类型，不能省略；

②共用体类型名必须是合法的用户标识符，可以省略；

③成员列表由若干个成员组成，每个成员由成员名和该成员的数据类型说明组成，并以分号结束，其形式为：

数据类型名 1　成员名 1；
数据类型名 2　成员名 2；
……
数据类型名 n　成员名 n；

图 10-8 的共用体类型声明：

```
union UData
{
    short int i;
    char ch;
    float f;
};
```

共用体类型所占内存空间长度等于所占空间最多的成员的长度。在 Visual C++ 编译环境中，Udata 类型定义中单精度实型变量所占空间为 4 个字节，所以 sizeof(union UData)的值是 4。

C99 标准之前不能把共用体变量直接作为函数参数，也不允许函数返回值类型为共用体，但可以使用指向共用体变量的指针。C99 允许用共用体变量作为函数参数。

2. 共用体变量的定义

共用体变量的定义也分为三种情况。

(1)先声明共用体类型，再定义共用体变量

该方法定义的一般格式为：

```
union 共用体类型名
{
    数据类型名 1　成员名 1；
    数据类型名 2　成员名 2；
    ……
    数据类型名 n　成员名 n；
}；
union 共用体类型名　变量名列表；
```

共用体 UData 的定义和变量定义如下：

```
union UData
{
    short int i;
    char ch;
    float f;
};
union UData data, *pdata;
union UData d[12];
```

union Udata 共用体数据类型定义之后，可以在任何地方定义共用体类型变量、共用体类型的指针及共用体类型数组等。这与C语言的基本类型使用没有什么区别。

(2)在声明共用体类型的同时定义共用体变量

该方法定义的一般格式为：

```
union 共用体类型名
{
    数据类型名1  成员名1;
    数据类型名2  成员名2;
    ……
    数据类型名n  成员名n;
}变量名列表;
```

例如：

```
union UData
{
    short int i;
    char ch;
    float f;
} data, *pdata, *p, d[12];
```

使用该方式时，其他地方可以继续定义要使用的共用体变量、指针及数组等。在大型程序开发中，结构体、共用体的声明都是在某个头文件中实现的，所以该方式不经常使用。

(3)省略共用体类型名称，只定义共用体变量

在共用体类型定义时，共用体类型的名字可以省略。其一般格式为：

```
union
{
    数据类型名1  成员名1;
    数据类型名2  成员名2;
    ……
    数据类型名n  成员名n;
```

}变量名列表；

如果共用体类型名称省略，则要求必须在共用体类型说明的同时定义共用体变量。而且其他地方不能使用该共用体定义变量。

例如：

```
union
{
    short int i;
    char ch;
    float f;
} data, * pdata=&data, d[12];
```

3.共用体变量的初始化

定义共用体变量时，可以对变量初始化，但初始化表中只能有一个常量，只能按照共用体定义中第一个成员进行初始化，不支持数据类型的相互转换，而且必须是在花括号{ }内进行初始化。例如，共用体变量 data 的初始化。

```
union UData data={68};   /* 初始化的是共用体变量 data 的短整型成员 i */
union UData data = {'D'};/* 初始化的是共用体变量 data 的短整型成员 i,值'D'是
                            ASCII 码 68 */
union UData data={12.8};/* 初始化错误,只能对 UDate 的第一个成员进行初始化 */
```

4.共用体变量的引用

除了相同类型的共用体变量之间相互赋值，一般不能直接引用共用体变量，而只能引用共用体变量的成员。如果通过共用体变量来引用成员，则要使用成员访问符"."。如果通过共用体指针来引用成员，则使用"->"。例如，union Udata 共用体变量 data 和指针变量 pdata 对数据成员的引用：

```
data.i=10, data.ch='H', data.f=12.8;          /* 共用体变量对成员访问 */
pdata->i=20, pdata->ch='M', pdata->f=3.14;/* 共用体变量指针对成员访问 */
```

5.共用体变量的赋值

定义了共用体变量以后，可以通过赋值运算符对其中一个成员赋值。和结构体变量不同，它不能对所有的成员赋值，因为共用体成员共享一个存储空间，即使对所有成员赋值，也只有最后一次赋值是有效的。如果对共用体变量成员取地址，所有成员的首地址都是相同的。例如：

```
union UData data, * pdata, d[12];/* 对已经定义的共用体类型,定义变量、指针和数组 */
data.i =168;           /* 共用体变量赋值为短整数 168 */
pdata = &data;       /* 共用体指针变量指向变量 data,( * pdata)保存了短整数 168 */
d[1].ch = 'B';         /* 共用体数组元素 d[1]的赋值为字符'B' */
d[2].i = 96;           /* 共用体数组元素 d[2]的赋值为短整数值 96 */
d[3].f = 138.65;       /* 共用体数组元素 d[3]的赋值为单精度值 138.65 */
d[4] = data;           /* 共用体变量 data 对共用体数组元素 d[4]的赋值 */
```

d[5] = *pdata;/*共用体指针变量 pdata 指向的共用体值对共用体数组元素 d[5]的赋值*/

6.结构体和共用体的区别与联系

结构体和共用体都是由多个不同的数据类型成员组成,但在任何时刻,共用体中只存放一个被选中的成员,而结构体的所有成员都存在。

对于共用体的不同成员赋值,将会对其他成员重写,原来成员的值就不存在了,而对于结构体,不同成员赋值是互不影响的。因此,程序员对共用体中的成员操作需要特别小心,很容易被误操作。

共用体类型可以出现结构体类型的定义之中,即结构体的成员可以定义为共用体数据类型;结构体也可以出现在共用体类型的定义之中。

10.4.2 学生与教师通用的表格管理

在什么情况下会用到共用体类型的数据呢?往往在处理数据过程中,有时需要对同一个字段空间安排不同的用途,这时使用共用体比较方便,能增加程序处理的灵活性。切记共用体字段中各个成员是互斥使用的,同时一定要记住当前使用了哪个成员,要采用该成员的数据类型处理方式进行处理,否则会出现错误。

例 10-5 高校中主要人员是教师和大学生,为了实现学校人员的统一管理,设计了一个通用登记表格。学生的信息有编号、姓名、性别、年龄、职业、班级。教师的信息有编号、姓名、性别、年龄、职业、教研室。通过键盘输入教师和学生的信息,并打印输出。

学生与教师的基本数据是相同的,不同的是第六项(即最后一项),学生属于哪个班级,教师属于哪个教研室。我们可以通过职业来区分第六项数据是什么,如果职业是学生,则第六项数据为班级,如果职业为教师,则第六项数据为教研室。为此设计一个结构体类型,前面五个数据项为整型、字符串、字符型、整型和字符型,最后一个为匿名共用体类型成员,把班级和教研室整合在一起处理。结构体和共用体设计如下:

```
struct Student_Teacher
{
    int num;                    /*编号*/
    char name[10];              /*姓名*/
    char sex;                   /*性别,男'M',女'F' */
    int age;                    /*年龄*/
    char job;                   /*职业,学生'S',教师'T' */
    union
    {
        int classno;            /*班级编号*/
        char office[12];        /*教研室名称*/
    }category;
};
```

程序主函数定义了类型为 struct Student_Teacher 的结构体数组 person,存储师生信息,并从键盘上输入 8 个师生信息，然后输出师生信息，程序代码：

```
#include<stdio.h>
int main()
{
    int i;
    struct Student_Teacher person[8];     /* 定义8个人员数组 */
    printf("请输入人员信息：编号---姓名---性别---年龄---职业(S/
T)---所属单位\n");
    for(i=0;i<8;i++)    /* 输入8个人员的数据 */
    {
        scanf("%d %s %c ", &person[i].num, &person[i].name, &person[i].sex);
        scanf("%d %c ", &person[i].age, &person[i].job);
        if(person[i].job=='S')        /* 学生 */
            scanf("%d", &person[i].category.classno); /* 输入班级编号 */
        else if(person[i].job == 'T')    /* 教师 */
            scanf("%s", person[i].category.office); /* 输入教研室名称 */
        else
        {
            printf("输入出错!");
            return 1;
        }
    }
    printf("\n");
    printf("编号---姓名---性别---年龄---职业---所属单位\n");
    for(i=0;i<8;i++)/* 输出 */
    {
        printf("%d---%s---", person[i].num, person[i].name);
        if (person[i].sex == 'M')
            printf("男---%d---", person[i].age);
        else
            printf("女---%d---", person[i].age);
        if (person[i].job == 'S')
            printf("学生---%d班级\n", person[i].category.classno);
        else
            printf("教师---%s研究室\n", person[i].category. office);
    }
    return 0;
}
```

结果如下：

```
请输入人员信息:编号---姓名---性别---年龄---职业(S/T)---所属单位
1 朱超龙   M   56 T 计算机应用
2 黄晓明   M   21 S 20190203
3 叶鸿峰   M   36 T 软件工程
4 张婷婷   F   20 S 20180312
5 张富丽   F   22 S 20170631
6 陈金花   F   42 T 电子工程
7 吴妍妍   F   29 T 人工智能
8 洪志勇   M   24 S 20170719
编号---姓名---性别---年龄---职业---所属单位
  1---朱超龙---男---56---教师---计算机应用研究室
  2---黄晓明---男---21---学生---20190203 班级
  3---叶鸿峰---男---36---教师---软件工程研究室
  4---张婷婷---女---20---学生---20180312 班级
  5---张富丽---女---22---学生---20170631 班级
  6---陈金花---女---42---教师---电子工程研究室
  7---吴妍妍---女---29---教师---人工智能研究室
  8---洪志勇---男---24---学生---20170719 班级
```

主函数中，师生信息都存储在 person 结构体数组中。输入性别时，字符'M'表示男，字符'F'表示女，不能是其他字符。输入职业时，字符'S'是学生，所属单位应该输入班级编号；字符'T'是教师，应该输入教师所在的教研室名称；为了避免输入其他类别，此处有一个简单处理，提示输入的不是学生，也不是教师，直接退出程序执行。读者可以编写一个较为复杂的控制逻辑，直到用户输入正确的职业才进行下去。

10.5 枚举类型

在实际问题中，有些整型变量的取值被限定在一个有限的范围内。例如，一个星期有七天，一年有十二个月等等。如果把这些量直接说明为整型、字符型，则无法确保其值在取值范围之内，非常容易出错。为此，C 语言提供了一种称为“枚举”的数据类型。“枚举”类型的定义是通过标识符列举出所有可能的取值，即把这种类型数据可取的值一一列举出来，该类型“枚举”变量取值约束在定义的范围之内。应该说明的是，枚举类型本质是一种取值范围确定的基本整数类型，不是一种新的构造类型。

10.5.1 枚举类型和枚举变量的定义

1. 声明枚举类型

枚举类型声明的一般形式为：

enum [枚举类型名]
{枚举值表 };

enum 是 C 语言的关键字。在枚举值表中应罗列出所有可用值，一般是代表具体含义的合法用户标识符，并通过逗号分开。这些枚举值也称为枚举常量。枚举常量值的标识符形式使得枚举类型的可读性大大提高，可知名得其义。

例如，表示月份的枚举类型定义：

```
enum month{Jan, Feb, Mar, Apr, May, June, July, Aug, Sept, Oct, Nov, Dec };
```

该枚举类型为 enum month，枚举值共有 12 个，即一年中的 12 月。凡被说明为 enum month 类型的变量，取值只能是 12 月中的某一月，不能是其他了，从而避免了取值超出范围。

2. 定义枚举变量

枚举变量有 3 种定义方式，即先声明枚举类型，后定义变量；或者声明枚举类型的同时定义变量；或者匿名枚举的变量定义。

如果变量 a、b、c 被定义为 enum month 枚举类型，可采用下述任一种方式：

```
enum month{Jan, Feb, Mar, Apr, May, June, July, Aug, Sept, Oct, Nov, Dec};
enum month a,b,c;
```

声明枚举类型的同时定义变量：

```
enum month{Jan, Feb, Mar, Apr, May, June, July, Aug, Sept, Oct, Nov, Dec}a,b,
c;
```

可以省略枚举类型名称，定义枚举类型的同时必须定义枚举变量：

```
enum {Jan, Feb, Mar, Apr, May, June, July, Aug, Sept, Oct, Nov, Dec}a,b,c;
```

若省略枚举类型名称的形式，其他地方将不能定义该类型的枚举变量，所以，这方式使用得比较少。

10.5.2　枚举类型变量的赋值和使用

C 语言编译时，对枚举元素实际上按整型常量处理。当遇到枚举元素列表时，编译程序就缺省地把第一个标识符赋值为 0，第二个为 1、第三个为 2、…等等，依此类推。

1. 枚举变量的赋值

枚举变量可以由枚举标识符赋值，例如：

```
enum month a,b,c;
a =Sept;                    /*9 月代表的整数常量值为 8*/
b =Mar;                     /*3 月代表的整数常量值为 2*/
```

同类型的枚举变量也可以相互赋值，也可以通过强制类型转换运算符，把枚举元素代表的整型常量，直接转换为枚举元素值赋给枚举变量。如果直接把整数赋值给枚举变量，编译时提示警告信息，例如：

```
enum month a,b,c;
a =Sept;                      /*9月代表的整数常量值为8*/
b = a;                        /*同类型的枚举变量可以相互赋值*/
c = (enum month)11;           /*表示12月Dec枚举值赋给c*/
```

2. 枚举变量的输出

通过 printf 函数输出时,枚举变量是按整数值输出,而不是标识符的名字:

```
a =Sept;                 /*9月代表的整数常量值为8*/
printf("This month is %d\n", a);
```

输出的结果是"This month is 8",而程序员期待的是"This month is Sept"。为了能够输出对应的字符串,一般采用 switch 语句来实现,例如下面程序段所示:

```
#include<stdio.h>
#include<string.h>
enum month{Jan, Feb, Mar, Apr, May, June, July, Aug, Sept, Oct, Nov, Dec };
int main()
{
    enum month a=Aug;
    char str[8];
    switch(a)
    {
        case Jan: strcpy(str, "Jan"); break;
        case Feb: strcpy(str, "Feb"); break;
        case Mar: strcpy(str, "Mar"); break;
        case Apr: strcpy(str, "Apr"); break;
        case May: strcpy(str, "May"); break;
        case June: strcpy(str, "June"); break;
        case July: strcpy(str, "July"); break;
        case Aug: strcpy(str, "Aug"); break;
        case Sept: strcpy(str, "Sept"); break;
        case Oct: strcpy(str, "Oct"); break;
        case Nov: strcpy(str, "Nov"); break;
        case Dec: strcpy(str, "Dec"); break;
    }
    printf("This month is %s.\n", str);
    return 0;
}
```

输出结果是:This month is Aug。

3．指定枚举元素的值

枚举元素的值缺省时是从 0 开始顺序赋值的。可以在枚举类型定义时，直接指定一个整数值，后面的标识符如果没有指定一个值，则是在前面枚举常量的基础上顺序加 1，形成一个有限个整数组成的集合。

```
enum weekday{ sun = 7, mon = 1, tue, wed, thu, fri, sat };
```

那么 tue 是 2，wed 是 3，thu 是 4，fri 是 5，sat 是 6，这样更加符合人们的习惯。

10.6　类型定义符 typedef

C 语言不仅提供了丰富的基本数据类型，而且提供了结构体、共用体及枚举等由用户自己定义的数据类型（数组、指针有时也可以认为是用户自己定义的数据类型），同时还允许由用户自己重新定义已有数据类型标识符。也就是说，允许由用户为数据类型取“别名”，以提高可读性。C 语言关键字 typedef 类型定义符可声明新的类型来与已有的类型标识符作用相同。例如，有浮点量 f1、f2，其说明如下：

```
float f1, f2;
```

其中 float 是单精度实型。在现实科学计算中，单精度实型经常称为实数类型，可以通过 typedef 把 float 变为 REAL，方便了程序员的使用，格式如下所示：

```
typedef float REAL;
```

以后就可用 REAL 来代替 float 作实型变量的类型说明了。例如：

```
REAL f1, f2;
```

它等效于：

```
float f1, f2;
```

用 typedef 定义数组、指针、结构体及共用体等类型将给编程带来很大的方便，不仅使程序书写简单，而且意义更为明确，因而增强了程序的可读性。例如：

```
typedef char STRING[80];
```

表示 STRING 是字符数组类型，数组长度为 80。然后可用 STRING 说明变量，如：

```
STRING str1, str2, str3;
```

等效于：

```
char str1[80], str2[80], str3[80];
```

又如在图书信息管理中，定义图书结构体变量时，都需要带上关键字 struct。这样使用起来不方便，可以使用 typedef 来起个别名 BOOK。

```
typedef struct Book{
    char isbn[14];              /* 书号 */
```

```
    char title[30];             /* 书名 */
    char author[12];            /* 作者 */
    char pub[15];               /* 出版社 */
    struct Date{
        int year;               /* 年 */
        int month;              /* 月 */
    } pubDate;                  /* 出版日期 */
    float price;                /* 定价(元) */
    int nums;                   /* 馆藏数(本) */
} BOOK;
```

定义 BOOK 表示 struct Book 的结构类型,然后可用 BOOK 来直接说明结构体变量,不再用 struct 关键字,例如:

BOOK book1,book2;

typedef 定义的一般形式为:

typedef 原类型名 新类型名;

原类型名为已有类型标识符,新类型名一般用大写表示,以便于区别。对类型重命名应注意两点:

(1)用 typedef 并没有创建新的数据类型,只是类型重命名,旧类型名仍然可以使用。

(2)类型重命名的重要意义在于程序在不同硬件平台或者不同编译器之间的源代码移植,通过采用中性的类型名称,代替特殊平台或编译器中的数据类型名称。

有时也可用宏定义来代替 typedef 的功能,但是宏定义是由预处理完成的,而 typedef 则是在编译时完成的,后者更为灵活方便。

习题十

1. 填空题

(1)结构体变量成员的引用方式是使用__________运算符,结构体指针变量成员的引用方式是使用__________运算符。

(2)设 struct student{ int no;char name[12];float score[3]; } sl, * p = &sl;用指针法给 sl 的成员 no 赋值 1234 的语句是__________。

(3)运算 sizeof 是求变量或类型的________,typedef 的功能是______________________。

(4)C 语言可以定义枚举类型,其关键字为__________。

(5)设 union student { int n;char a[100]; } b; 则 sizeof(b)的值是__________。

2.选择题

(1)有如下说明语句,则下面叙述不正确的是(   )。

struct stu {int a ; float b ;} stutype;

A.struct 是结构体类型的关键字　　　　B.struct　stu 是用户定义结构体类型

C. stutype 是用户定义的结构体类型名　　D. a 和 b 都是结构体成员名

(2)在 16 位 PC 机中，若有定义：struct data { int i ; char ch; double f; } b ；则结构变量 b 占用内存的字节数是(　　)。

A.1　　B.2　　C.8　　D.11

(3)设有定义语句：enum t1 {a1, a2 = 7, a3, a4 = 15} time;则枚举常量 a2 和 a3 的值分别为(　　)。

A. 1 和 2　　B. 2 和 3　　C. 7 和 2　　D. 7 和 8

(4)以下程序的输出结果是(　　)。

```
union myun { struct { int x, y, z; } u; int k; } a;
main( )
{  a.u.x=4;  a.u.y=5;  a.u.z=6;  a.k=0;   printf(" %d\n",a.u.x);  }
```

A. 4　　B. 5　　C. 6　　D. 0

(5)当定义一个共用体变量时，系统分配给它的内存是(　　)。

A.各成员所需内存量的总和　　B.结构中第一个成员所需内存量

C.成员中占内存量最大的容量　　D.结构中最后一个成员所需内存量

(6)若有以下程序段：

```
union data { int i ; char c; float f;} a;
int n;
```

则以下语句正确的是(　　)。

A.a=5;　　B.a={2,'a',1.2};

C.printf("%d",a);　　D.n=a;

(7)设 struct {int a; char b; } Q, *p=&Q;错误的表达式是(　　)。

A.Q.a　　B.(*p).b　　C.p->a　　D. *p.b

(8)设有定义语句：enum FIT {a1=6, a2, a3, a4 = 15} sh;则枚举常量 a2 和 a3 的值分别为(　　)。

A. 1 和 2　　B. 2 和 3　　C. 7 和 2　　D. 7 和 8

(9)以下对 C 语言中共用体类型数据的叙述正确的是(　　)。

A.可以对共用体变量直接赋值

B.一个共用体变量中可以同时存放其所有成员

C.一个共用体变量中不能同时存放其所有成员

D.共用体类型定义中不能出现结构体类型的成员

(10)下面对 typedef 的叙述中不正确的是(　　)。

A.用 typedef 可以定义多种类型名，但不能用来定义变量

B.用 typedef 可以增加新类型

C.用 typedef 只是将已存在的类型用一个新的标识符来代表

D.使用 typedef 有利于程序的通用和移植

3.有 3 个候选人，每个选民只能投票选一人，要求编一个统计选票的程序，先输入被选人的姓名，最后输出各人得票结果。

4.在链表管理程序的基础上增加在指定的位置插入、删除一个结点的两个函数。

5.使用两个结构体变量分别存取用户输入的两个日期(包括年、月、日),计算两个日期之间相隔的天数。

6.有一高考成绩表,包括准考证号码(字符串)、考生姓名、考生类别及高考总分等信息。按准考证号码编写一查分程序,输出该考生的相关信息。要求能给用户以提示信息(按键盘某一键后)实现循环查询。

7.输入一串整数,以0结束。把这些整数(不含0)放入一个单链表中,再按由大到小的次序排列,最后将排好序的链表输出。

8.将一个链表按反序输出,即将原表头当链表尾,原链表尾当链表头。

9.现有 N 个桶,每个桶只能放一个小球,小球的颜色是红白蓝的一种颜色,现在 N 桶已经随机放入 N 个小球,要求只能看一次每个桶内小球的颜色,就能把 N 个桶重新排列为有红色小球的桶在前面,然后是白色小球的桶,最后是蓝色小球的桶。要求桶是不能移动,但是可以允许两个桶交换小球。请编程实现上述过程。

10.程序填空题

(1)下面是输出链表head的函数print。

```
#include <stdio.h>
struct stud
{
    long num;
    float score;
    struct stud *next;
};
void print(struct stud *head)
{
    struct stud *p;
    p=head;
    if(p!=NULL)
      do
          { printf("%ld,%5.1f\n",p->num, p->score);
            ________________;
      }while(p!=NULL);
}
```

(2)有一个描述零件加工的数据结构为:零件号pn、工序号wn、指针next。下列程序建立一个包含10个零件加工数据的单向链表,请填空。

```
#include <stdio.h>
#define LEN sizeof(struct parts)
struct parts
{
```

```
    char pn[10];
    int wn;
    ____________________;
};
void main()
{
    struct parts *head, *p;
    int i;
    head=NULL;
    for(i=0;i<10;i++)
    {
        p=____________________;
        scanf("%s",p->pn);
        scanf("%d",&p->wn);
        p->next=head;
        head=p;
    }
}
```

(3)以下函数 creatlist 用来建立一个带头节点的单项链表，新产生的节点总是插在链表的末尾。单项链表的头指针作为函数值返回。函数中以换行符作为链表建立的结束标志。请填空。

```
#include <stdio.h>
struct node
{
    char data;
    struct node *next;
};
struct node *creatlist()
{
    struct node *h, *p, *q;
    char ch;
    h=(struct node *)malloc(sizeof(struct node));
    p=q=h;
    ch=getchar();
    while(____________________)
    {
        p=(struct node *)malloc(sizeof(struct node));
        p->data=ch;
```

```
        p->next=NULL;
        q->next = p;
        q=p;
        ch=getchar();
    }
    p->next='\0';
    return h;
}
```

11.读程序写出结果

(1)下列程序的输出结果是(　　)

```
#include <stdio.h>
union ss
{   int i;
    char c[2];
};
void main()
{   union ss x;
    x.c[0]=10;
    x.c[1]=1;
    printf("%d",x.i);
}
```

(2)下列程序的输出结果是(　　)

```
#include <stdio.h>
struct bb
{   int x;
    char *y;
    struct bb *tp;
}a[]={{1,"pascal",NULL},{3,"debug",NULL}};
void main()
{
     struct bb *p=a;
     char c,*s;
     s=++p->y;              printf("%s\n",s);
     c=*p++->y;             printf ("%c\n",c);
     s=p->y++;              printf("%s\n",s);
     c=*(p->y)++;           printf("%c\n",c);
}
```

(3)下列程序的输出结果是(　　)

```
#include <stdio.h>
union ee
{
    int a;
    int b;
} *p,s[4];
void main()
{
    int n=1,i;
    for(i=0;i<4;i++)
    {     s[i].a=n;
          s[i].b=s[i].a+1;
          n+=2;
    }
    p=&s[0];
    printf("%d",p->a); printf("%d",++p->a);
}
```

(4)下列程序的输出结果是(　　)。

```
#include <stdio.h>
static struct st1
{
    char name[10];
    char *addr;
};
static struct st2
{   char *pname;
    struct st1 s1;
}s2={"England",{"Ann","London"}};
void main()
{
    printf("%s, %s\n", ++s2.s1.addr, &s2.pname[3]);
}
```

12.采用循环单项链表编程实现猴子选大王。一群猴子都有编号，编号是 1,2,3 …m，这群猴子(m 个)按照 1 至 m 的顺序围坐一圈，从第 1 开始数，每数到第 N 个，该猴子就要离开此圈。这样依次下来，直到圈中只剩下最后一只猴子，则该猴子为大王。

第11章　位运算

本章学习目标

- 掌握位运算符的内涵和运算特点
- 了解位域的概念和应用
- 获得运用位运算解决实际问题的能力

C语言可以直接对计算机硬件进行编程，具有低级语言直接操作内存的二进制位和计算机端口的处理能力，程序执行效率比较高。它广泛应用于系统软件的编写，特别是在工业自动化、过程控制及实时控制等领域有强大的生命力。本章所讲的位运算，就是C语言在这方面的能力表现。位运算是针对二进制位所进行的运算。同时C语言还提供位域来实现内存中一段二进制位的运算。它们使C语言的应用更灵活，效率更高。

11.1　文件的权限管理

在Unix/Linux操作系统中文件的权限管理分为三个不同的类别：User，Group以及Other。当一个新文件被创建时，会为这三类用户指派访问权限，只有拥有权限的用户才能做相应的操作。文件的权限属性分为三段，三段分别为User、Group、Other三种类别的权限，每段三个位，依次为r，w，x权限。r表示可读，w表示可写，x表示可执行，－表示没有该权限。这些属性通常是存放在一个二进制的字中，对应二进制位为1，表示该用户有此权限，对应二进制位为0，表示该用户无此权限。如果某个文件的属性字为八进制数764，由于八进制数764转化成二进制是111110100，那么其权限分配如图11-1所示。文件拥有者有读写执行权限，同组用户有读写权限，其他用户只有读的权限。

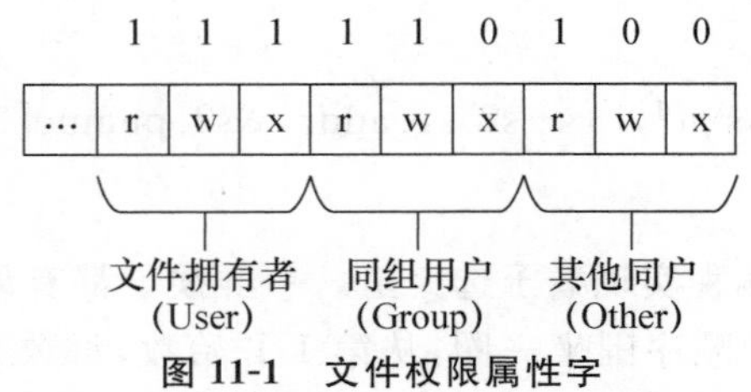

图11-1　文件权限属性字

例11-1　某文件的拥有者需要更改文件的权限属性，希望收回其他用户的执行权限，请编程实现。

收回其他用户的执行权限，只需要将第 0 位赋值为 0 即可。第 0 位赋值为 0 可以用“权限字”&“第 0 位为 0 其他各位为 1 的设置字”来实现。怎么来表示第 0 位为 0 其他各位为 1 的设置字？可以用十六进制字 0xFFFFFFFE 表示，也可以用位运算～1 来表示。其中～表示取反，即 1 变 0，0 变 1。～1 与 0xFFFFFFFE 是相等的。

程序代码：

```
#include <stdio.h>
int fileAuthority;
int main()
{
    void display(int auth);
    int fileAuthority = 375;
    printf("初始权限:");
    display(fileAuthority);
    fileAuthority = fileAuthority & ~1;          /* 将第 0 位赋值为 0 */
    printf("修改后权限:");
    display(fileAuthority);
    return 0;
}
void display(int auth)                           /* 根据权限属性字，显示成 rwx 格式 */
{
    int i;
    char s[10];
    for (i=8;i>=0;i--)
    {if (auth&1)
      {
        switch(i%3)
        {
        case 2:s[i]='x';break;
        case 1:s[i]='w';break;
        case 0:s[i]='r';break;
        }
      }else s[i]='-';
    auth=auth>>1;
    }
    s[9]='\0';
    printf("%s\n",s);
}
```

运行结果：

```
初始权限:r-xrw-rwx
修改后权限:r-xrw-rw-
```

C 语言提供了六种位运算符，即按位与&、按位或|、按位异或^、按位取反～、左移＜＜和右移＞＞。本例用到其中的&、～和＞＞运算符。

11.2 位运算符

在 C 语言提供的六种位运算符中，按位取反的优先级最高；按位与的优先级高于按位异或运算符；按位异或的优先级高于按位或运算符。按位取反是自右向左结合，其他是自左向右结合。位运算符的优先级请参考附录Ⅲ。

1.按位与运算

按位与运算符&是双目运算符，其功能是将参与运算的两个数对应二进制位相与，没有进位与借位。按位与运算的含义如表 11-1 所示。

表 11-1 按位与运算

左二进制量	右二进制量	位与表达式	运算结果
0	0	0&0	0
0	1	0&1	0
1	0	1&0	0
1	1	1&1	1

2.按位或运算

按位或运算符|是双目运算符，其功能是将参与运算的两个数的对应二进制位相或，没有进位与借位。按位或运算的含义如表 11-2 所示。

表 11-2 按位或运算

左二进制量	右二进制量	位或表达式	运算结果
0	0	0 | 0	0
0	1	0 | 1	1
1	0	1 | 0	1
1	1	1 | 1	1

3.按位异或运算

按位异或运算符^是双目运算符，其功能是将参与运算的两数的对应二进制位异或，没有进位与借位。按位异或运算的含义如表 11-3 所示。

表 11-3 按位异或运算

左二进制量	右二进制量	位异或表达式	运算结果
0	0	0^0	0
0	1	0^1	1
1	0	1^0	1
1	1	1^1	0

4. 按位取反运算

按位取反运算符～是单目运算符，其功能是将其操作数按位取反。按位取反运算的含义如表 11-4 所示。

表 11-4　按取反运算

二进制量	位取反表达式	运算结果
0	～0	1
1	～1	0

5. 左移运算

左移运算符＜＜是双目运算符，其功能把＜＜左边的操作数的所有二进位全部左移，移动的位数由＜＜右边的整数指定，溢出的最高位丢弃，空出的最低位用 0 补齐。对于无符号数，如果最高位丢弃的是 0，那么左移 1 位相当于乘以 2；对于带符号数，如果移位后符号位不变，那么左移 1 位也相当于乘以 2。其效果如图 11-2 所示。

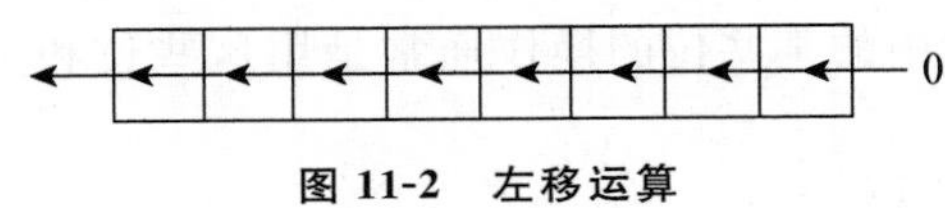

图 11-2　左移运算

6. 右移运算

右移运算符＞＞是双目运算符，其功能把＞＞左边操作数的所有二进位全部右移，由＞＞右边的整数指定移动的位数，溢出的最低位丢弃。如果是带符号数右移，则高位补符号位；如果是无符号数右移，则高位补 0。无论是带符号数还是无符号数右移 1 位，都相当于整除 2。其效果如图 11-3 所示。

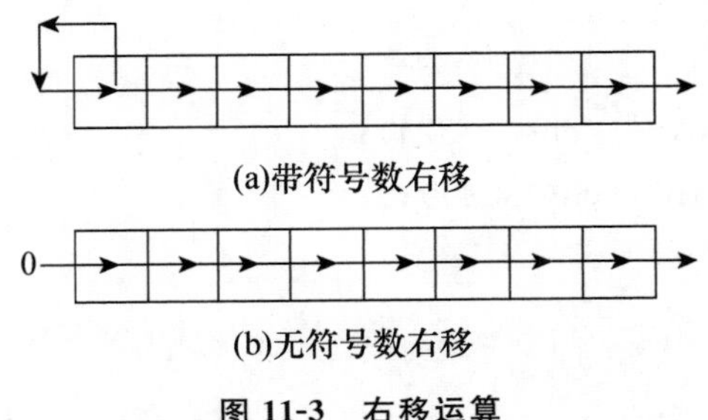

(a)带符号数右移

(b)无符号数右移

图 11-3　右移运算

例 11-2　以 8 个二进制位的补码编码为例字节，计算如下位运算。

①9&5　　②－9|－5

③(9^5)　　④～9

⑤9＜＜2　　⑥－9＞＞2

解：在一个字节中，9 的补码是 **0**0001001，－9 的补码是 **1**1110111；5 的补码是 **0**0000101，－5 的补码是 11111011。

	0000 1001	（9 的二进制补码）
(&)	0000 0101	（5 的二进制补码）
	0000 0001	（1 的二进制补码）

	1111 0111	（－9 的二进制补码）
(|)	1111 1011	（－5 的二进制补码）
	1111 1111	（－1 的二进制补码）

```
      0000 1001  (9的二进制补码)                  (～)  0000 1001  (9的二进制补码)
(^)   0000 0101  (5的二进制补码)                  ———————————————
———————————————                                        1111 0110  (－10的二进制补码)
      0000 1100  (12的二进制补码)
```

```
(<<2) 0000 1001  (9的二进制补码)                  (>>2) 1111 0111  (－9的二进制补码)
———————————————                                   ———————————————
      0010 0100  (36的二进制补码)                       1111 1101  (－3的二进制补码)
```

虽然位运算的运算规则简单,但有如下几点需要注意:

①位运算的运算规则只针对二进制的位,没有进位借位的概念。

②常见的位运算操作有如下几类:

a.二进制数据的某些位清零

对某些数据位的清0操作通常是用这些位和0相“与”,而其他位与1相与。

b.保留或取出二进制数据中的某些位

保留或取出二进制数据中的某些位的操作通常是用这些位和1相“与”,而其他位与0相“与”。

c.二进制数据的某些位设置1

二进制数据的某些位设置1的操作通常是用这些位与1相“或”,其他位与0相“或”。

d.二进制数据的某些位翻转

二进制数据的某些位翻转操作通常是用这些位与1相“异或”,其他位与0相“异或”。如果是整体翻转,则可以用“非”运算。

③ 移位运算的结果是int型数据,且移位次数是除以32的余数。

例如:

```
char ch = 'a';
printf("ch<<32 = %d\n",(ch<<32));
printf("ch<<4 = %d\n",(ch<<4));
```

显示结果

```
ch<<32 = 97
ch<<4 = 1552
```

ch是字符型数据,左移32位,计算机真正移位的次数是32除以32的余数,即等价于:ch<<0,这与用循环语句移32次的结果是不一样的。另外,虽然ch是字符数据,但ch<<4 = 1552,即移位运算的结果是int型数据。

④ 位运算有一些比较特殊的用法,例如例8-2题用“异或运算”用来交换两个整型变量的值;例7-16题用“异或运算”用来进行加密与解密。这些案例都利用了“异或运算”的特点:A^A = 0。

例11-3　假设某电影院有四台空调,十六盏灯。其中空调用变量contrl的低四位控制,灯光用contrl的低8～23位控制。其中0表示关闭,1表示打开。完成下列程序,使得电影开演时打开四台空调,关掉所有的灯光。

```
#include <stdio.h>
int main()
{
    int contrl = 0xAAAAABF0;
    int light,aircond;
    printf("contrl = %x\n",contrl);
    /* 打开空调 */
    printf("打开空调\n");
    aircond = (   1   );
    contrl  =  contrl  (  2  )aircond;
    printf("contrl = %x\n",contrl);
    /* 关闭灯光 */
    printf("关闭灯光\n");
    light  = (  3  );
    contrl =  contrl  (  4  )  light;
    printf("contrl = %x\n",contrl);
    return 0;
}
```

根据题目说明，可知 contrl 的控制字有如下控制位分布：

表 11-5　contrl 控制位

	未用		控制灯光				未用	控制空调
Contrl	xxxx	xxxx	xxxx	xxxx	xxxx	xxxx	xxxx	xxxx
关灯	xxxx	xxxx	0000	0000	0000	0000	xxxx	xxxx
开空调	xxxx	xxxx	xxxx	xxxx	xxxx	xxxx	xxxx	1111

打开空调是对第四位赋值为 1，可选用"或 1"运算，故(1)为 0x0f，(2)为 |。关掉灯光，只需对 8～23 位清 0 即可，可选用"与 0"运算，故(3)为 0Xff0000FF，(4)为 &。

11.3　位运算案例

在计算机系统中各部件需要进行数据交换，为了确保数据在传送过程中正确无误，接收到数据后需要对数据进行校验。奇偶校验就是一种让数据中 1 的个数成奇数或者成偶数的校验方式。例如两种设备相互之间约定采用奇校验，假如最高位是校验位。那么设备 A 传了一个数据给设备 B，设备 B 就可以根据传递过来的数据位 1 的个数是不是奇数来判定在传输过程中是否发生了错误。

例 11-4　判断设备 A 传过来的数据位中 1 的个数。

```
#include <stdio.h>
int main()
{
```

```
    unsigned int num, x;
    int count=0;/* 记录1的个数 */
    printf("设备A传过来的整数为:");
    scanf("%u",&num);
    x = num;
    while(num > 0)
    {
        if((num & 1) == 1)    /* 判断最低位是不是1 */
            count++;
        num >>= 1;/* num右移1位 */
    }
    printf("统计%d中二进制位1的个数为%d个! \n", x, count);
    return 0;
}
```

在此例中,运用"与"运算获取数据的最低位,如果为1则计数加1;利用右移运算可以将最低位移除。重复上述操作,直到数据为0。

例 11-5 通过异或运算实现两个变量值的互换。

异或运算的特点是参与运算的两个数据位相同时结果为0,相异时结果为1。这就会产生非常有意思的现象:a^a=0。假如已有c= a^b,则c^a=b,c^b=a。利用这个特点,可以实现无中间变量的数据交换。

```
#include <stdio.h>
void swap(int *i, int *j)
{
    *i = *i^ *j;
    *j = *i^ *j;
    *i = *i^ *j;
}
int main()
{
    int a=10, b=20;
    printf("a=%d, b=%d\n", a, b);
    printf("交换a与b的值\n");
    swap(&a, &b);
    printf("a=%d, b=%d\n", a, b);
    return 0;
}
```

例 11-6 甲说乙在说谎,乙说丙在说谎,丙说甲、乙在说谎。只有一个人说真话。问,谁说真话?

假设用 1 表示说真话，0 表示说假话。用三位二进制数表示甲乙丙三人说的话。那么三人说话可以用图 11-4 表示。假如甲是说真话的那个人，那么凡是跟$(100)_2$相“与”，其结果为非 0 的话都可以认为是真话。例如：甲说&$(100)_2=(100)_2$，为非 0，故甲说的是真话。同样的道理，如果乙是说真话的那个人，凡是跟$(010)_2$相“与”，其结果为非 0 的话都可以认为是真话；如果丙是说真话的那个人，凡是跟$(001)_2$相“与”，其结果为非 0 的话都可以认为是真话；

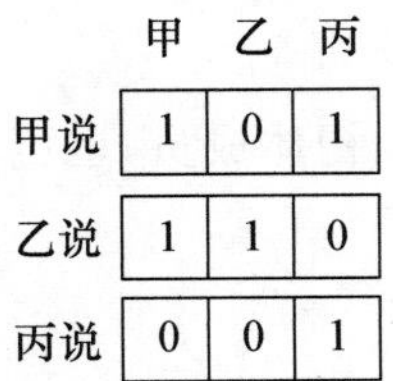

	甲	乙	丙
甲说	1	0	1
乙说	1	1	0
丙说	0	0	1

图 11-4　谁在说谎二进制表示

程序代码：

```
#include<stdio.h>
int main()
{
    int i;
    for (i=1;i<=4;i<<=1)            /*分别假设说真话的人是丙乙甲*/
    {
        if(((i&5)>0)+((i&6)>0)+((i&1)>0)==1)/*三句话中只有一句是真的*/
            printf("%s说真话！\n",i==1?"丙":(i==2?"乙":"甲"));
    }
        return(0);
}
```

运行结果：

```
乙说真话！
```

11.4　位段

到目前为止，所有类型的数据都是以字节为单位进行分配和存储的。但是有些工业控制系统和网络通信中，其信息在存储时，并不需要占用一个完整的字节，只需占几个或一个二进制位。例如，在存放一个开关信息时，只有 0 和 1 两种状态，用一位二进制位即可控制外围设备的开和关。为了节省存储空间，方便处理，C 语言提供了一种新的数据结构，称为“位段”或“位域”(bit field)。

“位段”是把一个字节中的二进制位划分为几个不同的段，并说明每个段的二进制位数。每个段有一个段名，允许在程序中按段名进行整数类型操作，避免了直接采用位操作的繁杂过程。这样就可以把几个不同的信息用一个字节的二进制位段来表示。

11.4.1 位段的定义和位段变量的说明

位段定义与结构体定义相仿，以二进制位为单位来指定其成员所占的内存长度，其形式为：

```
struct 位段结构名
    {位段列表 }；
```

其中位段列表的每项可以为一般结构体成员，也可以为位成员，其形式为：

数据类型　位段名：位段长度；

例如：

```
typedef struct bitd
{
    unsigned int a:2;
    unsigned int b:5;
    int c:3;
    int d:4;
    int i;                /* 成员 i 为整数类型成员，不是位成员 */
} bitd;
```

位段 bitd 定义了 a 是无符号整数，占 2 位，其值范围 0～3；定义了 b 是无符号整数，占 5 位，其值范围 0～31；定义了 c 是有符号整数，占 3 位，最左边的二进制位是符号，采用补码形式，则其值范围 -4～3；定义了 d 是有符号整数，占 4 位，其值范围 -8～7；最后是没有指定二进制位的整数 i，则四个字节。如图 11-2 所示的逻辑位段图。

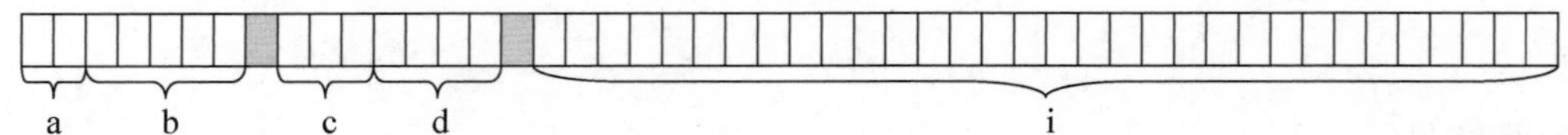

图 11-5　位段 bitd 的二进制位图

位段变量的说明与结构体变量说明的方式相同。可采用先定义后说明，同时定义并说明或者直接说明这三种方式。

例如，定义位段 bitd 的变量 data 方式：

bitd data；

对于位段的定义有以下几点说明：

(1)位段成员的类型必须指定为 unsigned int 或 int 类型，不能是其他类型。

(2)位段成员所占位数要明确。

(3)位段在计算机内存中的空间分配方式是随着计算机的不同而异的，但成员是连续二进制位分配的。位段成员不能跨两个字节，从而，每个成员的最大长度为 8。比如位段 bitd 的成员 a 和 b 占 7 位，占了一个字节，c 与 d 占另外一个字节，都剩余一个空闲位。

(4)位段定义中经常会出现几个成员占一个字节，也可以强制一个成员在下一个字节开始存放，比如 bitd2 位段定义的形式：

```
typedef struct bitd2
{
    unsigned int a:2;
    unsigned int b:2;
    unsigned int  :0;              /* 没有成员名，而且所占位数为 0 */
    int c:3;
    int d:1;
    int i;
}bitd2;
```

由于 b 成员之后定义了长度为 0 的字段，迫使其后的位段成员 c 从下一个字节开始存放。从而 a 和 b 占一个字节，空闲 4 位，c 和 d 占一个字节，也空闲 4 位。

(5)位段可以定义没有名称的成员，它只占二进制位，而不能用，如 bitd3 位段定义的形式：

```
typedef struct bitd3
{
    unsigned int a:2;
    unsigned int b:2;
    unsigned int  :4;              /* 没有成员名，所占位数为 4 */
    int c:3;
    int d:1;
    int i;
} bitd3;
```

11.4.2　位段的应用

位段的使用和结构体成员的使用相同，其一般形式为：

位段变量名.位段名

位段的成员定义为 unsigned int 或 int 类型，可以采用 printf 函数按整数控制符形式输出，但不能用 scanf 直接输入、在表达式中引用位段变量的成员，则自动转化为整型参与运算。

例 11-7　用位段实现俄罗斯方块随机显示。

```
#include <stdio.h>
#include <stdlib.h>                /* 用到了 srand、rand 函数 */
#include <time.h>                  /* 用到了 time 函数 */
#include <conio.h>                 /* 用到了 getch 函数 */
typedef struct
{
    unsigned char one:4;
```

```
    unsigned char two:4;
}BitFk;
BitFk bitfk[7]={{0,15},{8,14},{1,7},{12,12},{6,12},{4,14},{12,6}};/*7种方块的位段表示*/
void drawfk(int fkn)
{
    int j;
    for (j=0;j<4;j++)
      {if (bitfk[fkn].one&(1<<(3-j)))              /*显示位段中的第1行*/
          printf("■");
      else
          printf("  ");
      }
    printf("\n");
    for (j=0;j<4;j++)
      {if (bitfk[fkn].two&(1<<(3-j)))              /*显示位段中的第2行*/
        printf("■");
      else
        printf("  ");
      }
}
int main()
{
    int fkn;
    char choice;
    srand((unsigned)time(NULL));                   /*初始化随机种子*/
    fkn=rand()%7;
    do
    {
        drawfk(fkn);
        choice=getch();
        fkn=rand()%7;
        system("cls");        /*在 Visual C++表示清除字符界面的函数*/
    } while (choice!=27);
    return 0;
}
```

该程序的运行结果与第 7 章的俄罗斯方块显示效果一致，原来需要占用 226 个字节的，改用位段存放方块后方块占用的空间只有 7 个字节，空间利用效率大大提高。

习题十一

1. 位运算如何提高 C 程序的执行效率？

2. 设计基于异或运算的加密解密程序。

3. 以左移和右移位运算代替整除 2 和 2 倍运算的不足之处是什么？

4. 编程实现带符号整数右循环。输入一个带符号整数，右循环 n 位后输出。其中的右循环是整数的整个内存二进制位向右移动，每次移动溢出的二进制位是循环到整个二进制的高位，比如字符类型变量 a 的值为 9，其二进制的内存映像为 00001001。如果右循环 1 位是 10000100，它的值变 -124。如果右循环为 4 位是 10010000，值为 -112。

5. 通过位运算直接求浮点数的绝对值。浮点数在传统 C 语言中分为单精度 float 和双精度 double 两种实数型，它们的内存映像非常复杂，是以二进制小数点固定的形式存储的，这是浮点数名称的由来。以 float 为例，它由符号位、指数及尾数 3 部分组成，在 Visual C++ 编译环境中长度是 4 个字节，各部部分的位置和所占位数如图 11-6 所示。

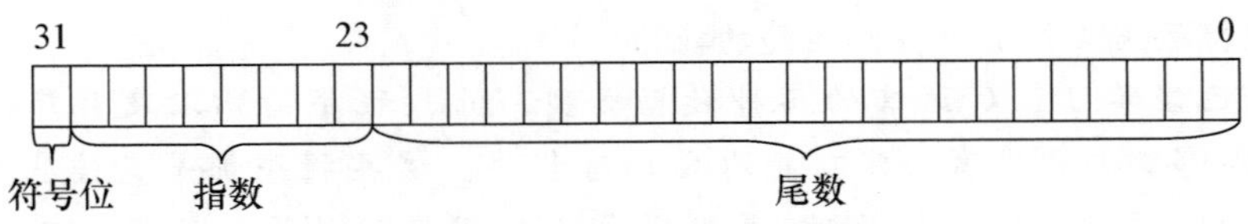

图 11-6　4 字节 float 的内存映像

其中符号位 S 是 1 位，0 表示正数，1 表示负数。指数部分 E 是 8 位的有符号整数。尾数部分为 23 位。通过 $(-1)^S \times 2^E \times M$ 公式可以把二进制转换为十进制。在内存中这四个字节连续存放，变量的地址是 0～7 那个字节，符号位在高字节。

6. C 语言设置位域的目的是什么？C 语言位域运算的限制是什么？

第 12 章　文件

本章学习目标

- 掌握文件的概念及分类
- 了解文件系统、文件指针
- 掌握文件打开和关闭的操作
- 掌握文件的读写操作和随机访问
- 了解文件出错检测操作
- 获得运用文件解决实际问题的能力

读者已经学习了C语言的各种数据类型、语法、程序结构以及程序设计的基本方法,能够编写出具有一定功能的C语言程序。这些程序都是直接从键盘输入数据,然后程序对数据进行处理,并在屏幕上显示运行结果。这样就存在一个问题:当程序运行结束,数据都消失了,下次执行还需要重新输入数据。如需利用已经输入过的数据,提高程序的执行效率,就需要把数据存入文件。文件通过外部存储器持久性保存程序要处理的数据和运算的结果。程序可以直接从文件中读取要处理的数据,从而提高了程序的执行效率。当前的计算机系统几乎都是基于文件运行的。

12.1　将字符串写入文件

例 12-1　将键盘上输入的一个字符串写入文本文件中,然后读出并显示。

C语言提供了丰富的文件处理函数,可以很方便地把键盘输入的字符数据保存到文件中。本案例中,使用函数 fopen 创建一个 string. txt 文件;使用函数 fputc 把一个个字符写入到文件中,当遇到#字符时结束;使用函数 fclose 关闭文件。这样字符串即可成功地写入文件。再次打开 string. txt 文件,利用 fgetc 函数把一个个字符从文件中读出,并显示到屏幕上。

```
#include <stdio.h>
#include <stdlib.h>
int main()
{
    FILE *fp;                          /*文件指针*/
    char ch;
```

```
    fp = fopen("string.txt","wt");        /* 创建文件并打开文件 */
    if (fp == NULL)                       /* 当文件创建或打开失败时 */
    {
        printf("Can't open the file! \n ");
        getchar();
        exit(1); /* 因为不能打开文件,关闭所有的文件后退出程序 */
    }
    printf("Input a text end with \'#\' : ");
    while((ch = getchar())! = '#')        /* 从键盘输入字符 */
        fputc(ch,fp);                     /* 把字符写入文件 */
    fclose(fp);                           /* 关闭文件 */
    fp = fopen("string.txt","rt");        /* 打开已有文件 */
    while((ch = fgetc(fp))! = EOF)        /* 从文件读入字符 */
        putchar(ch);                      /* 把字符显示到屏幕上 */
    putchar('\n');                        /* 屏幕换行 */
    fclose(fp);                           /* 关闭文件 */
    return 0;
}
```

某次程序执行的结果：

```
Input a text end with'#': Hello the World#
Hello the World
```

执行程序后，在可执行程序所在的目录中就有一个 string.txt 文件。用记事本打开它，可看到文件中的数据为“Hello the World”。由此可知，通过 C 语言程序成功地把字符串写入文件。

12.2　C 文件概述

文件是计算机系统中一个重要概念，“文件”是指存储在外部介质上的一组相关数据的有序集合。这个有序数据集的名称称为文件名。文件名与文件是一一对应的，文件名由主文件名和文件扩展名组成，通过字符“.”连接。文件扩展名代表文件的类型或属性，可以省略的。文件是操作系统数据管理的基本单位。操作系统通过树形文件目录来管理不同类别的文件。不同的操作系统对文件的命名规则是不同的。在前面的各章中已经多次使用了文件，例如源程序文件、目标文件、可执行文件及库文件（头文件）等。

C 语言中使用数据文件的目的有以下三点：

（1）数据文件的改动不会引起程序的改动，即程序和数据分离。

（2）不同程序可以访问同一个数据文件，即数据共享。

（3）文件能长期保存数据。

12.2.1 文件的分类

从不同的角度可对文件进行不同的分类。

1.按照文件的逻辑结构分类

(1)记录文件,由具有一定结构的记录所组成的文件,如数据库文件。

(2)流式文件,由一个个字节数据或字符数据顺序组成的文件,如文本文件。

2.按照存储介质分类

(1)普通文件,是指驻留在磁盘或其他外部介质上的一个有序数据集,可以是源文件、目标文件、可执行程序;也可以是一组待输入处理的原始数据,或者一组输出的结果。

(2)设备文件,是指与主机相连的各种外部设备,如显示器、打印机及键盘等。在操作系统中,为了便于管理,把外部设备也看作是一个文件来进行管理,把它们的输入、输出等同于对磁盘文件的读和写。

通常把显示器定义为标准输出文件,在屏幕上显示有关信息就是向标准输出文件输出。如前面经常使用的 printf、putchar 函数就是这类输出。因为 printf 函数的定义中涉及标准输出文件,所以在调用 printf 函数之前,关闭标准输出文件 stdout,printf 的调用会出错。

键盘通常被定义为标准的输入文件。从键盘上输入,就意味着从标准输入文件上输入数据。scanf、getchar 函数就属于这类输入。

3.按文件的内容分类

(1)程序文件:源文件、目标文件和可执行文件等。

(2)数据文件:记录文件、图像文件和音视频文件等。

4.按数据的组织方式分类

(1)文本文件,即 ASCII 文件, ASCII 码文件在磁盘中存放的是每个字符的 ASCII 码,便于对字符逐个处理。

如无符号整数 5678 的存储形式为:

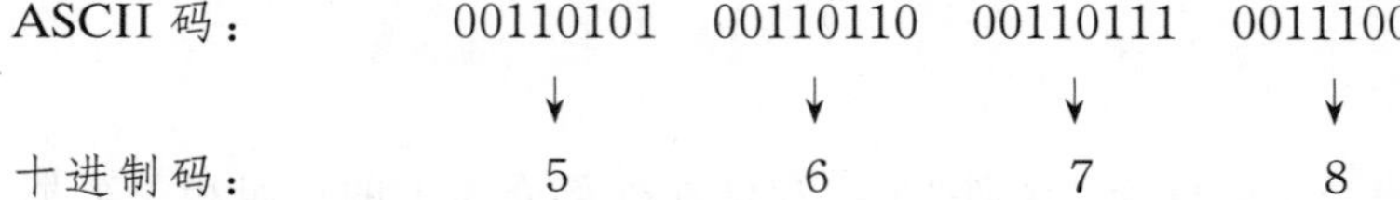

要把无符号数 5678 保存到文本文件中,需要把整数 5678 转换为“5678”ASCII 字符串来保存,共需占用 4 个字节;读出时,需要把字符串转换为整数来使用。读写 ASCII 数据时,需要相应的数据类型转换操作,花费较多的时间。

ASCII 码文件可在屏幕上按字符显示。例如,源程序文件就是 ASCII 文件,文本文件的文件扩展名一般是 txt、c、cpp、h 和 ini 等。用 DOS 命令 TYPE,可显示文本文件的内容。由于内容是按字符显示,用户能直接读懂文件内容。在 Windows 操作系统,可以用记事本、写字板或 Word 等文字处理软件打开,并读写数据。

(2)二进制文件,是按二进制的编码方式来存放文件的,也就是把内存中的数据原样输出到磁盘文件中,如短整数 5678 的存储形式为:

00010110　00101110

用二进制文件存储短整数 5678 只占二个字节，相对于 ASCII 文件，二进制文件的数据存储节省存储空间和数据转换时间。二进制文件中一个字节并不对应一个字符，不能以字符形式输出。如果直接用 Windows 的记事本程序打开二进制文件，由于是按字符显示的，将看到一些无法读懂的乱码，因此二进制文件需要对应的程序打开才能正确显示。一般情况下，二进制文件的文件名后缀是 exe、dat、dll、doc、lib、tif、gif 及 bmp 等。

12.2.2　文件的操作

C 语言处理的数据文件是一个字节流或者字符流文件，C 语言的函数读写操作是以字节为单位进行的。

C 语言中，对文件最为基本的操作是读文件和写文件。读文件是将磁盘等外存中的数据传送到内存的操作。写文件是从内存向磁盘等外存传送数据的操作。C 语言中没有提供文件的输入输出语句，完全依赖 C 语言的标准函数库进行文件的读写。标准函数库是靠操作系统的系统调用来完成实际文件的操作。C 语言也可以直接使用操作系统调用函数，但系统调用，通常非常复杂、参数特别多，不如封装好的 C 语言库函数使用方便。

12.2.3　文件系统

在不同的操作系统的 C 语言版本中，存在两种对文件的处理方法，即缓冲文件系统和非缓冲文件系统。在 Unix、Linux 等操作系统中就存在这两种文件系统。

1. 缓冲文件系统

缓冲文件系统是一种高级文件系统，是指操作系统自动为正在使用的每个文件开辟一个内存缓冲区。从内存向磁盘等外存输出数据时，必须先将数据输出到输出文件缓冲区，待输出文件缓冲区装满后，再一起输出到外存文件中；从磁盘等外存文件读数据时，先将一批数据（字节数小于输入文件缓冲区）一次性读入到输入文件缓冲区，然后再从缓冲区向内存逐个地将数据送到程序数据区（即程序变量），其流程如图 12-1 所示。

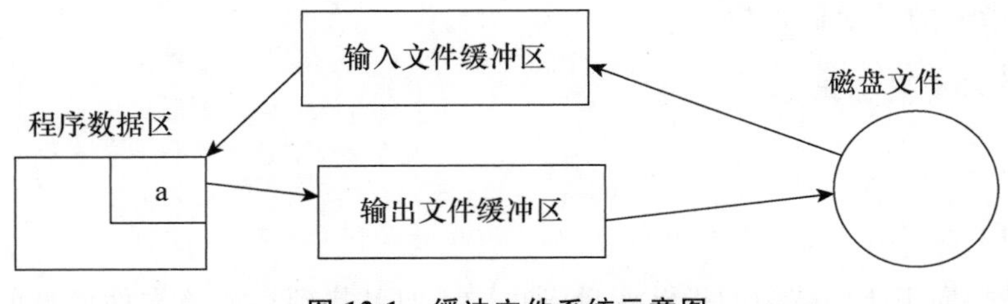

图 12-1　缓冲文件系统示意图

缓冲区的大小由各个 C 语言版本决定，一般为 512 个字节。设置缓冲文件系统的目的就是为了提高文件的读写效率，这与操作系统的工作原理有关，可以参考后续课程。缓冲区文件，有时使用不方便，如读入的数据很少或者输出的数据很少，程序需要立即完成读写操作，就需要刷新缓冲区，强制数据进行读入和写出。

2. 非缓冲文件系统

非缓冲文件系统是一种低级文件系统，是指操作系统不自动开辟确定大小的缓冲区，直接完成程序对文件的读写。

ANSI C标准只采用缓冲文件系统完成文本文件和二进制文件的读写。

12.2.4 文件指针

在缓冲文件系统中，使用文件之前必须先打开文件，把涉及操作文件所需要的重要信息保存到一个结构体变量中。当多次使用文件时，可以直接在内存中获取操作文件的基本信息，从而提高文件的使用效率。该结构体称为文件结构体FILE，在stdio.h头文件中定义，其结构体类型声明为：

```
typedef struct
{
    int level;                      /* 文件缓冲区"满"或"空"的程度 */
    unsigned flags;                 /* 文件状态标志 */
    char fd;                        /* 文件描述符 */
    unsigned char hold;             /* 如果无缓冲区不读的字符 */
    int bsize;                      /* 缓冲区的大小 */
    unsigned char _FAR *buffer;     /* 数据缓冲区的首地址 */
    unsigned char _FAR *curp;       /* 当前活动指针 */
    unsigned istemp;                /* 临时文件的指示器 */
    short token;                    /* 用于有效性检查 */
} FILE;
```

C语言标准库函数按照流式文件操作时，都需要为打开文件创建对应的FILE型结构体指针变量。通过这个FILE型结构体指针，库函数就知道如何通过操作系统的系统调用来完成具体的文件操作细节的实现。通常，我们不需要了解FILE结构的细节和库函数的实现细节。FILE型结构体指针变量代表一个打开的文件，这个指针也称为文件指针或文件类型指针。在C语言中，每个文件指针都代表一个文件，对文件的任何操作都离不开这个文件指针。

定义文件指针的一般形式为：

```
FILE *指针变量标识符;
```

例如：

```
FILE *fp;
```

表示fp是指向FILE结构的指针变量，通过fp即可找到存放该文件信息的结构体变量，然后按结构体变量提供的信息访问该文件，实施对文件的各种操作。

12.3 文件的打开与关闭

C语言程序在操作文件时，必须遵守"打开文件—>读写文件—>关闭文件"的操作流程。

打开文件是指为文件建立相应的信息区(用来存放文件有关的信息，即FILE类型结构体变量)和文件缓冲区(用来暂时存放输入输出的数据),并将该结构体变量的地址返回给文件指针。需要注意的是:文件指针并不像其他指针那样直接的指向实际的文件,而是指向该文件的文件结构体变量。该文件结构体变量包含了要访问文件相关信息。打开文件就建立了文件指针与文件间的联系,可以通过文件指针对文件进行操作。

关闭文件是指把文件缓冲区中的数据写到外存介质中,并释放文件信息区和文件缓冲区的内存空间给系统,最后释放文件指针。关闭文件就断开了文件指针与文件之间的联系,也就禁止再对该文件进行操作。

不打开文件就无法读写文件中的数据;不关闭文件就会使文件缓冲区的数据不能保存到外存介质中,同时消耗系统的内部存储资源。如果突然断电,就可能破坏计算机原来打开的文件,因为文件缓冲区的数据可能没有更新到外部存储器中。所以操作系统突然关机之后的启动,通常会进行文件系统的扫描,分析哪些文件或者目录损坏并进行修复。

在 C 语言中,文件操作都是由库函数来完成的,这些函数原型多数是在 stdio.h 头文件中定义。在本节只介绍文件打开与关闭函数。

12.3.1　文件打开函数 fopen

C 语言通过 fopen 函数打开一个文件,其调用的一般形式为:

文件指针=fopen(文件名,使用文件方式);

说明:

(1)“文件指针”必须是被说明为 FILE 类型的指针变量;

(2)“文件名”是被打开文件的文件名,文件名前面可以加上该文件的路径。如果打开不是当前目录的文件,则必须加上路径,通常,文件名是字符串常量或字符串数组;

(3)“使用文件方式”是指文件的类型和操作要求,是一个字符串,表示打开文件的方式。

例如:

```
FILE *fp;
fp = ("file.a","r");
```

其意义是在当前目录下打开文件 file.a,只允许进行“读”操作,并使 fp 指向该文件。

又如:

```
FILE *fpstud
fpstud = ("c:\\student.dat","rb")
```

其意义是打开 C 驱动器磁盘的根目录下的文件 student.dat。student.dat 是一个二进制文件,只允许按二进制方式进行读操作。两个反斜线"\\"中的第一个表示转义字符,第二个表示目录分隔符。

打开文件方式由两类字符组成:一类字符表示打开文件的类型,t 表示文本文件(text),b 表示二进制文件(binary),缺省方式是文本文件;另外一类字符表示操作类型,r 表示从文件中读取数据(read),w 表示向文件写入数据(write),a 表示在文件尾追加数据(append),+ 表示对文件可读可写,这些字符组合的具体含义如表 12-1 所示。

表 12-1 打开文件的方式

文件使用方式	意义
"rt"或"r"	只读打开存在的一个文本文件，只允许读数据
"wt"或"w"	建立一个新的文本文件，只允许写数据；如果存在则覆盖该文件
"at"或"a"	追加打开存在的一个文本文件，并在文件尾写数据
"rb"	只读打开存在的一个二进制文件，只允许读数据
"wb"	建立一个新的二进制文件，只允许写数据；如果存在则覆盖该文件
"ab"	追加打开存在的一个二进制文件，并在文件尾写数据
"rt+"	读写打开存在的一个文本文件，允许读写
"wt+"	读写建立一个文本文件，允许读写
"at+"	读写打开存在的一个文本文件，允许读写，可在文件尾追加数据
"rb+"或"r+b"	读写打开存在的一个二进制文件，允许读和写
"wb+"或"w+b"	读写建立一个二进制文件，允许读和写
"ab+"或"a+b"	读写打开存在的一个二进制文件，允许读写，可在文件尾追加数据

对于文件使用方式有以下几点说明：

(1)用"r"打开一个文件时，该文件必须已经存在，且默认从该文件头部开始读数据，如果文件不存在，则打开文件失败，返回值为 NULL。

(2)用"w"创建一个文件，默认从该文件头部写入。若打开的文件已经存在，则将该文件删去，重建一个新文件(或者覆盖文件)。

(3)若要向一个已存在的文件尾部追加新的信息，只能用"a"方式打开文件。但此时该文件必须是存在的，否则将会出错。

(4)用"r+"、"w+"、"a+"方式打开的文本文件既可以用来写入数据，也可以读出数据。"r+"方式要求文本文件已经存在，打开之后是从文件头部开始读写数据。"w+"创建一个新的文本文件，并从文件头部开始读写数据，如果文件存在，则覆盖原来的文件。"a+"打开已经存在的文本文件，并从文件尾部开始读写数据。

(5)文件打开方式的字符组合，有先后次序之分：操作类型符(r、w、a)在前面，打开文件类型附在它的后面，例如"rb"、"wt"都可以，但是不能写成"br"、"tw"。对于特殊的操作类型符+可以放在打开文件类型的右边或者左边，但是不可以放在操作类型符的左边，例如"wb+"或"w+b"都可以，但是不能写成"+wb"。

(6)在打开一个文件时，如果出错，fopen 将返回一个空指针值 NULL。在程序中可以用这一信息来判别是否完成打开文件的工作，并作相应的处理。因此，常用以下程序段打开文件：

```
FILE *fp;
fp=fopen("student.dat ","rb");
if((fp == NULL)
{
    printf("\n 不能打开文件 student.dat! \n");
    getch();      /*从键盘读数据实施暂停程序，显示提示信息*/
    exit(1);      /*因为不能打开文件，关闭所有的文件后退出程序*/
```

```
}
```

(7)系统自动定义了 3 个设备文件的文件结构指针 stdin、stdout、stderr，分别指向终端输入设备（一般为键盘）、终端输出设备（一般为显示器）和标准出错输出设备（一般也为显示器）。当执行一个 C 程序时，系统负责自动打开这 3 个设备文件，程序可直接通过 3 个指针使用；当程序执行完成时，系统会自动关闭这 3 个设备文件。因此不必手动进行打开和关闭这 3 个设备文件。

12.3.2　文件关闭函数 fclose

文件一旦使用完毕，应关闭该文件。C 语言通过 fclose 函数关闭一个文件，fclose 函数调用的一般形式是：

```
fclose(文件指针);
```

例如：

```
fclose(fp);
```

正常完成关闭文件操作时，fclose 函数返回值为 0。如果不能顺利关闭文件，则返回一个非零值 EOF(-1)，表示有错误发生。可以用 ferror 函数来测试错误的类型。

12.4　文件的读写

文件打开后，就可以对文件读写了。读和写也是最常用的文件操作。当初次调用文件读函数时，会把一块数据从文件复制到输入缓冲区，缓冲区大小依赖于具体的环境和需求，但通常是 512 字节或它的整数倍。除了填充缓冲区之外，初次调用还将设置文件指针对应 FILE 结构体变量中的值。结构体变量和缓冲区初始化后，文件读函数将从缓冲区读取所请求的数据。文件读写位置指针被置为紧随最后一个被读取的字符的位置。由于 stdio.h 中定义的所有文件读函数都使用同一个读缓冲区，所以任何一个被调用的函数都从前一次调用停止的地方继续开始。当文件读函数检测到已经读取了缓冲区中的全部数据后，它会请求系统将下一块缓冲区大小的数据复制到缓冲区。通过这种方式，读文件函数可以读入文件中的全部内容，直到文件结尾。这时，文件结尾指示器会设置为真，下一个调用的读文件函数将返回 EOF。与之相类似，写文件函数将数据写入输出缓存区，当缓冲区满或调用了 fclose 函数时就将数据复制到文件。

在 C 语言中提供了多种文件读写的函数，这些函数主要包括：

- 单个字符读写函数：fgetc 和 fputc
- 字符串读写函数：fgets 和 fputs
- 数据块读写函数：fread 和 fwrite
- 格式化读写函数：fscanf 和 fprintf

操作文件的库函数都要求包含头文件 stdio.h。

12.4.1　字符读写函数 fgetc 和 fputc

字符读写函数是以字符（字节）为单位进行文件读写的函数。每次可从文件读出或向文件写入一个字符。函数 fgetc 和 fputc 主要对文本文件读写，也可以对二进制文件读写。

1. 读字符函数 fgetc

fgetc 函数的功能是从指定的文件中读一个字符，函数调用的形式为：

字符变量 = fgetc(文件指针)；

例如：

ch = fgetc(fp)；

其意义是从 fp 指向的文件中读取一个字符并送入字符变量 ch 中，同时将读写文件读写位置指针向前移动 1 个字节(即指向下一个字符)。

说明：

(1)在 fgetc 函数调用中，读取的文件必须是以读或读写方式打开的。

(2)fgetc 函数返回值为整型，当读取成功时，返回值是读到字符的 ACSII 码值；当 fgetc 函数读到文件尾或者发生错误时返回 EOF(End Of File 的缩写，是 C 语言标准库中定义的宏，代表文件结束的标志，其值为 -1)。

(3)在所有文件结构体内部有一个当前活动指针，用来指向文件的当前读写字节位置，也称读写位置指针。在文件只读模式打开时，该指针总是指向文件的第一个字节。使用 fgetc 函数后，该读写位置指针将向后移动一个字节。因此，可连续多次使用 fgetc 函数，读取多个字符。应注意，文件指针和文件内部的读写位置指针不是同一个概念。文件指针是指向整个文件结构体变量的，须在程序中定义，只要不重新赋值，文件指针的值是不变的。文件内部的读写位置指针用以指示文件内部字节序列的当前读写位置，每读写一次，该指针均向后移动，它不需在程序中定义，而是由系统自动设置的。

例 12-2 读入文本文件 h1.txt，在屏幕上输出。

```
#include<stdio.h>
#include <stdlib.h>
int main()
{
    FILE *fp;
    char ch;
    if((fp=fopen("h1.txt","rt"))==NULL)
    {
        printf("\n 不能打开文本文件 h1.txt，按任何键退出程序！\n");
        ch=getchar();
        exit(1);
    }
    ch=fgetc(fp);
    while(ch!=EOF)                /*只有文本文件才能用这种方式*/
    {
        putchar(ch);
```

```
        ch=fgetc(fp);
    }
    fclose(fp);
    return 0;
}
```

程序从文件中逐个读取字符,在屏幕上显示。程序定义了文件指针 fp,以读文本文件方式打开同目录下文件 h1.txt,并使 fp 指向该文件。如打开文件出错,给出提示并退出程序。程序先读出一个字符,然后进入循环,只要读出的字符不是文件结束标志(每个文件末有一结束标志 EOF),就把该字符显示在屏幕上,再读入下一字符。每读一次,文件内部的读写位置指针向后移动一个字符。文件结束时,该指针指向 EOF。执行本程序将显示整个文件内容。

2.写字符函数 fputc

fputc 函数的功能是把一个字符写入指定的文件中,函数调用的形式为:

```
fputc(字符量,文件指针);
```

其中,待写入的字符量可以是字符常量或变量。

例如:

```
fputc('a', fp);
```

其含义是把字符 a 写入 fp 所指向的文件中。

说明:

(1)文件可以用写、读写、追加方式打开。用写或读写方式打开一个不存在的文件,则创建一个新文件后进行写操作;如果用写或读写方式打开一个已经存在的文件,则清除原有的文件内容,写入字符从文件头部开始。如需保留原有文件内容,写入的字符从文件尾部开始存放,必须以追加方式打开文件。

(2)每写入一个字符,文件内部读写位置指针向后移动一个字节。

(3)fputc 函数有一个返回值,如写入成功,则返回写入的字符,否则返回 EOF。可用此来判断写入是否成功。

例 12-3　利用字符读写函数编程实现文件复制。

通过 main 函数的参数,输入两个文件名,程序把命令行参数中的前一个文件名标识的文件内容,复制到后一个文件名标识的文件中。如命令行中只有一个文件名,则提示需要两个文件名作为参数。

```
#include<stdio.h>
#include <stdlib.h>
int main(int argc,char *argv[])
{
    FILE *fpin, *fpout;
    char ch;
    if(argc!=3)
    {
```

```
        printf("程序运行的参数不对\n");
        printf("程序运行的用法:可执行文件名 源文件名   目标文件名\n");
        getchar();
        exit(1);
    }
    if((fpin=fopen(argv[1],"r"))==NULL)
    {
        printf("不能打开源文件%s\n", argv[1]);
        getchar();
        exit(1);
    }
    if((fpout=fopen(argv[2],"w"))==NULL)
    {
        printf("不能创建目标文件%s\n", argv[2]);
        getchar();
        exit(1);
    }
    ch=fgetc(fpin);
    while(! feof(fpin))
    {
        fputc(ch,fpout);
        ch=fgetc(fpin);
    }
    fclose(fpin);
    fclose(fpout);
    return 0;
}
```

例 12-3 程序为带参数的 main 函数。程序中定义了两个文件指针 fpin 和 fpout,分别指向命令行参数中给出的文本文件源文件和目标文件。如命令行参数中没有给出文件名,则给出提示信息。从 fpin 读出字符写入到 fpout 中,直到读完 fpin 文件,最后关闭两个文件。本程序仅仅可以复制文本文件,不建议使用本程序复制二进制文件。复制二进制文件最好不要用 fgetc,fputc,fgets 及 fputs 等读写字符的函数。

12.4.2 字符串读函数 fgets 和写函数 fputs

字符串读写函数是以字符串的形式对文件读写的函数。每次可从文件读出或向文件写入一个字符串。函数 fgets 和 fputs 仅仅对文本文件读写,对二进制文件操作无意义。

1. 读字符串函数 fgets

函数的功能是从指定的文件中读一个字符串到字符数组中,函数调用的形式为:

fgets(字符数组名,n,文件指针);

(1)参数字符数组名指从文件中读取的字符串要存入的地址,要求该字符数组的长度必须大于等于 n。

(2)参数 n 是一个正整数,表示从文件中读出的字符串的最大长度 + 1。通常,fgets 函数读取的字符串长度为 n - 1。fgets 函数从当前文件读写位置指针开始读取 n - 1 个字符后停止读操作,然后将这 n - 1 个字符存储到字符数组中,并将字符串结束标志'\0'作为字符数组的最后一个元素填入。如果 fgets 在读取数据的过程中遇到换行符'\n',或者读到了文件结束标志 EOF, fgets 将提前停止读操作,然后把刚刚读到的字符并加上'\0'存入字符数组中,这时,读出的字符串长度为实际读出的字符个数。

(3)参数文件指针代表指定的文件。

(4)函数的返回值为地址,如果函数读出成功,函数的返回值为字符串的首地址,如果文件读取数据出错则返回 NULL。

例 12-4　以每次从文件 12 - 1.c 中读出 20 个字符,把内容在屏幕上输出。

```
#include<stdio.h>
#include <stdlib.h>
int main()
{
    FILE *fp;
    char str[21];
    if((fp=fopen("12-1.c","rt"))==NULL)
    {
        printf("\n 不能打开 12-1.c 文件,按任何键退出程序!\n");
        getchar();
        exit(1);
    }
    fgets(str, 21, fp);
    while(! feof(fp))
    {
        printf("%s", str);
        fgets(str, 21, fp);
    }
    fclose(fp);
    return 0;
}
```

2.写字符串函数 fputs

fputs 函数的功能是向指定的文件写入一个字符串,其调用形式为:

fputs(字符指针,文件指针);

其中字符指针可以是字符串常量、字符数组名或指针变量。fputs函数执行时,从字符指针指向的第一字符开始,一直向后直到遇到字符'\0'为止所有字符作为一个完整的字符串写入文件。fputs函数不会把字符'\0'写入文件。文件的读写位置指针向后移动实际输入的字符数个字节。需要注意的是如果连续两次调用fputs函数输入字符串,因为不存入'\0',两个字符串将无分隔的连在一起。以后从磁盘文件输出数据时,将无法区分各个字符串了。为避免出现这种现象,在输入一个字符串,可以在字符串尾加入'\n'作为字符串间的分隔。如果fputs函数执行成功,则函数返回值为最后写入文件的字符值;如果失败,则返回EOF。

例 12-5 向文件wen.txt中写入三行文本,并以每次读出10个字符形式把wen.txt文件内容读出,显示在屏幕上输出。

```
#include<stdio.h>
#include <stdlib.h>
int main()
{
    FILE *fp;
    char str[11];
    char str1[] = "This is a sample!";
    char *pstr = "Here need a return char! \n";
    if((fp=fopen("wen.txt","w"))==NULL)
    {
        printf("\n 不能打开 wen.txt 文件,按任何键退出程序! \n");
        getchar();
        exit(1);
    }
    fputs(str1, fp);
    fputs(pstr, fp);
    fputs("It is funny, Byebye! \n", fp);
    fclose(fp);
    if((fp=fopen("wen.txt","r"))==NULL)
    {
        printf("\n 不能打开 wen.txt 文件,按任何键退出程序! \n");
        getchar();
        exit(1);
    }
    fgets(str, 11, fp);
    while(! feof(fp))
    {
        printf("%s", str);
        fgets(str, 11, fp);
    }
```

```
    fclose(fp);
    return 0;
}
```

运行结果：

```
This is a sample! Here need a return char!
It is funny, Byebye!
```

例 12-5　程序打开文件后，先把字符数组 str1 写入新建的文本文件 wen.txt 中，然后把 pstr 指向的字符串也写入 wen.txt 中，再把一个字符串常量写入文件，最后关闭文件。从程序中可以看出第一个字符串输入时没有输入'\n'到文件，如果需要写入一行，必须在字符串内包含回车符。关闭文件后，程序再以只读方式打开 wen.txt 文件，每次以读 10 个字符的形式读出字符串，并显示到屏幕上。

12.4.3　数据块读函数 fread 和写函数 fwtrite

C 语言不但提供了文件的单个字符读写函数和字符串读写函数，还提供了用于整块数据的读写函数 fread 和 fwtrite。它们可用来读写一组数据，能够实现内存数据直接输出到文件中保存，也可以从文件中读出数据给数组及各种数据类型变量，从而提高了数据读写效率。函数 fread 和 fwtrite 主要是对二进制文件进行读写，也可以对文本文件读写。

1. 读数据块函数 fread

读数据块函数调用的一般形式为：

fread(缓冲区首地址，数据项大小 size，数据项个数 count，文件指针)；

函数从文件指针指向的文件中读 count 个数据项，每个数据项的大小为 size 个字节，并把数据顺序存放到缓冲区中；读数据块后，文件的读写位置指针向后移动了 count * size。如果读数据块成功，则函数返回值为成功读写的数据项个数。如果遇到文件尾，读出的字节个数小于 count * size，或者读数据块函数操作失败，则函数返回值为 EOF。

2. 写数据块函数 fwrite

写数据块函数调用的一般形式为：

fwrite(缓冲区首地址，数据项大小 size，数据项个数 count，文件指针)；

函数从缓冲区向文件指针指向的文件顺序写入 count 个数据项，每个数据项的大小为 size 个字节。如果写数据块成功，则函数返回值为写入的数据项个数。如果写数据块函数操作失败，则函数返回值为 EOF。

例 12-6　学生成绩单如表 12-2 所示，通过键盘输入学生的成绩，写入到文件中；再从文件中读出，排序后显示。

表 12-2　学生成绩单示例

学号	姓名	数学成绩	英语成绩
20110101	徐成波	83	95

续表

学号	姓名	数学成绩	英语成绩
20110102	黄晓君	87	68
20110104	张茜	60	78
20110107	张顺峰	86	94
20110108	洪铭勇	96	67
20110109	朱伟东	62	78

本例中，首先用函数 fopen 创建一个 student.dat 文件，再用函数 fwrite 把所有的学生成绩保存到文件中，然后用函数 fclose 关闭文件，即可把表 12-2 中 6 个学生成绩信息保存在 student.dat 文件中。为了提高输入学生数据的灵活性，可以让用户首先确定输入学生的个数，然后动态确定保存学生成绩的结构体数组。用函数 fread，把学生成绩从文件读出，保存到数组中，并进行冒泡排序，最后输出。

```
#include <stdio.h>
#include <stdlib.h>
#define MaxLen 60                              /* 班级最大的学生数 */
typedef struct Student{
    int studid;
    char name[10];
    int math;
    int english;
    int total;
}Student;
int main()
{
    int i,j,num;
    Student stud[MaxLen], s;                   /* 存放学生成绩的数组 */
    FILE *fp;                                  /* 文件指针 */
    printf("要输入成绩的学生人数：");          /* 输入学生人数 */
    scanf("%d",&num);
    fflush(stdin);                             /* 清除键盘缓冲区 */
    for(i = 0; i < num; i++)                   /* 输入学生成绩 */
    {
        printf("请输入整型的学号：");
        scanf("%d", & stud[i].studid);
        printf("请输入字符串型的姓名：");
        scanf("%s", stud[i].name);
        printf("请输入整型的数学成绩：");
        scanf("%d",& stud[i].math);
        printf("请输入整型的英语成绩：");
```

```
        scanf("%d",& stud[i].english);
        stud[i].total = stud[i].math + stud[i].english;
        fflush(stdin);
    }
    fp = fopen("student.dat","wb");          /* 创建文件并打开文件 */
    if(fp = = NULL)
    {
        printf("\n 不能打开文件,按任何键退出程序! \n");
        getchar();
        exit(1);
    }
    fwrite(stud,sizeof(Student),num,fp);     /* 把数组数据写入文件 */
    fclose(fp);                              /* 关闭文件 */
    num = 0;
    fp = fopen("student.dat","rb");          /* 打开文件 */
    fread(&s,sizeof(Student),1,fp);          /* 从文件中读一个记录 */
    while(! feof(fp))               /* 如果没有读到文件末尾,则显示学生成绩 */
    {
        stud[num] = s;
        num + +;
        fread(&s,sizeof(Student),1,fp);      /* 再次读一个记录长度数据 */
    }
    fclose(fp);
    for(i = 0; i<num - 1; i + +)             /* 对 stud 数组进行冒泡排序 */
      for(j = num - 1; j>i; j - -)
        if(stud[j].total> stud[j - 1].total)
        {
            s = stud [j]; stud[j] = stud[j - 1]; stud[j - 1] = s;
        }
    printf("按照总分进行从高到低排序,其排序输出如下:\n");
    printf("学号 \t\t 姓名\t 语文成绩 数学成绩 英语成绩 总分 \n");
    for(i = 0; i<num; i + +)
    {
        printf("%d\t", stud[i].studid);
        printf("%s\t", stud[i].name);
        printf("%d\t", stud[i].math);
        printf("%d\t", stud[i].english);
        printf("%d\n", stud[i].total);
    }
```

```
    return 0;
}
```

按表12-2输入数据后，运行结果：

```
按照总分进行从高到低排序，其排序输出如下：
   学号           姓名    语文成绩 数学成绩 英语成绩 总分
20110107         张顺峰   86         94        180
20110101         徐成波   83         95        178
20110108         洪铭勇   96         67        163
20110102         黄晓君   87         68        155
20110109         朱伟东   62         78        140
20110104         张茜     60         78        138
```

说明：

不像之前所使用的标准I/O函数（如：fgetc，fputc，fgets，fputs）是面向文本的，fread函数和fwtrite函数是面向二进制的，它存储数据到文件的方法跟C可执行程序一致，这种方法被称为数据以二进制形式存储。如果用面向文本的函数进行读写时有可能出错。通常情况下，用什么方式存储文件，就用什么方式打开。

12.4.4 格式化读函数fscanf和写函数fprintf

C语言提供了对文件进行格式化读写的函数fscanf和fprintf。与前面使用的scanf和printf函数的功能相似，都是格式化读写函数。两者的区别是fscanf函数和fprintf函数的读写对象不是标准输入设备stdin（键盘）和标准输出设备stdout（显示器），而是文件。函数的第一个参数必须为文件指针，其他的参数与scanf和printf函数相同。

这两个函数的调用一般格式为：

fscanf（文件指针，格式字符串，输入变量地址表列）；
fprintf（文件指针，格式字符串，输出变量表列）；

如果函数fscanf执行成功，函数返回值是成功读取的数据项个数；如果函数fprintf写入数据到文件成功，函数返回值是写入到文件中字节的个数；如果两个函数操作失败返回EOF。

例12-7 以格式化读写函数fscanf和fprintf实现学生成绩数据管理程序。

```
#include <stdio.h>
#include <stdlib.h>
typedef struct Student{
    int studid;
    char name[10];
    int math;
    int english;
    int total;
}Student;
int main()
{
    int i,num;
    Student *pstud, stud;
```

```
    FILE * fp;                              /* 文件指针 */
    printf("要输入成绩的学生人数：");      /* 输入学生人数 */
    scanf("%d",&num);
    fflush(stdin);                          /* 清除键盘缓冲区 */
    pstud = (Student *)malloc(num * sizeof(Student));
    if (pstud == NULL)
    {
        printf("内存分配内存失败,退出程序! \n");
        exit(1);
    }
    for(i = 0; i < num; i++)                /* 输入学生成绩 */
    {
        printf("请输入整型的学号：");
        scanf("%d", &pstud[i].studid);
        printf("请输入字符串型的姓名：");
        scanf("%s", pstud[i].name);
        printf("请输入整型的数学成绩：");
        scanf("%d",&pstud[i].math);
        printf("请输入整型的英语成绩：");
        scanf("%d",&pstud[i].english);
        pstud[i].total = pstud[i].math + pstud[i].english;
        fflush(stdin);
    }
    fp = fopen("studentf.dat","wb");
    if (fp == NULL)
    {
        printf("不能创建文件 studentf.dat\n");
        exit(1);
    }
    for(i = 0; i < num; i++)
        fprintf(fp, "%d \t%s \t%d\t %d \t%d\n", pstud[i].studid, pstud[i].
name, pstud[i].math,pstud[i]. english, pstud[i].total);
    fclose(fp);
    free(pstud);                            /* 释放动态分配的内存 */
    fp = fopen("studentf.dat","rb");
    if (fp == NULL)
    {
        printf("不能打开文件 studentf.dat\n");
        exit(1);
```

```
    }
    /*从文件读入数据并显示学生成绩*/
    printf("学号 \t\t 姓名\t 数学成绩 英语成绩 总分 \n");
    fscanf(fp, "%d %s %d %d %d\n", &stud.studid, stud.name, &stud.math,
&stud.english,&stud.total);
    while(! feof(fp))
    {
        printf("%d\t", stud.studid);
        printf("%s\t", stud.name);
        printf("%d\t", stud.math);
        printf("%d\t", stud.english);
        printf("%d\n", stud.total);
        fscanf(fp, "%d %s %d %d %d ", & stud.studid, stud.name, & stud. math,
& stud.english, & stud. total);
    }
    fclose(fp);
    return 0;
}
```

本程序中 fscanf 和 fprintf 函数每次只读写一个结构体变量,因此采用了循环语句来读写全部结构体数组元素。对应的 fscanf 和 fprintf 格式字符串要求相对应,变量列表也要相对应,否则写入成员变量的值就不是读出的成员变量的值。fprintf 函数将各种数据类型数据转换为字符串存放到文件中,可以用 Windows 操作系统的记事本打开 studentf.dat。用户可以直接读懂存储的数据。

用 fscanf 和 fprintf 函数读写文件,方便、容易理解,但写文件时需将各种类型的数据值转换对应的字符串写入;读文件时,需要把各种字符串转换为相应的各种数据类型的数据值,花费时间较多。所以,最好不用 fscanf 和 fprintf 函数,而用 fread 和 fwtrite 函数。

12.5 文件的随机读写

不同的文件打开方式,文件的读写位置指针在不同的位置。带 r 或 w 的打开方式打开文件时,文件的读写位置指针在文件头部;带 a 的打开方式打开文件时,文件的读写位置指针放在文件尾部。

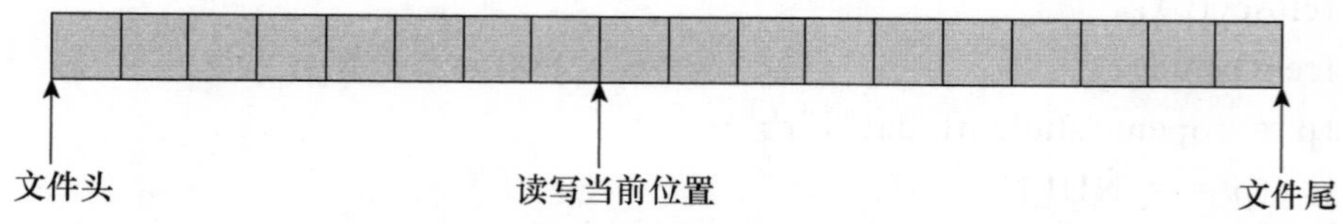

图 12-2 流式文件逻辑结构示意图

文件读写操作函数 fgetc,fputc,fgets,fputs,fread,fwrite,fscanf 和 fprinf 成功执行之

后，文件的读写位置指针都是顺序地向后移动 1 个或多个字节的位置，因此，文件只能从头或者文件尾进行顺序的读写。但在实际问题中，常常要按照需求读写文件中指定的部分。为了解决这个问题，C 语言提供可移动文件内部的读写位置指针到指定的读写位置，再进行读写的功能。这种读写称为随机读写。实现随机读写的关键是要按要求移动读写位置指针。移动读写位置指针称为文件的定位。

在 C 语言中，文件的读写位置指针的位置最小值为 0，最大值为文件的长度－1，如果读写位置指针移动到文件尾，feof(fp)为真值。C 语言提供 ftell 函数来获取文件当前的读写位置指针，提供 rewind 和 fseek 函数移动文件的读写位置指针。

12.5.1　函数 rewind

函数 rewind 的作用是使文件的读写位置指针重新返回文件的开头，其调用形式为：

rewind(文件指针)；

例 12-8　从键盘录入学生成绩，保存到文件中，并读出显示到屏幕上。

本例中，在数据写入文件后不关闭文件，而用 rewind 函数，把文件的读写位置指针直接返回文件的开头进行读，不用再次打开文件，节省了执行时间。为此需要把只写的打开文件方式修改为"wb+"方式。

```
#include <stdio.h>
#include <stdlib.h>
typedef struct Student{
    int studid;
    char name[10];
    int math;
    int english;
    int total;
}Student;
int main()
{
    int i,num;
    Student *pstud, stud;
    FILE *fp;                                   /*文件指针*/
    printf("要输入成绩的学生人数：");             /*输入学生人数*/
    scanf("%d",&num);
    fflush(stdin);                              /*清除键盘缓冲区*/
    pstud = (Student *)malloc(num * sizeof(Student));
    for(i = 0; i < num; i++)                    /*输入学生成绩*/
    {
        printf("请输入整型的学号：");
```

```
            scanf("%d", &pstud[i].studid);
            printf("请输入字符串型的姓名：");
            scanf("%s", pstud[i].name);
            printf("请输入整型的数学成绩：");
            scanf("%d",&pstud[i].math);
            printf("请输入整型的英语成绩：");
            scanf("%d",&pstud[i].english);
            pstud[i].total = pstud[i].math + pstud[i].english;
            fflush(stdin);
        }
        fp = fopen("studentf.dat","wb+");
        for(i = 0; i < num; i++)
            fprintf(fp, "%d\t %s \t%d\t %d \t%d\n", pstud[i].studid, pstud[i].
name, pstud[i].math,pstud[i]. english, pstud[i].total);
        free(pstud);
        rewind (fp);
        printf("学号 \t\t 姓名\t 数学成绩 英语成绩 总分 \n");
        fscanf(fp, "%d %s %d %d %d", &stud.studid, stud.name, &stud.math, &stud.
english, &stud.total);
        while(! feof(fp))
        {
            printf("%d\t", stud.studid);
            printf("%s\t", stud.name);
            printf("%d\t", stud.math);
            printf("%d\t", stud.english);
            printf("%d\n", stud.total);
            fscanf(fp, "%d %s %d %d %d", &stud.studid, stud.name, &stud.math,
&stud.english, &stud.total);
        }
        fclose(fp);
        return 0;
    }
```

以“wb+”读写二进制文件模式打开 studentf.dat 文件后，以 fprintf 函数顺序地将结构体数组元素写入文件。写完时，文件的读写位置指针在文件尾，使用 rewind 函数把文件的读写位置指针重新定位于 studentf.dat 的文件开头，用 fscanf 函数顺序把文件的数据读出，直到 feof 函数的值为真。这样节省了一次文件的打开操作，提高了程序的执行效率。rewind 函数没有返回值，它能够使读写位置指针回到文件头。

12.5.2 函数 fseek

rewind 函数只能把文件的读写位置指针重新返回文件的开头，fseek 函数可以灵活地控制文件的读写位置指针，可以根据需要把文件的读写位置指针移动到任意位置，从而实现随机的文件读写。

fseek 函数用来移动文件内部读写位置指针，其调用一般形式为：

```
fseek(文件指针,位移量,起始点)；
```

说明：

①文件指针指向打开的文件。

②位移量表示文件的读写位置指针移动的字节数，要求位移量是 long 型数据，以保证在文件长度大于 64kb 时不会出错。当用常量表示位移量时，要求加后缀 L。正整数向文件尾移动，负整数向文件头移动。

③起始点表示从何处开始计算位移量，规定的起始点有三种：文件首、当前位置和文件尾，可用 0,1 和 2 整数常量代替，如表 12-3 所示。

表 12-3 文件的读写位置指针移动的起始点

起始点	表示符号	数字表示
文件首	SEEK_SET	0
当前位置	SEEK_CUR	1
文件末尾	SEEK_END	2

④ fseek 函数的读写指针的目标位置由位移量和起始点类型决定。

⑤ fseek 函数一般用于二进制文件，因为文本文件要发生字符转换，计算位置时往往会发生混乱。

⑥ fseek 函数如果移动文件的读写位置指针成功，返回值为 0，否则返回一个非 0 值。

例如：

```
fseek(fp, 10056L, 0);
```

其含义是把文件的读写位置指针移到离文件首的第 10056 个字节处。

12.5.3 函数 ftell

fseek 函数与读写文件数据函数配合使用，可以实现文件的随机读写。但程序员经常会忘记文件的读写位置指针的当前位置，这时可用 ftell 函数得到读写位置指针的当前位置。ftell 函数调用一般格式：

```
ftell (文件指针);
```

函数成功执行则返回值是流式文件的读写位置指针当前位置，即读写位置指针相对于文件开头的位移量。如果函数执行失败返回值为 -1L。例如：

```
i = ftell(fp);
```

```
    if (i = = -1L)
    {
        printf("\n 文件操作失败! \n");
        getchar();
        exit(1);
    }
```

12.5.4 文件的随机读写示例

在移动读写位置指针之后,即可用前面介绍的任一种读写函数进行读写。由于一般是读写一个数据块,因此常用 fread 和 fwrite 函数。

1. 随机读文件数据

例 12-9 从键盘录入学生成绩并保存在文件中,从文件中读出第 2 个和 4 个学生的成绩数据并显示。

```
#include <stdio.h>
#include <stdlib.h>
typedef struct Student{
    int studid;
    char name[10];
    int math;
    int english;
    int total;
}Student;
int main()
{
    int i,num;
    Student *pstud, stud;
    FILE *fp;                                    /*文件指针*/
    printf("要输入成绩的学生人数:");            /*输入学生人数*/
    scanf("%d",&num);
    fflush(stdin);                               /*清空输入缓冲区*/
    pstud = (Student *)malloc(num * sizeof(Student));
    for(i = 0; i < num; i++)                     /*输入学生成绩*/
    {
    printf("输入整型的学生学号:");
    scanf("%d", &pstud[i].studid);
        printf("输入字符串型的学生姓名:");
        scanf("%s", pstud[i].name);
        printf("输入整型的数学成绩:");
```

```
        scanf("%d",&pstud[i].math);
        printf("输入整型的英语成绩：");
        scanf("%d",&pstud[i].english);
        pstud[i].total = pstud[i].math + pstud[i].english;
        fflush(stdin);
    }
    fp = fopen("student.dat","wb+");
    fwrite(pstud,sizeof(Student),num,fp);
    free(pstud);
    rewind(fp);
    printf("学号 \t\t 姓名\t 数学成绩 英语成绩 总分 \n");
    i = fseek(fp, 1 * sizeof(Student), 0);   /* 定位在第二个学生 */
    if ((i= =0)&& (fread(&stud,sizeof(Student),1,fp) = =1))
    {
        printf("%d\t", stud.studid);
        printf("%s\t", stud.name);
        printf("%d\t", stud.math);
        printf("%d\t", stud.english);
        printf("%d\n", stud.total);
    }
    i = fseek(fp, 3 * sizeof(Student), 0);   /* 定位在第四个学生 */
    if ((i= =0)&& (fread(&stud,sizeof(Student),1,fp) = =1))
    {
        printf("%d\t", stud.studid);
        printf("%s\t", stud.name);
        printf("%d\t", stud.math);
        printf("%d\t", stud.english);
        printf("%d\n", stud.total);
    }
    fclose(fp);
    return 0;
}
```

C 语言中文件的读写位置指针的最小值为 0，即第一个记录位置指针的值为 0，第 i 个学生的记录位置应该是(i－1) * sizeof(Student)。当 fseek 函数定位成功，fread 函数从文件中读一个学生成绩数据成功，则把读出的学生成绩数据显示到屏幕上。

2. 求文件的长度

例 12-10　编写一个程序求出命令行参数指定的文件的大小。

打开文件后，通过 fseek 函数定位到文件尾部，由 ftell 函数求出偏移量即文件大小。

```
#include <stdio.h>
#include <stdlib.h>
int main(int argc,char *argv[])
{
    FILE *fp;
    long length;
    if (argc != 2)              /* 命令行参数有误 */
    {
        printf("程序使用方式：执行文件名  文件名\n");
        exit(1);
    }
    fp = fopen(argv[1],"rb");  /* 以读的方式打开文件 */
    if(fp == NULL)              /* 打开文件失败 */
    {
        printf("\n%s 文件没有找到！\n", argv[1]);
        exit(1);
    }
    fseek(fp,0L,SEEK_END); /* 文件读写位置指针指向文件尾 */
    length = ftell(fp);       /* 取文件读写位置指针当前的位置，即文件的长度 */
    printf("%s 文件长度是 %ld 字节\n",argv[1], length);    /* 显示文件长度 */
    fclose(fp);               /* 关闭文件 */
    return 0;
}
```

12.6 文件检测

C语言提供一些函数用来检查输入输出函数调用时可能出现的状态信息。常用的文件检测函数有：文件结束检测函数 feof，读写文件出错检测函数 ferror 及文件错误标志和文件结束标志清除函数。

12.6.1 文件结束检测函数

调用输入函数时，文件的读写位置指针向后移动。我们可以通过调用 feof 函数检测是否读到文件结束。函数 feof 调用一般格式：

feof(文件指针)；

函数的功能是判断文件的读写指针是否处于文件结束位置，如处于文件结束位置，则返回值为 1，否则为 0，该函数适用于文本文件和二进制文件。

12.6.2 读写文件出错检测函数

在调用各种文件的读写函数时，如果出现了错误，读写函数仅仅返回 EOF 错误标识。C

语言还提供了 ferror 函数来检查读写文件是否发生错误，ferror 调用的一般格式：

ferror(文件指针)；

ferror 函数检查文件在用各种输入输出函数进行读写时是否出错。如 ferror 返回值为 0 表示未出错，否则表示有错。

对同一个文件每一次调用读写函数时都会产生一个新的错误标志，代表本次读写操作是否发送了错误，因此要及时检查 ferror 的值，进行判断，否则错误标志会被覆盖。

在执行 fopen 函数时，ferror 函数的初始值自动置 0。

12.6.3　文件出错标志和文件结束标志置 0 函数

读写文件操作时，将会设置文件读写到尾部或文件读写出错的标志。通过 feof 和 ferror 函数及时检查并进行处理后，需清除这些标志，表示当前的文件操作状态为正常。C 语言提供的 clearerr 函数使文件错误标志和文件结束标志置为 0。clearerr 函数的调用格式：

clearerr(文件指针)；

clearerr 函数用于清除出错标志和文件结束标志，使它们的值为 0。因为在读写文件时，如果出现错误标志，就要一直保留，直到对该文件调用了 clearerr 函数、rewind 函数、fseek 函数或其他读写文件函数。

12.7　图书管理系统的设计

图书管理系统是一个信息化管理软件，可以方便图书馆工作人员的日常管理工作，提高工作效率。将传统的依赖于卡片、文档进行的图书管理、流通管理、读者管理等工作进行数字化处理。系统可以快速的录入图书信息，并对图书信息进行基本的增、删、改、查操作；可以对系统用户进行管理；实现图书的借阅与归还管理；还提供相关数据进行排序和统计等操作；并将所有信息存入文件，以方便数据的持久化管理。

12.7.1　需求分析

图书管理系统应该是一个运行稳定、具有较好的容错能力的信息管理系统，其界面简洁、美观，让用户使用起来方便快捷。

图书管理系统主要提供给游客用户、注册用户及图书管理员 3 类用户来使用。

游客指未登录系统的用户，可以对图书信息进行检索。

注册用户指具有借书证号的用户，当其登录系统后，可以对图书进行检索，查询自己的借书记录、对自己的账户进行必要的管理。

图书管理员登录系统后，可以实现图书信息管理、借阅管理、注册用户信息管理以及系统管理。

12.7.2　系统设计

1. 功能模块设计

系统分为四大模块。其中前三个模块主要用于处理数据，每个模块完成对信息的新建、查询、修改、删除、输入、输出以及统计等操作。其中某些操作会涉及到文件的读写。而系统管理模块则专注于系统的界面、系统的初始化、启动、关闭等功能。

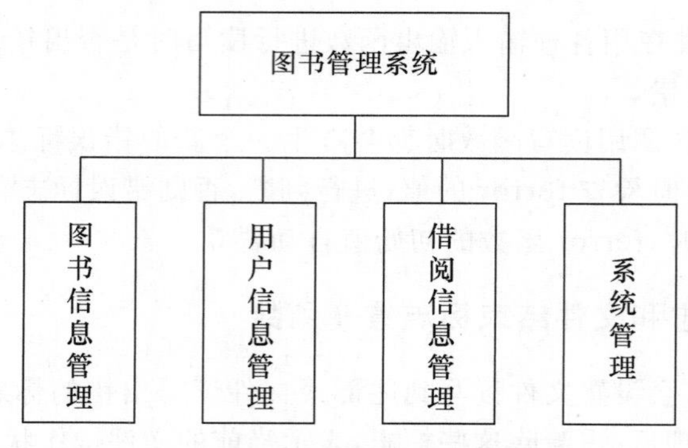

图 12-3 系统功能模块图

2. 数据结构设计

(1)系统数据类型的设计

系统处理的数据主要有三种:图书信息、用户信息和借阅信息。

图书信息主要包括图书的编号、图书名称、作者、ISBN、出版社、图书的类别、数量、剩余图书数量、单价。其数据类型定义如下:

```
typedef struct Book
{
    int BookID;                 /* 图书编号 */
    char BookName[20];          /* 图书名称 */
    char AuthorName[20];        /* 作者名称 */
    char ISBN[20];              /* 图书 ISBN 号 */
    char Publisher[20];         /* 出版社 */
    char Type[20];              /* 图书类别 */
    int AllNumber;              /* 图书总数量 */
    int RemainNumber;           /* 图书库存数量 */
    float Price;                /* 图书单价 */
}Book;
```

用户信息包括:用户 ID(借书证号)、用户名称、用户密码及用户联系方式。其数据类型定义如下:

```
typedef struct User
{
    int UserID;                 /* 用户编号 */
    char UserName[20];          /* 用户名称 */
    char Password[20];          /* 用户密码 */
    char Email[20];             /* 用户邮箱 */
```

```
}User;
```

借阅信息包括:借阅编号、用户编号、图书编号、借出日期、归还日期及借阅状态(借阅中、已归还),其数据类型定义如下:

```
typedef struct Lend
{
    int LendID;                    /* 借阅编号 */
    int UserID;                    /* 用户编号 */
    int BookID;                    /* 图书编号 */
    int LendDate;                  /* 借书日期 */
    int ReturnDate;                /* 归还日期 */
    char Status;                   /* 图书状态:1 借阅中、0 已归还 */
}Lend;
```

(2)全局变量的设计

整个系统的数据以 dat 文件的形式存储在硬盘上,每种数据类型就有一个相应的数据文件,为方便每个数据文件的管理,设计了 3 个全局变量:

```
FILE *fpBook;                      /* 图书数据文件指针 */
FILE *fpUser;                      /* 用户数据文件指针 */
FILE *fpLend;                      /* 借阅数据文件指针 */
```

3. 系统文件结构设计

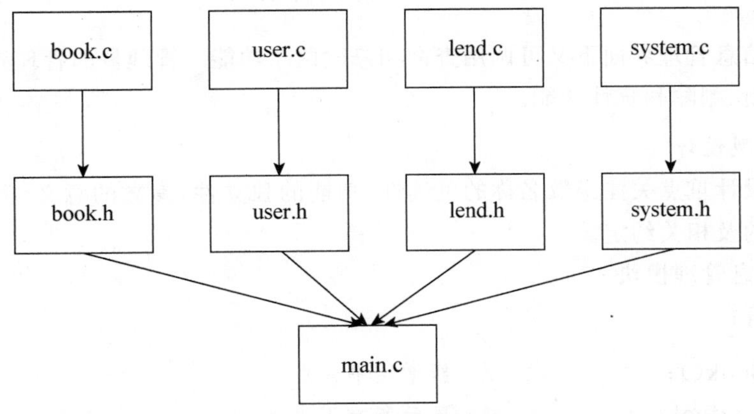

图 12-4　文件调用关系图

main.c 包含所有的头文件,它负责程序的流程组织。对于每一个模块,头文件负责数据结构的定义和函数的声明,源文件则专注于函数的实现。模块间根据业务的相关性也存在一定的调用关系,如借阅管理一定涉及图书信息和用户信息,所以 lend.c 里面会包含这两个模块的头文件,系统管理涉及前三个业务模块,所有 system.c 里面需要包含其他三个头文件。

文件的组织则按照头文件、源程序文件、数据文件及项目文件等不同类别进行组织。

4. 系统界面设计

界面是用户与系统交互的接口，是用户感知、认知、使用和体验软件的最主要的媒介，良好的界面设计给用户带来良好的体验。界面设计主要关注界面与用户间的交互性、操作的实用性和易用性、界面布局的规范性、色彩搭配的美观性与风格的一致性等等。图书管理系统的主要界面包括：开始界面、登录界面、管理员功能界面及用户功能界面等等。界面间的调用关系如下：

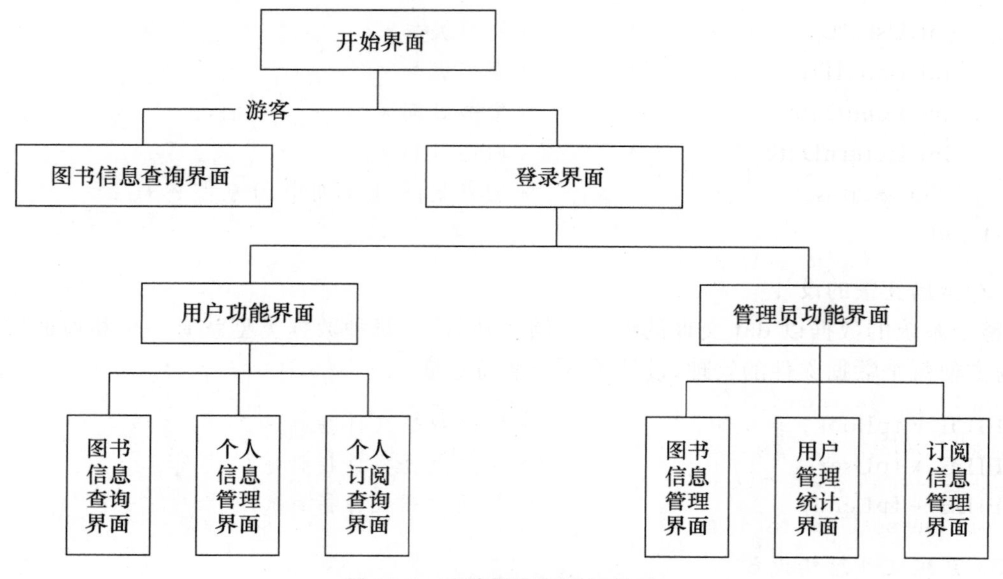

图 12-5 系统界面间调用关系

其中个人信息管理界面下又可调用查询和修改两个功能。管理员的管理界面下面可调用新增、查询、更新、删除和统计功能。

5. 函数原型设计

函数原型设计重点关注函数名称的可读性，功能的独立性，参数的意义、类型与个数以及返回值的意义的及相关约定。

(1)图书信息管理模块

主要函数有：

```
void AddBook();                /* 新增图书 */
void DisplayBook();            /* 显示所有图书 */
void OutputBook(int id);       /* 输出指定图书,参数为图书编号 */
```

int SearchBookByBookID(int n); /* 通过图书编号查找图书，参数为图书编号，返回值 -1 为找不到，其他值为图书在文件中的位置偏移量 */

int SearchBookByName(char name[20]); /* 通过图书名称查找图书，参数为图书名称，返回值 -1 为找不到，其他值为找到图书的本书 */

int SearchBookByAuthorName(char name[20]); /* 通过图书作者名查找图书，参数为作者名，返回值 -1 为找不到，其他值为找到图书的本书 */

int SearchBookByISBN(char ISBN[13]); /* 通过图书 ISBN 查找图书,参数为图书 ISBN,返回值-1 为找不到,其他值为图书在文件中的位置偏移量 */

int UpdateBook(int n); /* 更新指定图书,参数为图书编号,返回值为 1 更新成功,0 更新失败 */

int DeleteBook(int n); /* 删除指定图书,参数为图书编号,返回值为 1 删除成功,0 删除失败 */

int CountByType(char * cType); /* 统计输出指定类别的图书,参数为图书类型,返回值为该类别图书的数量 */

int CountByAuthorName(char name[20]);/* 统计指定作者的图书,参数为作者名,返回值为图书的数量 */

int CountByPublisher(char name[20]);/* 统计指定出版商的图书,参数为出版商名,返回值为图书的数量 */

(2)用户信息管理模块

主要函数有:

void AddUser();　　　　/* 增加用户 */

void DisplayUser();　　　　/* 显示所有用户 */

int SearchUserByUserID(int n); /* 查找指定用户,参数为用户编号,返回值-1 找不到,其他值为该记录在文件中的偏移量 */

void OutputUser(int id);　　/* 输出指定用户,参数为用户编号 */

int UpdateUser(int n);　/* 更新指定用户,参数为用户编号,返回值 1 成功,0 失败 */

int DeleteUser(int n); /* 删除指定用户,参数为用户编号,返回值 1 成功,0 失败 */

(3)借阅信息管理模块

主要函数有:

void AddLend();　　　　/* 增加借阅记录 */

void DisplayLend();　　　　/* 显示所有借阅记录 */

int SearchLendByLendID(int n); /* 按借阅编号进行查找,返回值-1 找不到,其他值为该记录在文件中的偏移量 */

int SearchLendByUserID(int n); /* 按用户编号进行查找, 返回值-1 找不到,其他值为找到记录的条数 */

int SearchLendByBookID(int n); /* 按图书编号进行查找, 返回值-1 找不到,其他值为找到记录的条数 */

int SearchLendByStatus(char c); /* 按图书状态进行查找,返回值-1 找不到,其他值为找到记录的条数 */

int ReturnBook(int n); /* 归还图书,n 为借阅编号,返回值 1 成功,0 失败 */

int DeleteLend(int n); /* 删除借阅记录,n 为借阅编号,返回值 1 成功,0 失败 */

(4)系统管理模块

主要函数有:

```
void StartMemu();                /*启动菜单*/
void SearchBookMemu();           /*查询图书菜单*/
void LoginMenu();                /*用户登录系统菜单*/
void AdminMenu();                /*管理员功能菜单*/
void AdminBookMenu();            /*管理员图书管理菜单*/
void AdminUserMenu();            /*管理员用户管理菜单*/
void AdminLendMenu();            /*管理员借阅管理菜单*/
void UserMenu();                 /*用户功能菜单*/
void UserInfoMenu();             /*用户个人信息管理菜单*/
void UserLendMenu();             /*用户个人借阅信息管理菜单*/
void InitiSystem();              /*初始化或重置系统*/
void StartSystem();              /*启动系统*/
void ExitSystem();               /*退出系统*/
```

12.7.3 系统实现

每个模块的实现都是由系统模块的界面函数调用相应的业务函数来实现，下面介绍7个核心功能的实现方法。

1. 初始化系统

第一次使用图书管理系统或者重置系统时调用 InitiSystem()，其作用在于新建3个空白的数据文件：

```
void InitiSystem()
{
    fpBook = fopen("data/book.dat","wb+");
    if(fpBook == NULL)
    {
        printf("图书信息初始化失败！\n");
        exit(1);
    }

    fpUser = fopen("data/user.dat","wb+");
    if(fpUser == NULL)
    {
        printf("用户信息初始化失败！\n");
        exit(1);
    }
    fpLend = fopen("data/lend.dat","wb+");
    if(fpLend == NULL)
    {
```

```
        printf("借阅信息初始化失败！\n");
        exit(1);
    }
    else
        printf("图书、用户、借阅信息已初始化！\n");
}
```

2．开始菜单

每次进入图书管理系统都需要启动系统，其作用在于打开 3 个数据文件，以便后续操作。数据启动完成之后，需要调用 StartMemu()来启动开始菜单，其界面如下：

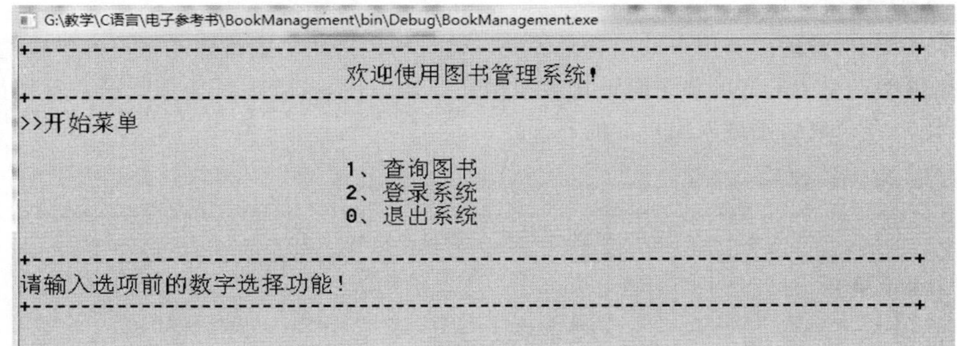

图 12-6　系统开始菜单

其核心代码如下：

```
scanf("%d", &op);
while(1)
{
    if(op= =0)/ * 输入 0 的退出系统 * /
    {
        ExitSystem();
        printf("退出成功！\n");
        exit(0);
    }
    else
    {
        switch (op)
        {
            case 1:
                SearchBookMemu();
                break;
            case 2:
```

```
                LoginMenu();
                break;
            default:
                printf("错误的指令,请重新输入选项前的数字选择功能! \n");
                scanf("%d", &op);
                break;
        }
    }
}
```

3. 登录功能

在本系统中,管理员和用户共用登录界面。输入密码采用了隐藏输入字符的形式,登录中采用静态整型变量 i 来将可登录验证次数控制在 3 次以内,若管理员登录则进入管理员功能菜单,若用户登录成功则进入用户功能界面。

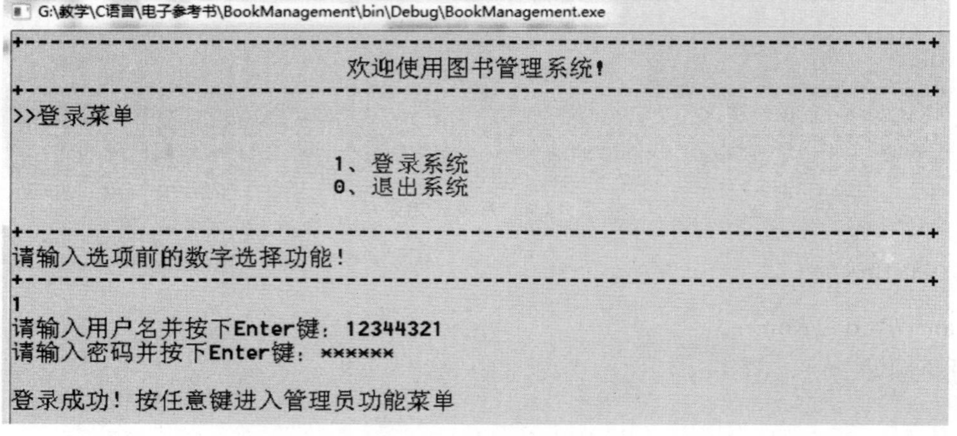

图 12-7 登录菜单

其核心代码如下:

```
while(i<3)
{
    printf("请输入用户名并按下 Enter 键:");
    scanf("%d",&userID);     //管理员用户名为 12344321,其他用户需要查找用户表
    printf("请输入密码并按下 Enter 键:");
    for(num = 0;num<20;num + + )
    {
    password[num] = getch();
    if(password[num] = = '\r')
        break;
        printf(" * ");
```

```
  }
  password[num] = '\0';
  printf("\n");
  if(userID = = 12344321)//管理员 ID
  {
      if(strcmp(password,"123456") = =0)
      {
        printf("\n 登录成功！按任意键进入管理员功能菜单\n");
        getch();
        AdminMenu();
      }
      else
      {
        i=i+1;
        if(i<3)
        {
            printf("用户名或密码错误,请重新输入！\n");
            continue;
        }
        else
        {
            printf("用户名或密码错误超过 3 次,退出系统！\n");
            ExitSystem();
            printf("退出成功！\n");
            exit(1);
        }
      }
}
else
{
  pos = SearchUserByUserID(userID);
      /*账号错误*/
     if(pos = = -1)
     {
i=i+1;
        if(i<3)
        {
            printf("用户名或密码错误,请重新输入！\n");
            continue;
```

```
            }
            else
            {
                printf("用户名或密码错误超过3次,退出系统!\n");
                ExitSystem();
                printf("退出成功!\n");
                exit(1);
            }
        }
        else
        {
            fseek(fpUser,pos,SEEK_SET);
            fread(&u,sizeof(User),1,fpUser);
            if(strcmp(password,u.Password)==0)
            {
                printf("\n登陆成功!按任意键进入用户功能菜单\n");
                getch();
                UserMenu();
            }
            else
            {
                i=i+1;
                if(i<3)
                {
                    printf("用户名或密码错误,请重新输入!\n");
                    continue;
                }
                else
                {
                    printf("用户名或密码错误超过3次,退出系统!\n");
                    ExitSystem();
                    printf("退出成功!\n");
                    exit(1);
                }
            }
        }
    }
}
```

4．增加图书

一次可以增加多本图书，以输入－1 作为输入结束标记；另外，需要确认该图书编号是否已经使用，如果已经使用则重新输入；同时还需要通过 ISBN 检测该图书是否已入库，如果已经入库，只需增加图书的库存即可，如果没有在库，则需要输入其他信息，然后写入图书文件的结尾。

```
printf("请输入图书编号，如:200800001，若结束输入，则输入－1:");
while(1)
{
    fflush(stdin);
    scanf("%d",&b.BookID);
    if(b.BookID==-1)
        {
            printf("添加图书完成\n");
            break;
        }
    pos=SearchBookByBookID(b.BookID);
    if(pos==-1)/*找不到相应的编号*/
    {
        printf("请输入图书的 ISBN:");
        scanf("%13s",b.ISBN);
        pos=SearchBookByISBN(b.ISBN);
        if(pos!=-1)
        {
            printf("该书已经存在，请输入增加的图书数量:");
            scanf("%d",&i);
            /*修改图书库存*/
            fseek(fpBook,pos,SEEK_END);
            fread(&b,sizeof(Book),1,fpBook);
            b.AllNumber=b.AllNumber+i;
            b.RemainNumber=b.RemainNumber+i;
            fseek(fpBook,pos,SEEK_END);
            fwrite(&b,sizeof(Book),1,fpBook);
            continue;
        }
        printf("请输入图书名称:");
        scanf("%20s",b.BookName);
        printf("请输入作者姓名:");
        scanf("%s",b.AuthorName);
```

```
            printf("请输入出版社名称:");
            scanf("%20s",b.Publisher);
            printf("请输入图书类型:");
            scanf("%s",b.Type);
            printf("请输入图书总库存:");
            scanf("%d",&b.AllNumber);
            b.RemainNumber = b.AllNumber;
            printf("请输入图书价格:");
            scanf("%f",&b.Price);

            fseek(fpBook,0,SEEK_END);
            fwrite(&b,sizeof(Book),1,fpBook);
        }
        else
        {
            printf("该编号已存在,请重新输入:");
            continue;
        }
    }
```

5.按图书编号查找图书

遍历整个图书文件,当查找图书的图书编号与文件中读出的文件编号一致时返回该条记录的位置,如果找不到则返回-1。

```
    fseek(fpBook,0,SEEK_SET);
    fread(&b,sizeof(Book),1,fpBook);
    do
    {
        if(b.BookID == n)
        {
            i = ftell(fpBook) - sizeof(Book);
            break;
        }
        else
        {
            fread(&b,sizeof(Book),1,fpBook);
        }
    }while(!feof(fpBook));
    if(feof(fpBook))
    {
```

```
    i= -1;
}
return i;
```

6.归还图书

归还图书先查找借阅记录所在的位置,如果存在该记录,则更新图书信息中的库存信息,然后自动获取系统时间作为归还时间,并自动设置图书状态为已归还,最后更新到借阅信息文件中。

```
posLend = SearchLendByLendID(n);
if(posLend! = -1)
    {
        fseek(fpLend,posLend,SEEK_SET);
        fread(&l,sizeof(Lend),1,fpLend);

        /* 修改图书库存 */
        posBook = SearchBookByBookID(l.BookID);
        fseek(fpBook,posBook,SEEK_SET);
        fread(&b,sizeof(Book),1,fpBook);
        b.RemainNumber = +1;
        fseek(fpBook,posBook,SEEK_SET);
        fwrite(&b,sizeof(Book),1,fpBook);

        /* 修改借阅记录状态 */
        t= time(NULL);
        stm= localtime(&t);
l.ReturnDate = (stm->tm_year + 1900) * 10000 + (stm->tm_mon + 1) * 100 + stm
->tm_mday;
        l.Status = '0';
        fseek(fpLend,posLend,SEEK_SET);
        fwrite(&l,sizeof(Lend),1,fpLend);
        return 1; /* 归还成功 */
    }
else
        return 0;/* 归还失败 */
```

7.删除图书

删除图书仅发生在图书报废时。首先需要确认图书是否存在,如果存在还需确认是否删除,当选择删除时,还需确定图书是否全部在库,如果有未归还图书,将不能删除,反之则可以删除。删除操作采用的是建立一个新的文件,然后逐条复制所有图书记录(除被删除那条图书记录外)到新文件。完成后删除原图书文件,并重命名新文件让它替换掉原文件,最后再次打开新文件。

```
posD = SearchBookByBookID(n);
if(posD! = -1)//图书存在
{
    printf("删除该图书:1 确定   0 取消\n");
    scanf("%d",&chose);
    fseek(fpBook,posD,SEEK_SET);
    fread(&b,sizeof(Book),1,fpBook);
    switch(chose)
    {
      case 1:
      if(b.AllNumber! = b.RemainNumber)
      {
        printf("还有图书未归还,不能删除图书! \n");
          break;
        }
        else
        {
            fpNew = fopen("data/NewBook.dat","wb+");
            if(fpNew = = NULL)
            break;
            fseek(fpNew,0,SEEK_SET);
            fseek(fpBook,0,SEEK_SET);
            fread(&b,sizeof(Book),1,fpBook);
            while(! feof(fpBook))
            {
                if(b.BookID! = n)
                {
                  fwrite(&b,sizeof(Book),1,fpNew);
                  fread(&b,sizeof(Book),1,fpBook);
                }
                  else
                  fread(&b,sizeof(Book),1,fpBook);
            }
                fclose(fpBook);
                remove("data/book.dat");
                fclose(fpNew);
                rename("data/NewBook.dat","data/book.dat");
```

```
                fpBook = fopen("data/book.dat","rb+");
                res = 1; /* 删除成功 */
                break;
            }
        case 0:break;
        default:break;
    }
  }
  return res;
```

从图书管理系统的开发案例中可以看出，开发一个 C 语言程序需要经过需求分析、系统设计及系统实现的过程，各个阶段的主要任务不同。文中着重介绍了模块化系统设计的方法和一些技巧。介绍的几个模块的功能都是通过对数据文件进行直接操作来实现的。本系统提供的功能相对简单，其旨在让读者了解一个基于 C 语言的信息管理系统的开发过程，为今后开发其他程序打下一个基础。读者可以在本系统的基础上进一步完善系统的功能，以提高自己的编程能力。

习题十二

1. 为什么在操作文件时要执行文件的打开和关闭？

2. 缓冲类型的文件系统是如何提升计算机的执行效率的？

3. 通信录为用户提供多个联系人信息的存储、查阅、更新及初始化等功能。设一个联系人的通信信息包括姓名、公司单位、职位、群组、办公电话、手机、电子邮件及通信地址，编程实现基于文件存储的简单通信录管理。

4. 学生成绩数据文件的记录选择性保存。设表格 12-2 中的数据以 Student 结构体的顺序保存在文件 student.dat 中。现在编程实现文件中只保存学号 20110102、20110104、20110108 的记录，其他的全部删除。

5. 已有文本文件 test.txt，其中的内容为：hello，everyone！。以下程序中，文件 test.txt 为"读"而打开，由文件指针 fr 指向该文件，则程序的输出结果是什么？

```
#include<stdio.h>
void main()
{
    FILE *fr;
    char str[40];
    ……
    fgets(str,5,fr);
    printf("%s\n",str);
    fclose(fr);
}
```

6.输入10个用户的用户名和密码,用户名为15个字符以内的字符串,密码为6个字符的定长字符串。新建一个文件将用户名和密码以结构体的形式存入,要求密码存放时将每个字符的ASCII码加1。请完善下面的程序。

```
#include "stdio.h"
void main()
{
    struct person
    {
      char name[16];
      char code[7];
    }per;
    int k,j;
    ______________;
    char fname[20];
    scanf("%s",fname);
    if((fp=fopen(____________,"wb")==NULL)
    {printf("file create failed! \n");    return;}
    for(k=0;k<10;k++)
      ______________________;
    for(j=0;j<6;j++)
      per.code[j]+=1;
    fwrite(______________,sizeof(struct person),1,fp);
    fclose(fp);
}
```

7.从键盘输入一些字符,逐个把它们写到文件中去,直到输入一个“#”为止。请完成下面的程序。

```
#include <stdio.h>
void main()
{
    FILE *fp;
    char ch,filename[10];
    scanf("%s",filename);
    if(__________________)==NULL)
    {
        printf("cannot open file\n");
        return;
    }
    while((ch=getchar())!='#')
```

```
    {
        fputc(ch,fp);
        putchar(ch);
    }
    fclose(fp);
}
```

8.编程实现学生管理系统。学生的信息有学号、姓名、性别、出生年月、工作年月、住址、电话及成绩等。由键盘输入学生对象,以文件方式保存,实现以下 5 个功能。

(1)新增一名学生:将新增学生对象按姓名以字典方式学生管理文件中;

(2)删除一名学生:从学生管理文件中删除一名学生对象;

(3)查询:从学生管理文件中查询符合某些条件的学生;

(4)修改:检索某个学生对象,对其某些属性进行修改;

(5)排序:按某种需要对学生对象文件进行排序。

9.编写程序。

(1)有一个文件 aa.txt 中存放了 20 个由小到大排列的整数,现在从键盘输入一个数,要求把该数插入此文件中,保持文件特性不变。

(2)编程序求 1～1000 之间的素数,将所求的素数存入磁盘文件(prime.dat)并显示。

(3)编程序实现反向显示一个文本文件。

(4)文件 test.dat 中存放了一组整数。统计并输出文件中正数、零和负数个数,将统计结果显示在屏幕上,同时输出到文件 test1.dat 中。

(5)在磁盘文件中存放了 10 个学生的数据,要求将 1、3、5、7、9 个学生数据输入计算机,并在屏幕上显示出来。

10.对企业的职工进行管理。职工对象包括姓名、性别、出生年月、工作年月、学历、职务、住址及电话等信息。由键盘输入职工对象,以文件方式保存。程序执行时先将文件读入内存。功能要求:

(1)新增一名职工:将新增职工对象按姓名以字典方式职工管理文件中;

(2)删除一名职工:从职工管理文件中删除一名职工对象;

(3)查询:从职工管理文件中查询符合某些条件的职工;

(4)修改:检索某个职工对象,对其某些属性进行修改;

(5)排序:按某种需要对职工对象文件进行排序。

附录Ⅰ　ASCII 标准字符表

ASCII(American Standard Code for Information Interchange),定义从 0 到 127 的 128 个数字所代表的英文字母或数字或符号。所有使用 ASCII 的计算机之间可以互相读取同一份文件而不会有不一样的结果与意义。由于只使用 7 个位(bit)就可以表示从 0 到 127 的数字(表 1),而大部分的计算机都使用 8 个位来存取字符集 (character set),所以从 128 到 255 之间的数字可以用来代表另一组 128 个符号。从 128 到 255 之间数字代表的符号称为 extended ASCII。

表 1　ASCII 标准字符

字符的二进制	十进制	十六进制	缩写/字符	解释
0000 0000	0	00	NUL	Null,空字符
0000 0001	1	01	SOH	Start of Handing,标题开始
0000 0010	2	01	STX	Start of Text,正文开始
0000 0011	3	03	ETX	End of Text,正文结束
0000 0100	4	04	EOT	End of Transmission,传输结束
0000 0101	5	05	ENQ	Enquiry,请求
0000 0110	6	06	ACK	Acknowledge,收到通知
0000 0111	7	07	BEL	Bell,响铃
0000 1000	8	08	BS	Backspace,退格
0000 1001	9	09	HT	Horizontal Tab,水平制表符
0000 1010	10	0A	LF	Line Feed,new line,换行键
0000 1011	11	0B	VT	Vertical Tab,垂直制表符
0000 1100	12	0C	FF	Form Feed,new page,换页键
0000 1101	13	0D	CR	Carriage Return,回车键
0000 1110	14	0E	SO	Shift Out,不用切换
0000 1111	15	0F	SI	Shift in,启用切换
0001 0000	16	10	DLE	Data Link Escape,数据链路转义
0001 0001	17	11	DC1	Device Control 1,设备控制 1
0001 0010	18	12	DC2	Device Control 2,设备控制 2
0001 0011	19	13	DC3	Device Control 3,设备控制 3
0001 0100	20	14	DC4	Device Control 4,设备控制 4
0001 0101	21	15	NAK	Negative Acknowledge,拒绝接收
0001 0110	22	16	SYN	Synchronous Idle,同步空闲
0001 0111	23	17	ETB	End of Trans. Block,传输块结束
0001 1000	24	18	CAN	Cancel,取消
0001 1001	25	19	EM	End of Medium,介质中断

续表

字符的二进制	十进制	十六进制	缩写/字符	解释
0001 1010	26	1A	SUB	Substitute,替补
0001 1011	27	1B	ESC	Escape,扩展
0001 1100	28	1C	FS	File Separator,文件分割符
0001 1101	29	1D	GS	Group Separator,分组符
0001 1110	30	1E	RS	Record Separator,记录分离符
0001 1111	31	1F	US	Unit Separator,单元分隔符
0010 0000	32	20		Space,空格
0010 0001	33	21	!	感叹号
0010 0010	34	22	"	双引号
0010 0011	35	23	#	井号
0010 0100	36	24	$	美元符合
0010 0101	37	25	%	百分号
0010 0110	38	26	&	和号
0010 0111	39	27	'	单引号
0010 1000	40	28	(	左括号
0010 1001	41	29	)	右括号
0010 1010	42	2A	*	星号
0010 1011	43	2B	+	加号
0010 1100	44	2C	,	逗号
0010 1101	45	2D	.	点,句号
0010 1110	46	2E	-	中画线
0010 1111	47	2F	/	斜杠
0011 0000	48	30	0	数字符 0
0011 0001	49	31	1	数字符 1
0011 0010	50	32	2	数字符 2
0011 0011	51	33	3	数字符 3
0011 0100	52	34	4	数字符 4
0011 0101	53	35	5	数字符 5
0011 0110	54	36	6	数字符 6
0011 0111	55	37	7	数字符 7
0011 1000	56	38	8	数字符 8
0011 1001	57	39	9	数字符 9
0011 1010	58	3A	:	冒号
0011 1011	59	3B	;	分号
0011 1100	60	3C	<	大于号
0011 1101	61	3D	=	等号
0011 1110	62	3E	>	小于号
0011 1111	63	3F	?	问号
0100 0000	64	40	@	电子邮件符号
0100 0001	65	41	A	大写字母 A

续表

字符的二进制	十进制	十六进制	缩写/字符	解释
0100 0010	66	42	B	大写字母 B
0100 0011	67	43	C	大写字母 C
0100 0100	68	44	D	大写字母 D
0100 0101	69	45	E	大写字母 E
0100 0110	70	46	F	大写字母 F
0100 0111	71	47	G	大写字母 G
0100 1000	72	48	H	大写字母 H
0100 1001	73	49	I	大写字母 I
0100 1010	74	4A	J	大写字母 J
0100 1011	75	4B	K	大写字母 K
0100 1100	76	4C	L	大写字母 L
0100 1101	77	4D	M	大写字母 M
0100 1110	78	4E	N	大写字母 N
0100 1111	79	4F	O	大写字母 O
0101 0000	80	50	P	大写字母 P
0101 0001	81	51	Q	大写字母 Q
0101 0010	82	52	R	大写字母 R
0101 0011	83	53	S	大写字母 S
0101 0100	84	54	T	大写字母 T
0101 0101	85	55	U	大写字母 U
0101 0110	86	56	V	大写字母 V
0101 0111	87	57	W	大写字母 W
0101 1000	88	58	X	大写字母 X
0101 1001	89	59	Y	大写字母 Y
0101 1010	90	5A	Z	大写字母 Z
0101 1011	91	5B	[	左方括号
0101 1100	92	5C	\	反斜杠
0101 1101	93	5D	]	右方括号
0101 1110	94	5E	^	脱字符
0101 1111	95	5F	_	下画线
0110 0000	96	60	`	开单引号
0110 0001	97	61	a	小写字母 a
0110 0010	98	62	b	小写字母 b
0110 0011	99	63	c	小写字母 c
0110 0100	100	64	d	小写字母 d
0110 0101	101	65	e	小写字母 e
0110 0110	102	66	f	小写字母 f
0110 0111	103	67	g	小写字母 g
0110 1000	104	68	h	小写字母 h
0110 1001	105	69	i	小写字母 i

续表

字符的二进制	十进制	十六进制	缩写/字符	解释
0110 1010	106	6A	j	小写字母 j
0110 1011	107	6B	k	小写字母 k
0110 1100	108	6C	l	小写字母 l
0110 1101	109	6D	m	小写字母 m
0110 1110	110	6E	n	小写字母 n
0110 1111	111	6F	o	小写字母 o
0111 0000	112	70	p	小写字母 p
0111 0001	113	71	q	小写字母 q
0111 0010	114	72	r	小写字母 r
0111 0011	115	73	s	小写字母 s
0111 0100	116	74	t	小写字母 t
0111 0101	117	75	u	小写字母 u
0111 0110	118	76	v	小写字母 v
0111 0111	119	77	w	小写字母 w
0111 1000	120	78	x	小写字母 x
0111 1001	121	79	y	小写字母 y
0111 1010	122	7A	z	小写字母 z
0111 1011	123	7B	{	左花括号
0111 1100	124	7C	|	中竖线
0111 1101	125	7D	}	右花括号
0111 1110	126	7E	～	波浪号
0111 1111	127	7F	DEL	Delete，删除

对于 ASCII 值为 0～31 之间的字符为控制字符，在标准的键盘上输入该字符的方法如表 2 所示。

表 2 控制字符对照

ASCII 码	控制字符	主要作用	输入字符	ASCII 码	控制字符	主要作用	输入字符
0000 0000	NUL	空白	Ctrl + @	0001 0000	DLE	数据链路换码	Ctrl + P
0000 0001	SOH	序始	Ctrl + A	0001 0001	DC1	设备控制 1	Ctrl + Q
0000 0010	STX	文始	Ctrl + B	0001 0010	DC2	设备控制 2	Ctrl + R
0000 0011	ETX	文终	Ctrl + C	0001 0011	DC3	设备控制 3	Ctrl + S
0000 0100	EOT	送毕	Ctrl + D	0001 0100	DC4	设备控制 4	Ctrl + T
0000 0101	ENQ	询问	Ctrl + E	0001 0101	NAK	否认	Ctrl + U
0000 0110	ACK	承认	Ctrl + F	0001 0110	SYN	同步空转	Ctrl + V
0000 0111	BEL	警铃	Ctrl + G	0001 0111	ETB	发送块终	Ctrl + W
0000 1000	BS	退格	Ctrl + H	0001 1000	CAN	取消	Ctrl + X
0000 1001	HT	横表	Ctrl + I	0001 1001	EM	载体终	Ctrl + Y
0000 1010	LF	换行	Ctrl + J	0001 1010	SUB	取代	Ctrl + Z
0000 1011	VT	纵表	Ctrl + K	0001 1011	ESC	扩展	Esc

续表

ASCII 码	控制字符	主要作用	输入字符	ASCII 码	控制字符	主要作用	输入字符
0000 1100	FF	换页	Ctrl + L	0001 1100	FS	文件间隔	Ctrl + \
0000 1101	CR	回车	Ctrl + M	0001 1101	GS	组间隔	Ctrl +]
0000 1110	SO	移出	Ctrl + N	0001 1110	RS	记录间隔	Ctrl + 6
0000 1111	SI	移入	Ctrl + O	0001 1111	US	单元间隔	Ctrl + _

附录Ⅱ　C语言中的关键字

根据关键字的作用，可以将C语言的关键字分为数据类型关键字和流程控制关键字两大类。

1.数据类型关键字

(1)基本数据类型(5个)

void：声明函数无返回值或无参数，声明无类型指针，显示丢弃运算结果

char：字符型类型数据，属于整型数据的一种

int：整型数据，通常为编译器指定的机器字长

float：单精度浮点型数据，属于浮点数据的一种

double：双精度浮点型数据，属于浮点数据的一种

(2)类型修饰关键字(4个)

short：修饰int，短整型数据，可省略被修饰的int。

long：修饰int，长整形数据，可省略被修饰的int。

signed：修饰整型数据，有符号数据类型

unsigned：修饰整型数据，无符号数据类型

(3)复杂类型关键字(5个)

struct：结构体声明

union：共用体声明

enum：枚举声明

typedef：声明类型别名

sizeof：得到特定类型或特定类型变量的大小

(4)存储级别关键字(6个)

auto：指定为自动变量，由编译器自动分配及释放(通常在栈上分配)

static：指定为静态变量，分配在静态变量区，修饰函数时，指定函数作用域为文件内部

register：指定为寄存器变量，建议编译器将变量存储到寄存器中，也可以修饰函数形参，建议编译器通过寄存器而不是堆栈传递参数

extern：指定对应变量为外部变量，即变量或者函数的定义在别的文件中，提示编译器遇到此变量和函数时在其他模块中寻找其定义。

const：与volatile合称“cv特性”，指定变量不可被当前线程/进程改变(但有可能被系统或其他线程/进程改变)

volatile：与const合称“cv特性”，指定变量的值有可能会被系统或其他进程/线程改变，强制编译器每次从内存中取得该变量的值

2.流程控制关键字

(1)跳转结构(4个)

return：用在函数体中，返回特定值（或者是 void 值，即不返回值）

continue：结束当前循环，开始下一轮循环

break：跳出当前循环或 switch 结构

goto：无条件跳转语句

（2）分支结构（5 个）

if：条件语句，后面不需要加分号

else：条件语句否定分支（与 if 连用）

switch：开关语句（多重分支语句）

case：开关语句中的分支标记

default：开关语句中的“其他”分支，可选。

（3）循环结构（3 个）

for：for 循环结构，“for（初始化语句 1；循环条件 2；增量 3）循环体 4；”的执行顺序为初始化语句 1－＞循环控制 2－＞循环体 4－＞增量语句 3－＞循环条件 2…循环。在整个 for 循环过程中，初始化语句 1 只执行一次，循环条件 2 和增量 3 则可能计算多次，也可能一次也不计算。循环体可能多次执行，也可能一次都不执行。

do：do 循环结构，“do 循环体 1 while（循环条件 2）；”的执行顺序是 循环体 1－＞循环控制条件 2－＞循环体 1…循环．。

while：while 循环结构，“while（循环条件 1）循环体 2；”的执行顺序是循环条件 1－＞循环体 2－＞循环条件 1…循环。

附录Ⅲ 运算符和结合性

表 3 C语言运算符优先级和结合性

优先级	运算符	名称与含义	运算类型	结合性
1 最高	( ) [ ] -> .	圆括号 下标运算符 指向结构体成员运算符 结构体成员运算符	单目	自左向右
2	! ~ ++ -- (类型关键字) + - * & sizeof	逻辑非运算符 按位取反运算符 自增、自减运算符 强制类型转换 正、负号运算符 指针运算符 地址运算符 长度运算符	单目	自右向左
3	* / %	乘、除、求余运算符	双目	自左向右
4	+ -	加、减运算符	双目	自左向右
5	<< >>	左移运算符 右移运算符	双目	自左向右
6	< <= > >=	小于、小于等于、大于、大于等于	关系	自左向右
7	== !=	等于、不等于	关系	自左向右
8	&	按位与运算符	位运算	自左向右
9	^	按位异或运算符	位运算	自左向右
10	|	按位或运算符	位运算	自左向右
11	&&	逻辑与运算符	位运算	自左向右
12	||	逻辑或运算符	位运算	自左向右
13	? :	条件运算符	三目	自右向左
14	= += -= *= /= %= <<= >>= &= ^= |=	赋值运算符	双目	自右向左
15 最低	,	逗号运算符	顺序	自左向右

附录Ⅳ　C语言常用语法提要

1. 标识符、常量与变量

标识符是以字母或下画线开头的，由字母、数字和下画线组成的字符序列，用来标识变量、常量、数据类型、函数等的名字。C语言中，大、小写字母分别代表不同的标识符，也就是说，C语言是区分大小写的。在Turbo C中，对一个标识符识别它的前32个字符，即标识符的有效长度为32个字符。

在C语言中，有一些标识符是具有固定意义的，称为关键字，如int、switch、typedef等。在编写程序时应注意不要使用这些标识符作为普通标识符。

在C系统中，一些标识符被系统所定义，称为预定义标识符。如系统库函数名、系统定义的宏等，它们在系统头文件中定义，一旦程序中包含了头文件，则在这些头文件中定义的标识符就起作用。

常量是在程序运行时值不发生变化的量。包括：

(1)整型常量

①十进制常数

②八进制常数(以0开头的数字序列)

③十六进制常数(以0x开头的数字序列)

④长整型数(在数字后加字符L或l)

(2)浮点数常量

① 小数形式

② 指数形式

(3)字符常量

用单引号(')括起来的单个字符，可以使用转义字符

(4)字符串常量

用双引号(")括起来的字符序列

(5)符号常量

用#define定义的无参数宏

在程序执行过程中，值可以发生变化的数据称为变量。在C语言程序中，用户可以根据需要用任意一个合法的标识符(关键字和预定义标识符除外)来命名变量。

2. 表达式和运算符

表达式是C语言中最基本的计算成分，它是由各种操作数或者操作数和运算符构成的序列。这些操作数可以是变量、常量、函数的调用等等。

C语言具有十分丰富的运算符，C语言的编译系统把控制语句和输入输出以外的所有基

本操作都作为运算符处理。C语言的运算符可以分为以下几类：

(1)算术运算符： +，-，*，/，%

(2)关系运算符： >，>=，==，<=，<，!=

(3)逻辑运算符： &&，||，!

(4)位运算符： &，|，^，~，<<，>>

(5)赋值运算符： =，*=，+=，-=，/=，%=，>>=，<<=，&=，^=，|=

(6)条件运算符： ?：

(7)逗号运算符： ，

(8)长度运算符： sizeof()

(9)指针运算符： *(取值运算符)和&(取地址运算符)

(10)结构体运算符： .(结构体成员运算符)和->(指向结构体成员运算符)

(11)增减运算符： ++(自增)，--(自减)

(12)其他运算符： 如下标、括号、类型转换及符号(正、负)运算符等

运算符有两个特性：优先级别和结合方向。优先级别表示运算符在表达式中操作的先后顺序(参考第3章)；结合方向表示同一优先级别的运算符在表达式中操作的组织方向。C语言中规定了两种结合方向：一种是“左结合性”，即按从左到右的方向进行运算；另一种是“右结合性”，即按从右到左的方向进行运算。

不同运算符下表达式值的数据类型不尽相同，如由算术运算符构成的表达式值的数据类型由操作数中的最高精度类型确定；取值运算符(*)构成的表达式值的数据类型由其操作数(指针)的指针数据类型决定。

3. 变量

C语言规定，在程序中所有变量都必须在使用前进行定义。变量定义的一般形式如下：

存储类别说明符 类型说明符 变量表列

其中：存储类别说明符有：auto，static，extern，register等；类型说明符有：char，short，int，long，unsigned，float，double等。

变量表列中各变量之间用逗号“，”分开。

可以用类型限定符const，volatile说明变量在程序中是不能显式改变的或者易变的。

类型说明符可以是用typedef定义的类型名。

各种变量的定义形式如下：

(1)简单变量

存储类别说明符 类型说明符 变量表列

(2)数组

存储类别说明符 类型说明符 变量表列[常量表达式]…[常量表达式]

(3)结构体变量

①struct {结构说明表} 变量表列

②struct 标识符 {结构说明表} 变量表列

③struct 标识符 {结构说明表}

struct　标识符　变量表列

(4)联合体变量

①union　{结构说明表}　变量表列

②union　标识符　{结构说明表}　变量表列

③union　标识符　{结构说明表}

union　标识符　变量表列

(5)枚举类型变量

①enum　{结构说明表}　变量表列

②enum　标识符　{结构说明表}　变量表列

③enum　标识符　{结构说明表}

enum　标识符　变量表列

C 程序中,每个变量都有其作用范围,遵循作用域规则。在使用变量前,应首先对变量进行初始化,系统自动为静态变量或外部变量进行初始化工作,使它们具有初值零(数值型变量)或空(字符型数据)。对于自动变量或寄存器变量,若在程序中未初始化,则其初值为不可预测的值。

4. 语句

和其他高级语言一样,C 语言的语句用来向计算机系统发出操作指令。在 C 语言中只有"可执行语句",而没有"非执行语句"。C 语言的语句可以分为以下五类:

(1)控制语句:完成一定的控制功能。C 语言只有 9 种控制语句。

①if(条件语句)

当满足某给定条件时,执行一组语句,否则,执行另外一组语句。

②for(循环语句)

这是 C 语言中使用最广泛、最灵活的循环语句。其一般形式为:

```
for(表达式 1;表达式 2;表达式 3)
{循环体语句}
```

③ while(循环语句)

先判断循环结束条件:如果条件成立,则执行循环体语句,否则,跳出循环体;很明显这种循环语句实现的是一种"当型"循环。

④ do while(循环语句)

先执行循环体语句,再进行循环结束条件的判断。

⑤ continue(结束本次循环语句)

⑥ break(中止执行 switch 或循环语句)

⑦ switch(开关语句)

⑧ goto(转向语句)

⑨ return(从函数返回语句)

(2)表达式语句:由一个表达式加一个分号构成的语句。

(3)空语句:空语句就是一个分号,它不完成任何工作。

(4)复合语句:用{}将一些语句括起来组成的语句。在语法上,复合语句的作用与一个简单语句相同。

5. 函数定义

函数是C语言的基本组成单元。一个C程序是由一个或多个函数组成的,其中有且仅有一个主函数main。每个函数相当于一个程序模块,有它自己的功能。C语言规定所有的函数都是平行的,因此函数不能嵌套定义;函数可以嵌套调用;函数可以直接或间接地调用自己,称为函数的递归调用。

C语言的函数按其形式可分为三类:无参函数、有参函数和空函数。它们的定义形式分述如下:

(1)无参函数

存储类别　函数类型　函数名()
{说明部分
函数体}

(2)有参函数

存储类别　函数类型　函数名(形参表列)
{说明部分
函数体}

(3)空函数

存储类别　函数类型　函数名(形参表列)
{ }

在一个C源程序中,函数名具有全局作用域,与全局变量类似,它只在有extern和static两种存储类别。函数调用时,函数调用表达式值的数据类型由函数类型指定,函数类型即为函数返回值类型。形参表列包含形参变量的说明,即包含形参变量的数据类型说明。

6. 编译预处理

C语言提供编译预处理功能,这是它与其他高级语言的一个重要区别。在C编译系统对程序进行通常的编译之前,先对程序中这些特殊的命令进行"预处理"。然后将预处理的结果与源程序一起再进行通常的编译,以得到目标代码。C语言的编译预处理功能有三种:

(1)宏定义

①不带参数的宏定义

#define　标识符　字串

系统在进行通常意义上的编译之前,把此命令行之后出现的该标识符都用此定义行中的字串代替,即进行所谓编译预处理。然后再进行通常意义上的编译。

②带参数宏定义

在标识符替换的同时,又进行参数替换。其定义的一般形式为:

#define　宏名(参数表)　字串

(2)文件包含

所谓“文件包含”处理是指一个源文件可将另外一个源文件的全部内容包含进来。定义的一般形式为：

＃include 〈文件名〉

或 ＃include "文件名"

使用尖括号与使用双引号的区别在于：使用尖括号表示在系统规定的标准路径上查找文件；而使用双引号则是首先在当前目录中查找文件，如果找不到，则继续按系统规定的标准路径查找文件。所以，使用双引号要安全可靠一些。一般地，如果需要使用库文件，则用尖括号；如果需要使用用户自己定义的文件则使用双引号。

(3)条件编译

一般情况下，源程序中所有的行都参加编译。但是有时希望对其中一部分内容只在满足一定的条件下才进行编译，也就是对一部分内容指定编译的条件，这就是所谓“条件编译”。条件编译有以下几种形式：

①＃ifdef

②＃ifndef

③＃if

7. 文件的输入与输出

C语言没有输入输出(I/O)语句，其I/O功能都是通过函数来实现的。C语言提供丰富的输入输出函数。缓冲文件系统的函数原型放在头文件stdio.h中；非缓冲文件系统的头文件放在io.h中。在程序中如果需要使用它们，可以用文件包含命令将这个文件包含到文件中，通过对这些函数的调用，实现文件操作。

附录Ⅴ　C99标准提要

1. 对数组的增强

(1)可变长数组

程序员声明数组时,数组的维数可以由任一有效的整型表达式确定,包括只在运行时才能确定其值的表达式。这类数组叫作可变长数组,但是只有局部数组才可以是变长的。

可变长数组的维数在数组生存期内是不变的。也就是说,可变长数组不是动态的,可以变化的只是数组的大小。

可以使用 * 来定义不确定长的可变长数组。

(2)数组声明中的类型修饰符

如果需要使用数组作为函数变元,可以在数组声明的方括号内使用 static 关键字,这相当于告诉编译程序,变元所指向的数组将至少包含指定的元素个数。也可以在数组声明的方括号内使用 restrict,volatile,const 关键字,但只用于函数变元。如果使用 restrict,指针是初始访问该对象的唯一途径。如果使用 const,指针始终指向同一个数组。使用 volatile 没有任何意义。

2. 单行注释

引入了单行注释标记 "//"。

3. 分散代码与声明

修改预处理程序。

4. for 语句内的变量声明

程序员可以在 for 语句的初始化部分定义一个或多个变量,这些变量的作用域仅于本 for 语句所控制的循环体内。比如:

代码:

```
for(int i=0; i<10; i++){
    // do something ...
}
```

5. 复合赋值

复合赋值可以指定对象类型的数组、结构或联合表达式。当使用复合赋值时,应在括弧内指定类型,其后为由花括号围起来的初始化列表;若类型为数组,则不能指定数组的大小。建成的对象是未命名的。

例:double *fp = (double[]){1.1, 2.2, 3.3};

该语句用于建立一个指向 double 类型数组的指针 fp,且该指针指向这个 3 元素数组的第一个元素。在文件域内建立的复合赋值只在程序的整个生存期内有效。在模块内建立的复合赋值是局部变量,退出模块后将不存在。

6.指定的初始化符

该特性对经常使用稀疏数组的程序员十分有用。指定的初始化符通常有两种用法,一是用于数组,二是用于结构和联合。用于数组的格式为[index] = vol;其中,index 表示数组的下标,vol 表示本数组元素的初始化值。

例如:int x[10] = {[0] = 10,[5] = 30};

其中只有 x[0]和 x[5]得到了初始化。

用于结构或联合的格式如下为 member-name(成员名称)对结构进行指定的初始化时,允许采用简单的方法对结构中的指定成员进行初始化。

例如:struct example{ int k, m, n; } object = {m = 10,n = 200};

其中,没有初始化 k。对结构成员进行初始化的顺序没有限制。

7. printf()和 scanf()函数系列的增强

printf()和 scanf()函数系列引进了处理 long long int 和 unsigned long long int 数据类型的特性。long long int 类型的格式修饰符是 ll。在 printf()和 scanf()函数中,ll 适用于 d, i, o, u 和 x 格式说明符。另外,C99 还引进了 hh 修饰符。当使用 d, i, o, u 和 x 格式说明符时,hh 用于指定 char 型变量。ll 和 hh 修饰符均可以用于 n 说明符。

格式修饰符 a 和 A 用在 printf()函数中时,将会输出十六进制的浮点数。格式如下:[-]0xh, hhhhp+d 使用 A 格式修饰符时,x 和 p 必须是大写。A 和 a 格式修饰符也可以用在 scanf()函数中,用于读取浮点数。调用 printf()函数时,允许在%f 说明符前加上 l 修饰符,即%lf,但不起作用。

8. C99 新增的库

C89 中标准的头文件

〈assert.h〉定义宏 assert()

〈ctype.h〉字符处理

〈errno.h〉错误报告

〈float.h〉定义与实现相关的浮点宏和常量

〈limits.h〉定义与实现各种极限值

〈locale.h〉支持函数 setlocale()

〈math.h〉数学函数库使用的各种定义

〈setjmp.h〉支持非局部跳转

〈signal.h〉定义信号值

〈stdarg.h〉支持可变长度的变元列表

〈stddef.h〉定义常用常数

〈stdio.h〉支持文件输入和输出

〈stdlib.h〉其他各种声明

〈string.h〉支持串函数

〈time.h〉支持系统时间函数

C99 新增的头文件和库

〈complex.h〉支持复数算法

〈fenv.h〉给出对浮点状态标记和浮点环境的其他方面的访问

〈inttypes.h〉定义标准的、可移植的整型类型集合。也支持处理最大宽度整数的函数

〈iso646.h〉首先在此 1995 年第一次修订时引进,用于定义对应各种运算符的宏

〈stdbool.h〉支持布尔数据类型类型。定义宏 bool,以便兼容于 C++

〈stdint.h〉定义标准的、可移植的整型类型集合。该文件包含在〈inttypes.h〉中

〈tgmath.h〉定义一般类型的浮点宏

〈wchar.h〉首先在 1995 年第一次修订时引进,用于支持多字节和宽字节函数

〈wctype.h〉首先在 1995 年第一次修订时引进,用于支持多字节和宽字节分类函数

9._func_预定义标识符

用于指出_func_所存放的函数名,类似于字符串赋值。

10.其他特性的改动

(1)放宽的转换限制

限制	C89 标准	C99 标准
数据块的嵌套层数	15	127
条件语句的嵌套层数	8	63
内部标识符中的有效字符个数	31	63
外部标识符中的有效字符个数	6	31
结构或联合中的成员个数	127	1023
函数调用中的参数个数	31	127

(2)不再支持隐含式的 int 规则

(3)删除了隐含式函数声明

(4)对返回值的约束 C99 中,非空类型函数必须使用带返回值的 return 语句.

(5)扩展的整数类型

扩展类型	含义
int16_t	整数长度为精确 16 位
int_least16_t	整数长度为至少 16 位
int_fast32_t	最稳固的整数类型,其长度为至少 32 位
intmax_t	最大整数类型
uintmax_t	最大无符号整数类型

(6)对整数类型提升规则的改进

C89 中,表达式中类型为 char,short int 或 int 的值可以提升为 int 或 unsigned int 类型。

C99 中,每种整数类型都有一个级别。例如:long long int 的级别高于 int, int 的级别高于 char 等。在表达式中,其级别低于 int 或 unsigned int 的任何整数类型均可被替换成 int 或 unsigned int 类型。

11.新增数据类型

(1)_Bool

值是 0 或 1。C99 中增加了用来定义 bool,true 以及 false 宏的头文件夹〈stdbool. h〉,以便程序员能够编写同时兼容于 C 与 C++ 的应用程序。在编写新的应用程序时,应该使用〈stdbool. h〉头文件中的 bool 宏。

(2)_Complex and _Imaginary

C99 标准中定义的复数类型有 float_Complex,float_Imaginary,double_Complex,double_Imaginary,long double_Complex,long double_Imaginary。

〈complex. h〉头文件中定义了 complex 和 imaginary 宏,并将它们扩展为_Complex 和_Imaginary,因此在编写新的应用程序时,应该使用〈stdbool. h〉头文件中的 complex 和 imaginary 宏。

(3)long long int

C99 标准中引进了 long long int(-(2e63 - 1)至 2e63 - 1)和 unsigned long long int(0 至 2e64 - 1)。long long int 能够支持的整数长度为 64 位。

附录Ⅵ　C库函数

表4　C语言常用库函数

程序应包含在 math.h			
分类	函数形式	功能	类型
数学函数	abs(int i)	求整数的绝对值	int
	fabs(double x)	返回浮点数的绝对值	double
	floor(double x)	向下舍入	double
	fmod(double x，double y)	计算 x 对 y 的模，即 x/y 的余数	double
	exp(double x)	指数函数	double
	log(double x)	对数函数 ln(x)	double
	log10(double x)	对数函数 log	double
	labs(long n)	取长整型绝对值	long
	modf(double value，double * iptr)	把数分为指数和尾数	double
	pow(double x，double y)	指数函数(x 的 y 次方)	double
	sqrt(double x)	计算平方根	double
	sin(double x)	正弦函数	double
	asin(double x)	反正弦函数	double
	sinh(double x)	双曲正弦函数	double
	cos(double x)；	余弦函数	double
	acos(double x)	反余弦函数	double
	cosh(double x)	双曲余弦函数	double
	tan(double x)	正切函数	double
	atan(double x)	反正切函数	double
	tanh(double x)	双曲正切函数	double
	abs(int i)	求整数的绝对值	int
	fabs(double x)	返回浮点数的绝对值	double
	floor(double x)	向下舍入	double
	fmod(double x，double y)	计算 x 对 y 的模，即 x/y 的余数	double
	exp(double x)	指数函数	double
	log(double x)	对数函数 ln(x)	double
	log10(double x)	对数函数 log	double
	labs(long n)	取长整型绝对值	long
	modf(double value，double * iptr)	把数分为指数和尾数	double

续表

程序应包含在 math. h			
分类	函数形式	功能	类型
数学函数	pow(double x, double y)	指数函数(x 的 y 次方)	double
	sqrt(double x)	计算平方根	double
	sin(double x)	正弦函数	double
	asin(double x)	反正弦函数	double
	sinh(double x)	双曲正弦函数	double
	cos(double x);	余弦函数	double
	acos(double x)	反余弦函数	double
	cosh(double x)	双曲余弦函数	double
	tan(double x)	正切函数	double
	atan(double x)	反正切函数	double
	tanh(double x)	双曲正切函数	double
程序应包含在 string. h			
分类	函数形式	功能	类型
字符串函数	strcat(char * dest,const char * src)	将字符串 src 添加到 dest 末尾	char
	strchr(const char * s,int c)	检索并返回字符 c 在字符串 s 中第一次出现的位置	char
	strcmp(const char * s1,const char * s2)	比较字符串 s1 与 s2 的大小,并返回 s1 - s2	int
	stpcpy(char * dest,const char * src)	将字符串 src 复制到 dest	char
	strdup(const char * s)	将字符串 s 复制到最近建立的单元	char
	strlen(const char * s)	返回字符串 s 的长度	int
	strlwr(char * s)	将字符串 s 中的大写字母全部转换成小写字母,并返回转换后的字符串	char
	strrev(char * s)	将字符串 s 中的字符全部颠倒顺序重新排列,并返回排列后的字符串	char
	strset(char * s,int ch)	将一个字符串 s 中的所有字符置于一个给定的字符 ch	char
	strspn(const char * s1,const char * s2)	扫描字符串 s1,并返回在 s1 和 s2 中均有的字符个数	char
	strstr(const char * s1,const char * s2)	描字符串 s2,并返回第一次出现 s1 的位置	char
	strtok(char * s1,const char * s2)	检索字符串 s1,该字符串 s1 是由字符串 s2 中定义的定界符所分隔	char
	strupr(char * s)	将字符串 s 中的小写字母全部转换成大写字母,并返回转换后的字符串	char

续表

程序应包含在 ctype.h			
分类	函数形式	功能	类型
字符函数	isalpha(int ch)	若 ch 是字母('A'-'Z','a'-'z')返回非 0 值,否则返回 0	int
	isalnum(int ch)	若 ch 是字母('A'-'Z','a'-'z')或数字('0'-'9')返回非 0 值,否则返回 0	int
	isascii(int ch)	若 ch 是字符(ASCII 码中的 0-127)返回非 0 值,否则返回 0	int
	iscntrl(int ch)	若 ch 是作废字符(0x7F)或普通控制字符(0x00-0x1F)返回非 0 值,否则返回 0	int
	isdigit(int ch)	若 ch 是数字('0'-'9')返回非 0 值,否则返回 0	int
	isgraph(int ch)	若 ch 是可打印字符(不含空格)(0x21-0x7E)返回非 0 值,否则返回 0	int
	islower(int ch)	若 ch 是小写字母('a'-'z')返回非 0 值,否则返回 0	int
	isprint(int ch)	若 ch 是可打印字符(含空格)(0x20-0x7E)返回非 0 值,否则返回 0	int
	ispunct(int ch)	若 ch 是标点字符(0x00-0x1F)返回非 0 值,否则返回 0	int
	isspace(int ch)	若 ch 是空格(' '),水平制表符('\t'),回车符('\r'), 走纸换行('\f'),垂直制表符('\v'),换行符('\n'),返回非 0 值,否则返回 0	int
	isupper(int ch)	若 ch 是大写字母('A'-'Z')返回非 0 值,否则返回 0	int
	isxdigit(int ch)	若 ch 是 16 进制数('0'-'9','A'-'F','a'-'f')返回非 0 值,否则返回 0	int
	tolower(int ch)	若 ch 是大写字母('A'-'Z')返回相应的小写字母('a'-'z')	int
	toupper(int ch)	若 ch 是小写字母('a'-'z')返回相应的大写字母('A'-'Z')	int

续表

程序应包含在 stdio.h			
分类	函数形式	功能	类型
输入输出函数	getch()	从控制台(键盘)读一个字符,不显示在屏幕上	int
	putch()	向控制台(键盘)写一个字符	int
	getchar()	从控制台(键盘)读一个字符,显示在屏幕上	int
	putchar()	向控制台(键盘)写一个字符	int
	getchar()	从控制台(键盘)读一个字符,显示在屏幕上	int
	getc(FILE *stream)	从流 stream 中读一个字符,并返回这个字符	int
	putc(int ch,FILE *stream)	向流 stream 写入一个字符 ch	int
	getw(FILE *stream)	从流 stream 读入一个整数,错误返回 EOF	int
	putw(int w,FILE *stream)	向流 stream 写入一个整数	int
	fclose(handle)	关闭 handle 所表示的文件处理	FILE *
	fgetc(FILE *stream)	从流 stream 处读一个字符,并返回这个字符	int
	fputc(int ch,FILE *stream)	将字符 ch 写入流 stream 中	int
	fgets(char *string,int n,FILE *stream)	流 stream 中读 n 个字符存入 string 中	c har *
	fopen(char *filename,char *type)	打开一个文件 filename,打开方式为 type,并返回这个文件指针,type 可为以下字符串加上后缀	FILE *
	fputs(char *string,FILE *stream)	将字符串 string 写入流 stream 中	int
	fread(void *ptr,int size,int nitems,FILE *stream)	从流 stream 中读入 nitems 个长度为 size 的字符串存入 ptr 中	int
	fwrite(void *ptr,int size,int nitems,FILE *stream)	向流 stream 中写入 nitems 个长度为 size 的字符串,字符串在 ptr 中	int
	fscanf(FILE *stream,char *format[,argument,…])	以格式化形式从流 stream 中读入一个字符串	int
	fprintf(FILE *stream,char *format[,argument,…])	以格式化形式将一个字符串写给指定的流 stream	int
	scanf(char *format[,argument…])	从控制台读入一个字符串,分别对各个参数进行赋值,使用 BIOS 进行输出	int
	printf(char *format[,argument,…])	发送格式化字符串输出给控制台(显示器),使用 BIOS 进行输出	int

参考文献

[1] 石玉强.C语言程序设计基础.北京:中国农业出版社,2013

[2] 谭浩强.C语言程序设计(第4版).北京:清华大学出版社,2020

[3] 舒新峰.软件项目综合实践教程——C语言篇.北京:清华大学出版社,2020

[4] 肖朝晖,洪雄,何进,等.C语言程序设计基础(第2版)——基于案例教学.北京:清华大学出版社,2020

[5]梁爽,吴瑕,赵云鹏,等.C语言程序设计(项目教学版).北京:清华大学出版社,2020

[6] 张继生,王杰.C语言程序设计(第4版).北京:清华大学出版社,2019

[7][美] Kernighan B W,Richie M D.C程序设计语言(第2版 新版).徐宝文,李志,译.北京:机械工业出版社,2004

[8] [美] Kernighan B W,Pike R.程序设计实践.裘宗燕,译.北京:机械工业出版社,2000

[9] 凌云,吴海燕,谢满德.C语言程序设计与实践.北京:机械工业出版社,2010

[10] 王婧,刘福荣.C程序设计.北京:电子工业出版社,2009

[11] [印] Kanetkar Y P.C程序设计基础教程.李丽娟,等译.北京:电子工业出版社,2010

[12] 陈萌,鲍淑娣.C语言编程思维(第2版).北京:清华大学出版社,2019

[13] 高福成.C程序设计教程.天津:天津大学出版社,2004

[14] [美] Deitel H M,Deitel J P.程序设计经典教程.聂雪军,贺军,译.北京:清华大学出版社,2006

[15] 刘鸿翔,杨莉.C程序设计实用教程.北京:科学出版社,2004

[16] 曾令明,李飞,甘刚.C程序设计与实例教程.西安:西安电子科技大学出版社,2007

[17] 李春葆.C语言程序设计教程(第2版).北京:清华大学出版社,2011

[18] [美] Balagurusamy E.标准C程序设计(第5版).金名,译.北京:清华大学出版社,2011

[19] 李向阳,方娇莉.C语言程序设计(基于CDIO思想).北京:清华大学出版社,2012

参考文献